KB096006

양 적　추 론

양적 추론　　지은이 에릭 재슬로　옮긴이 김혜영·최병문　**발행인** 이상용　**발행처** 청아출판사　**출판등록** 1979. 11. 13.
제9-84호　**주소** 경기도 파주시 회동길 363-15　**대표전화** 031-955-6031　**팩스** 031-955-6036　**전자우편** chungabook@
naver.com　**발행일** 초판 1쇄 발행·2022. 12. 23.　초판 2쇄 발행·2023. 2. 20.
—
ISBN 978-89-368-1220-1 03400
—
값은 뒤표지에 있습니다. 잘못된 책은 구입한 서점에서 바꾸어 드립니다. 본 도서에 대한 문의사항은 이메일을
통해 주십시오.

QUANTITATIVE REASONING

양 적 추 론

현실의 다양한 문제들을 숫자로 생각한다!

0   1   2   3   4   지은이 에릭 재슬로   5   6   7   8   9
옮긴이 김혜영 · 최병문

Eric Zaslow

청아출판사

Quantitative Reasoning

대학은 다닐 만한 가치가 있을까요? 쌀에 있는 비소 성분을 걱정해야 할까요? 오염 물질을 재활용할 수 있을까요? 개인 금융, 공중 보건, 사회 정책과 같은 현실적인 질문에는 진지한 데이터 기반 분석이 필요합니다. 이 특별한 책은 이와 같은 질문에 답할 수 있도록 학생에게 양적 추론 도구를 제공합니다. 이 교재는 질문을 명확히 하고, 편견을 인식해 예방하고, 관련 요인을 분리하고, 데이터를 수집하고, 해석을 위해 수치적 분석을 하는 등 그 방법을 모델링합니다. 양적 추론의 주제와 기법은 이 책의 강의를 통해 반복되면서 수학적으로 점점 정교해지며, 학생들이 숫자로 생각하는 과정에 익숙해지도록 도와줍니다. 출처와 참고 문헌을 함께 수록해서 열심히 공부하는 학생들이 편리하게 사용할 수 있습니다. 본문과 부록에 있는 많은 질문과 문제 해결 방법은 대수, 함수, 그래프, 확률과 같은 수학 영역을 배우는 데 도움이 됩니다. 각 장 마지막에 있는 연습 문제는 복습할 기회를 주고, 관련된 프로젝트도 장별로 제공합니다. 교수자를 위한 솔루션 매뉴얼은 온라인으로 제공됩니다.

저자 에릭 재슬로는 노스웨스턴 대학교의 수학 교수입니다. 하버드 대학교에서 수리물리학을 전공하여 박사 학위를 취득했습니다.

목차

서문

이 책은 대학 1학년 학생들이 수치적 분석 또는 양적 추론을 사용해 실생활 문제에 답할 수 있도록 고안된 강좌용 교재입니다. 목적은 기초 수학 능력을 활용해 신중하게 추론하고 양적 논증을 할 수 있는 역량을 개발하는 것입니다. 양적 추론은 모든 학문에서 보편적으로 중요합니다. 이 점을 강조하고자 우리는 현실 세계의 다양한 문제와 여러 학문 분야로부터 흥미로운 질문을 선택했습니다. 이와 같은 논의가 이 책의 핵심이며, 관련된 수학은 부록에 소개합니다. 이 책을 따라가며 탐구하는 주제가 독자의 호기심을 자극하고 재미있기를 바랍니다.

우리가 제기하는 질문에 신뢰할 수 있는 답변을 얻으려면, 많은 경우 학술 연구자의 대단한 노력이 필요합니다. 우리 목적은 완벽함이 아니라[1] 구조화된 수치적 논증 방법과 관행에 익숙해지는 것입니다. 이러한 논증 중 일부는 보통 수학이나 통계의 '간단한' 측면입니다. 우리는 수학과 통계에 익숙하지만 이런 능력을 갖춘 상황은 아니라고 가정합니다. 부록에서는 수학과 통계의 필수 개념을 간단히 복습하고 사용하는 데 필요한 힌트를 제공합니다. 하

---

1 사실 여기에서 사용한 경제학과 사회과학 내용은 학문적 기준으로 볼 때 상당히 엉성합니다. 현실 세계의 문제는 초보자를 대상으로 깔끔하고 엄격한 논의를 하기에는 변수가 너무 많습니다. 주제가 복잡하지만 문제를 해결하는 데 있어 실제 문제를 다소 단순화해 분석하더라도 명료하고 교육적일 수 있다고 기대합니다.

지만 실제로 중요한 것은 제시된 문제를 해결하는 데 이를 적용하는 것입니다. 교수법은 각 장을 구성하고 있는 광범위하고 효과적인 사례를 통해 제공됩니다. 토의는 주로 적절한 질문을 만들고, 신뢰할 수 있는 연구 자료를 수집하고, 모델을 구축하고, 모델의 기본 가정과 한계를 인식하는 작업에 관한 것입니다.

책이 뒤로 갈수록 과학적 주제를 다루기 때문에 수학이 정교해지지만, 많은 주제와 기법이 여러 장에서 반복적으로 나옵니다. 우리는 과학적 탐구가 다른 분야의 탐구와 다르지 않다고 보고 분리하려고 하지 않았습니다. 이 교재는 기존 교육 과정에서 사용하는 수학 우선의 접근 방식과는 다르게 의도적으로 이야기 전개 방식을 채택했습니다.

본질적으로 동일한 방식으로 다양한 질문에 답하는 것은 학생이 '숫자로 생각하는' 과정에 익숙해지도록 도와줍니다. 개별 기초 수학 능력을 공부해서 숙달되면 양적 추론에서는 여러 능력을 *연결하고 통합하는* 것이 필요합니다. 교수들은 종종 학생이 이미 이러한 역량을 갖추고 있다고 기대하며, 경제학, 통계학, 수학 강좌에서 양적 추론의 관점을 다루게 됩니다. 그러나 대학이나 고등학교 교육 과정에는 이런 목적에 적합한 과목이 거의 없습니다. 이 책은 독자가 기초 수학 능력을 함양하면서 이를 양적 방식으로 다단계 논증에 적용하는 방법을 익힐 수 있는 *원스톱 상점*입니다. 부록은 대수, 함수, 그래프, 확률, 통계와 같이 양적 추론에 필요한 수학 영역을 독자에게 알리는 역할을 합니다. 여러분은 수학을 천천히 주의 깊게 읽기 바랍니다. 문자만 선호하여 숫자를 대충 넘기면 이 교재는 쓸모없게 됩니다.

교수자 매뉴얼

이 책은 쿼터제 또는 학기제에 맞추어 작성되었습니다.

강의 계획서 10주 과정(한 쿼터)의 경우, 교수자는 강의 소개를 먼저 다루고 매주 한 장씩 진도를 나가되, 동일한 번호의 부록(예를 들어 1주 차에는 1장, 부록 1)을 함께 다룰 수 있습니다. 부록 7과 8은 각각 2주에 걸쳐 전개될 수 있으며, 부록 9의 문제들은 언제든지 필요한 대로 활용해도 됩니다. 자료들이 완벽하게 일치하지는 않지만, 반복과 복습은 유익할 것입니다. 학생 대부분은 부록을 거의 다 복습해야 할 것입니다.

한 학기 과정(15주)의 경우 첫 주는 강의 소개를 다루고 매주 한 장씩, 9장과 10장은 각각 2주씩 강의하면 됩니다.

모듈화 이 책은 각 장이 서로 독립적인 내용을 다루도록 구성된 것이 특징입니다. 따라서 수업 시간이 부족할 경우 교수자는 일부 내용을 건너뛸 수 있습니다. 이것은 교수자가 엄격한 교육 과정에 따라 진도를 맞추기보다는 장 어디라도 탐구할 수 있다는 이점이 있습니다. 내용을 선별해야 한다면, 어떤 장이 가장 흥미를 끌지 확인하기 위해 수강생을 대상으로 설문 조사를 한 후 결과에 따라 수업 일정을 조정할 수 있습니다.

숙제 매주 숙제를 내고 걷어서 채점해야 합니다. 학생은 실습과 평가 없이 양적 추론 지식을 쌓을 수 없습니다. 일반적인 숙제는 항상 각 장의 모든 (또는 현실적으로는 대부분) 연습 문제와 그 장과 동일한 번호에 대응하는 부록 섹션이 될 수 있습니다.

교수자는 또한 학생에게 일반적인 개념(특정한 양적 추론 지식이 아닌)을 이해하기 위해 해당 주에서 다루는 장을 '미리 읽어 오라고' 요구한 다음, 3~5분의 짧은 퀴즈로 한 주의 수업을 시작하되 미리 읽어 온 학생은 누구나 퀴즈를 잘 보도록 대략적인 이해력만 테스트하는 것이 좋습니다.

프로젝트 학생은 수업이 진행되는 동안 프로젝트 과제를 수행해야 합니다. 모든 장의 마지막에 프로젝트 목록이 제공되지만, 학생은 그들만의 아이디어를 가지고 있을 수도 있습니다. 프로젝트 보고서는 그 내용에 교수법 전략이나 방법이 없더라도, 이 교재의 한 장과 거의 비슷한 분량입니다. 10주 과정에서 학생은 (일반적으로 팀을 구성해) 프로젝트 두 개를, 15주 과정에서는 세 개를 완료할 수 있습니다. 두 경우 모두 첫 번째 프로젝트는 가벼운 내용이 좋습니다. 학기 초에 학생들은 추론의 질적 측면과 양적 측면 모두 익숙지 않기 때문입니다. 나는 첫 번째 과제로 프로젝트 개요를 요구하기도 합니다. 교수자(와 조교)는 학생 개인이나 팀과 만나서 프로젝트를 시작하도록 안내한 다음, 몇 차례 더 만나 어떤 형태로 결론에 도달하는지 확인해야 합니다. 프로젝트 결과를 발표할 수 있도록 강의 시간을 할애하십시오. 학생들은 이를 정말 즐깁니다.

교수자는 학생에게 (아마 서문을 읽지 않을 것이므로) 다음을 안내해 주십시오.

학생에게
다음 모든 것을 알아야 합니다.

- ◆ **펜과 종이로 공부하세요** 숫자로 된 내용을 지속해서 기록하고, 여러분이 쓴 내용에 동의하는지 확인하며, 스스로 결과를 도출해야 합니다. 그렇지 않으면 숫자로 된 어떤 내용도 이해할 수 없습니다.

- ◆ **천천히! 조금 읽고 많이 생각하세요** 이 책은 압축적으로 쓰여 있어서 생각해야 할 요점들이 반복되지 않습니다. '바쁜 독서'는 없습니다. 즉 여러분이 분명히 알 때까지 논의 중인 내용을 고민해야 한다는 뜻입니다.

- ◆ **수학은 책 뒷부분에 있습니다** 무언가를 읽다가 수학이 어렵다면 부록을 보고 관련 내용을 공부하세요. 각 장을 시작할 때 가장 관련성이 높은 수학을 안내하고 있습니다.

- ◆ **이 교재에 있는 질문에 대답해 보세요** 각 장의 마지막에 있는 연습 문제를 풉니다. 이 강좌에는 숙제가 있습니다. 스스로 하세요. 실제로 예제를 통해 공부하지 않으면 아무것도 배울 수 없습니다. 하나하나 구체적으로 설명할 수 있는 능력이 개발되지 않으면 각 장의 결론('그래요. 밤하늘은 어둡습니다!'와 같은 결론)은 무의미합니다.

- ◆ **여러분이 가진 모든 것을 바쳐 최선을 다하세요** 어떤 장은 어려울 수 있습니다. 계속 공부하세요. 많은 내용이 다음 장에서 다시 나올 것입니다. 시간이 지나면서 수업에 필요한 기술이 생길 겁니다. '가진 모든 것을 바치세요'는 '그 순간 열심히 노력하세요'를 의미할 수 있습니다. 학생 여러분은 그럴 겁니다.

지금까지 언급한 내용은 이 강좌에 특화된 것입니다. 그러나 우리가 추론의 보편성을 강조했듯이, 모든 대학 강의에 적용되는 보편성과 가장 좋은 학습법이 있음을 알아야 합니다.

- **수업에 참석하세요** 수업은 교수자가 주제에 관한 깊은 지식을 여러분에게 전달하고 소통하는 곳입니다. 그리고 필기하세요!
- **교수자가 지정한 면담 시간을 활용하세요** 우선 스스로 열심히 공부해야 합니다. 그러면 훨씬 쉽게 배우고, 필요한 도움을 받을 수 있습니다. 교수자나 조교를 찾아가면 (이메일이 아니라) 더 많은 것을 배울 수 있습니다.
- **자기 평가를 하세요** 이해하는 부분과 이해하지 못하는 부분에 대해 스스로 솔직하기를 바랍니다(채점된 과제는 좋은 가이드입니다). 자신을 위하여 과제 이상의 추가 공부를 새롭게 하더라도 이해하지 못한 것을 바로 잡으십시오. 교수자 대부분은 이 과정을 학생 스스로 하길 기대하지만 그렇다고 분명히 말하지 않을 수도 있습니다.
- **급우 및 동료 학생과 토론하세요** 그러나 지침 없이 말할 수 있어야 비로소 무엇을 이해했는지 알 수 있습니다.
- **자신감을 가지세요** 힘든 몸부림은 자연스러운 것입니다. 이를 통해 의미 있는 성과를 달성합니다. 상황이 힘들다고 해서 자신감을 잃지는 마세요.

마지막으로 독자에게 말합니다. 모두에게 친숙한 말로 이 책을 쓰려고 노력했지만 아무래도 그렇지 못한 부분이 있을 것입니다. 우리 모두 서로 다른 문화와 배경 그리고 서로 다른 경험과 관점에서 살아갑니다. 이 책의 한 구절이 어떤 사람에게는 '신선한 음성'처럼 들릴 수 있지만, 다른 사람에게는 불쾌한 느낌을 줄 수도 있습니다. 누구에게는 특정 주제나 내용 전개가 껄끄러울 수 있습니다. 그런 부분이 있다면 나의 책임이며 미리 사과드립니다. 동시에 나는 독자들에게 부탁합니다. 이런 일이 발생하더라도 그 단점이 여러분의 공부에 방해가 되지 않기를 바랍니다.

감사의 말

이 교재를 위해 연구하고, 본문을 보강하고, 연습 문제와 해답을 만들고, 전반적인 내용을 개선하기 위해 지치지 않고 일했던 나의 저술 조교 에이단 페로Aidan Perreault와 에마뉘엘 록웰Emmanuel Rockwell에게 감사드립니다. 이 프로젝트를 함께 할 수 있도록 도움을 준 '교육과정개발상Curriculum Development Award'과 이를 수여한 노스웨스턴 대학교 동창회에 감사드립니다. 사람의 눈이 어떻게 작동하는지를 끈기 있게 설명해 준 인디라 라만Indira Raman 교수님께 감사드리고 싶습니다. 마지막으로, 양적 추론 강좌의 아이디어를 지지해 준 노스웨스턴 대학교 브리지 프로그램Bridge Program의 레인 펜리치Lane Fenrich와 메리 핀Mary Finn에게도 감사드립니다.

양적 추론을 번역하며

우리 사회가 대학 교육을 받은 사람에게 요구하는 21세기 역량은 비판적 사고력, 문제 해결 능력, 데이터 문해력 등입니다. 이 책은 전공과 관계없이 모든 학생이 이와 같은 역량을 함양하도록 작성된 대학 교재이며, 미국 아이비리그 수준의 노스웨스턴 대학교에서 대학 1학년을 대상으로 개설된 〈양적 추론〉 강좌의 교재입니다. 양적 추론은 데이터를 중심으로 소통하는 사회에서 익숙한 정보에 의문을 제기하고, 비판적이고 분석적으로 생각하며, 양적 자료로 의사소통할 수 있는 능력을 의미합니다. 간단한 수학과 통계학 지식을 기반으로 정답이 없는 현실 문제를 실제 데이터를 활용해 해결하는 방법을 공부하는, 매우 실용적인 지적 능력이고 사고의 습관habit of mind입니다.

이 교재를 번역하게 된 것은 오랫동안 대학에서 교양 과학과 교양 수학을 가르치면서 고등학교에서 다루지 않았던 새로운 내용, 대학 졸업 후 직장이나 대학원에서 꼭 필요로 하는 내용, 시민으로서 살아가는 데 도움이 되는 내용을 다루고 싶었기 때문입니다. 이 책은 좋은 질문과 토론을 통해 숫자로 생각하는 과정을 편안하게 전달하고 있습니다. 암기식 교육에 익숙한 학생에게 생각하는 힘이 필요하며, 데이터 시대를 살고 있는 우리에게 데이터 문해력 함양이 중요합니다. 미국 대부분 대학에서 교양 필수로 개설한 양적 추론을 우리나라 학생도 공부할 수 있기를 바라는 마음으로 이 책을 옮기게 되었습니다. 양적 추론은 대학 교육을 통해서 꼭 배워야 할 내용입니다.

　이 책은 미국 대학의 교양 수업을 책으로 만날 수 있도록 강의 방식으로 쓰여 있습니다. 먼저 저자가 질문을 던지고 함께 문제를 해결하는 과정에서 질문을 구체화하고 생각을 정리하면서 기초 수학이나 통계를 사용하여 문제를 단계별로 해결하는 것입니다. 이 과정에 구조화된 절차가 있음을 알려 주면서 자연스럽게 절차적 사고를 하도록 유도합니다. 이는 문제 풀이식 학습이나 공식을 외우는 암기식 학습과는 다른 방식의 공부법이며, 실제 데이터를 수집하고 해석하고 활용하는 방법을 친절하게 소개합니다. 일상생활에서 마주치는 문제를 탐구하고 질문할 수 있도록 제시한 학습 내용은 매우 구체적이며 흥미롭습니다. 현실에 있는 데이터를 활용하기 때문에 '실용적이며 재미있는 방법으로' 문제 해결 능력을 배양할 수 있습니다. 이렇게 양적 추론을 공부함으로써 민주 사회의 시민에게 꼭 필요한 비판적 정보 수용 능력도 자연스럽게 갖추게 됩니다.

　문장 중에 이탤릭체로 표시된 부분은 저자가 강조하고자 하는 용어나 내용입니다. 그냥 지나치지 말고 좀 더 관심을 두고 읽기 바라는 마음에서 표시한 것이니, 저자의 의도를 이해하며 소통하는 즐거움을 누리기 바랍니다. 특히 문제를 통합적 관점에서 바라보는 방법, 절차적 사고방식, 데이터를 수집해 해석하고 이를 기반으로 문제를 해결하는 과정이 장마다 반복됩니다. 이 책은 역사, 경제, 사회, 물리, 화학, 생물, 식품, 환경, 의약품 등 다양한 분야의 질문에 답하기 위해서 숫자를 다루는 방법을 제시하고 있으며, 저자는 그 과정에서 모든 학문은 정량적 방법으로 지식을 이해하고 발전시킬 수 있다는 것을 보여 줍니다. 이 책을 옮기면서 가장 인상 깊었던 것은 수리물리학을 전공한 저자가 문제를 해결하는 창의적인 사고방식입니다. 어떤 교재에서도 제시하지 않았던 방법으로 '쌀에 있는 비소를 걱정해야 할까?'와 같은 현실 문제에 적절한 답을 찾도록 안내합니다. 전문적인 내용이 아니므로 대학 공부에 관심이 있는 고등학생이 읽어도 무난합니다.

양적 추론에서 중요한 학습 목표는 미지의 것을 조사하는 일로, 이 과정에서 정돈되지 않은 지저분한 데이터를 해석하는 것이 중요한 역할을 합니다. 깨끗이 정돈된 자료에 익숙한 학생은 실제 데이터의 복잡함이나 예상치 못한 결과 탓에 문제의 본질을 이해하는 데 어려움이 있습니다. 바로 이러한 경험이 양적 추론을 제대로 학습하는 기회가 됩니다. 실제 데이터는 항상 맥락 안에 존재하고 정돈되지 않아서 복잡합니다. 복잡한 데이터를 사용하는 학생은 패턴을 식별하고, 데이터를 근거로 의사결정을 하고, 동료의 주장을 평가할 수 있으며 토론으로 연결할 수 있습니다. 정답이 없는 문제를 풀고, 답이 없는 질문을 탐색해 새로운 것을 배울 때 비로소 실제적authentic 학습이 되기 때문입니다.

이 책으로 경제학, 역사학, 사회학, 수학, 물리학, 화학, 생물학, 의학 등이 서로 밀접하게 연결되어 있다는 것을 알리게 되어 기쁘게 생각합니다. 무엇보다 이 책으로 독자 여러분 모두 21세기가 요구하는 역량을 개발하고, 양적 자료를 근거로 문제를 해결하는 사고의 습관을 갖기를 바랍니다.

2022년 12월
옮긴이를 대표하여
김혜영

강의 소개

양적 추론의 사례

6월 중순이 되어 아버지를 만나려고 달려가고 있습니다. 뒤늦게 도착한 대형 약국에서 '아버지의 날(6월 셋째 일요일)' 선물로 드릴 만한 것이 있는지 확인합니다. $44.99에 판매 중인 건습식 면도기가 눈길을 사로잡습니다. 계획했던 금액보다 조금 더 비싸지만, 시기적으로 적절합니다. 아버지는 이 면도기를 좋아할 것입니다.

운이 좋은 걸까요? 글쎄요, 실제로 더 많은 것이 숨어 있습니다.

사실 이 시나리오의 배후에는 수백만 고객의 구매 습관을 분석하는 본사 직원이 있습니다. 그들은 가격 책정이 판매 기회에 미치는 영향은 물론, 선반에 제품을 배치하고 디스플레이하는 유형 등을 표로 만듭니다. 또한 어떤 아이템을 어떻게 홍보해야 할지 결정하기 위해 명절 기간 쇼핑객의 패턴을 조사해 홍보 항목과 방법을 결정합니다. 우연처럼 보이지만 사실은 치밀하게 계획된 성공적인 판촉이었습니다. '소규모' 매장은 홍보 활동으로 이익을 볼 수도 있고 손해를 볼 수도 있습니다. 하지만 수천 개의 체인점을 총괄하는 본사는 홍보 활동을 준비하는 데 많은 돈을 투자해야 하므로, 직감만으로 판단할 수 없습니다. 소비자 데이터에 대한 수치적 분석은 이익에도 중요하고 소비자에게도 유익할 수 있습니다.

양적 추론은 단순한 판매에 그치지 않습니다. 가정 재정이나 개인적인 결정에 관한 일상적인 질문들을 해결할 수 있습니다. 경제학, 통계학, 자연과학, 심리학, 사회과학, 환경학 등 분야는 학문적으로 양적 접근이 *필요합니다.* 그밖에 역사와 **2장 참조** 예술과 같은 분야는 더 놀라운 연관성을 가지고 있습니다. 모든 학생과 보통 사람들이 숫자로 생각할 수 있는 능력을 갖춘다면 많은 것을 얻을 수 있습니다.

분석 모델 구축하기

빅 데이터 시대에 인간의 행동, 환경, 과학, 기술을 이해하려면 양적이고 분석적인 추론이 필요합니다. 앞서가는 대학은 이와 같은 요구를 반영하여 교육 과정을 만듭니다. 고등학교에서 수학을 공부하지만, 다양한 분야에서 생기는 실생활의 문제를 해결할 때 수학적 논증을 거치는 과정은 거의 없습니다. 예를 들어 개인 금융*(이 집을 살 수 있을까?)*, 공중 보건*(손을 씻지 않는 것이 감기에 걸릴 위험에 어떻게 영향을 미칠까?)*, 사회 정의*(고용 패턴이 차별을 드러낼까?)*와 같은 질문이 있습니다. 때로는 기발한 질문*(바늘이 떨어지는 소리를 들을 수 있을까?)*이 진지한 학문적 탐구로 이어질 수 있습니다.

이 책은 독자에게 이와 같은 질문에 추론적, 양적 방식으로 접근하는 방법을 안내하는 것이 목적입니다. 따라서 몇 가지 주제별 질문을 심도 있게 탐구함으로써 이러한 목적에 부응할 겁니다. 우리는 직감만으로 대응하지는 않습니다. 확실히 감정은 의사 결정에 큰 역할을 합니다. 우리는 인간으로서 충동적으로 행동하고 본능적으로 반응합니다. 좋은 기분을 느끼고 때론 불평도 합니다. 심지어 감정이 의사 결정에 있어 중요한 요인으로 포함되더라도, 우리는 감정의 역할을 인식하고 해결해야 합니다. *이후에*는 냉정한 분석을 위해 노력해야 합니다. 우리가 추구하는 분석은 질문을 적절한 방식으로 해석한 후에 진행됩니다. 답을 구하려고 시도하기 전에 질문이 우리에게 어떤 의미가 있는지 이해해야 합니다. 모든 장은 하나의 질문을 탐구합니다. 먼저 편안하게 이야기하는 방식으로 양적 논증을 만들고, 데이터를 수집하고, 그 과정에서 분석 모델을 개발합니다. 결론은 그다음에 나옵니다.

다음은 우리의 질문을 해결하기 위한 대략적인 절차입니다.

1. 질문을 바라보는 방식

   a. 여러분의 본능에 숨어 있는 편견이나 의견은 무엇입니까? 이것들을 분석 과정에서 분리해야 할 것입니다.

   b. 질문은 명확합니까? 좀 더 구체적일 필요가 있나요? 필요에 따라 수정하고 해석합니다.

   c. 이 질문에 대한 대답은 어떻게 될까요?

2. 모델 구축

   a. 여러분의 분석에 포함된 요인은 무엇인가요? 그 이유는요? 왜 다른 요인은 생략했나요?

   b. 여러분이 수집해야 하는 수치 데이터는 무엇인가요? 사용하는 데이터의 출처는 어디입니까?

   c. 문제를 모델링하기 위해서 필요한 가정은 무엇입니까?[1]

d. 관련 요인을 분리했다면 어떻게 모델을 만들 건가요?

e. 오류의 원인은 무엇입니까? 얼마나 큰가요? 가능한 한 양적으로 표현해야 합니다.

f. 계산 방법을 설명하고 결과를 산출하십시오.

3. 결과 분석

a. 작업 과정을 검토하십시오!

b. 어느 정도의 확신을 갖고 여러분의 대답을 주장할 수 있습니까? 가능한 한 양적으로 표현해야 합니다.

c. 결과를 분석합니다. 그것이 무엇을 말해 주고 있습니까?

d. 현실성을 검토합니다. 결과가 타당한가요? 아니면 오류를 암시하나요? (오류인 경우 2f 단계로 이동합니다.)

e. 요약을 작성합니다.

각 장의 질문에는 개별적인 특성이 있지만, 위의 청사진에는 광범위한 분석 패턴이 잘 나타나 있습니다. 처음에는 간단한 질문이라도 이런 방식으로 해결할 수 있으며, 우리가 분석 패턴을 고려하면 질문에 있는 복잡성이 나타납니다.

기본적인 사례로, *출근할 때 자동차를 운전하는 것과 기차를 타는 것 중 어느 쪽이 더 저렴할까?* 질문할 수 있습니다. 만약 까다로운 기차 관리자가 여

---

1   일부 문제에는 정확한 답이 있을 수도 있지만, 대부분의 문제는 가정을 단순화해야 합니다.

러분을 힘들게 한다면(1a) '비용'에는 감정적 고통이 포함되어 있다고 해석할 수도 있습니다. 여러분이 솔직하다면 포함해도 괜찮습니다. 그러면 아마도 자동차로 기울 수 있지만, 비용을 달러로 계산하기로 정했다면 여러분의 은행 계좌만이 그 결과를 알 것입니다. 우리는 경제적 비용만 의미한다는 것을 명확히(1b) 할 필요가 있습니다. 그것이 해결되면 대답이 어떻게 될지(1c) 물어봅니다. 간단히 자동차냐 기차냐 선택의 문제인가요? 절약된 금액을 알고 싶은가요? 아니면 좀 더 세련된 답을 찾고 있나요? 만약 여러분이 이런저런 모델의 자동차를 운전하고 있다면, 여러분의 비용은 정해질 것입니다. 아니면 확률적 대답도 가능한데, 아무래도 기차가 돈을 더 절약할 가능성이 있습니다. 좋습니다. 간단히 말해서 자동차냐 기차냐 선택의 문제라고 가정해 봅시다.

다음으로 관련된 요인들을 브레인스토밍(2a)합니다. 교통 비용은 물론, 시간 비용도 있습니다. 기차는 더 오래 걸릴 수도 있지만, 좌석에서 일하면 생산적으로 사용할 수도 있습니다. 다른 요인으로 차량의 마모 비용도 있고, 기차에서 커피나 음료를 마시다가 자주 쏟으면 드라이클리닝 비용도 고려할 수 있습니다. 우리는 사회적 비용도 고려할 수 있는데, 두 가지 선택이 환경에 미치는 영향은 서로 다릅니다. 그것은 결국 시민이 공동으로 부담해야 하는 사회적 비용으로 해석될 수 있습니다. 분석을 계속하기 위해서 운송, 시간, 마모, 파손과 같은 요인의 실상과 수치 자료를 수집합니다(2b). 더 나아가, 모든 요인을 식별하거나 다른 요인은 비교하여 무시할 수 있다고 가정하고(2c), 다양한 비용에 대한 우리 평가가 정확하다고 가정하거나 그 이유를 주장합니다. 이러한 요인과 가정을 바탕으로 기차 비용을 합산하고 자가운전 비용과 비교하여 우리 모델을 구축할 것입니다(2d).

비용 추정의 오류를 설명한 후(2e), 비용을 합산한 다음(2f), 계산을 확인하는 단계(3a)로 갑니다. 사무실에 출근해서 근무한 시간만큼 돈을 받고, 근무 시간 요인이 교통비와 다른 비용보다 훨씬 크기 때문에 운전이 더 싸다고 판단했다고 가정해 봅시다. 이 판단은 확실성(3b)이 떨어지는데, 운전 시간을 매우 정확하게 결정할 수 없기 때문입니다. 우리가 상당히 정교하거나 또는 데이터에 잘 접근할 수 있다면, 주행 시간의 범위가 얼마나 될 수 있는지 그리고 그것이 우리의 권고에 어떤 영향을 미칠 수 있는지(또는 그렇지 않을 수 있음)

더 보기 상자

필요한 작업을 수행할 수 있도록 간단한 방법을 제공합니다. 그러나 실제 문제는 복잡하기 때문에 동일한 접근 방식이 적용되지 않을 수 있습니다. 사례를 소개합니다.

- **대수적 단어 문제** 우물가에 8갤런과 13갤런의 물통이 두 개 있습니다. 정확히 1갤런을 담으려면 어떻게 해야 할까요? 이 문제는 관련 정보를 추출하는 것이 어렵다기보다 그저 어려운 문제일 뿐입니다!

- **경찰의 경찰의 경찰의 경찰의 경찰** '경찰의 경찰'은 경찰을 감시하는 사람입니다. 그러면 누가 '경찰의 경찰'을 감시하나요? '경찰의 경찰의 경찰'입니다. 즉 '경찰의 경찰'은 경찰에 의해 감시받고 있다는 의미입니다. 이따금 너무 복잡하면 오히려 간단하게 지나칠 필요도 있습니다.

- **과세** 여러분은 세금이 인상될 경우 어떤 결과가 나타날지 분석하려고 합니다. 그러나 인상과 관련해 미지수와 변수가 너무 많고 데이터가 충분하지 않습니다. 가정을 단순화한다면 결과가 지나치게 단순화되어 도움이 되지 않습니다. 이런 일은 이 강좌에서 많이 발생하지만, 만약 여러분이 정치인이나 전문 분석가라면 어찌 되었든 결정해야 합니다.

이와 같은 사례들은 모든 개념을 간단한 방법으로 요약할 수 없다는 것을 여러분에게 확신시키기 위한 것입니다. 만약 그렇지 못한다면 내가 내 요점을 입증한 것일 수도 있지요!

어느 정도의 확률로 추정할 수도 있습니다. 이제 우리 모델을 분석한 결과(3c)
가 전반적으로 자가운전이 더 저렴하다는 것으로 밝혀지면, 이를 오늘 출근
을 위한 권고라고 해석합니다. 권고에 대한 현실성을 검토하다 보면(3d), 최근
업무 때문에 여러분의 운전 시간이 두 배로 늘어났다는 사실이 드러날 수도
있습니다. 아니면 지난밤 여러분의 자녀가 코를 훌쩍거려서 배우자가 자녀를
학교에서 데려와야 할 가능성도 있습니다. 택시나 승차 공유 비용이 오늘의
상황을 바꿀 수도 있습니다. 미처 생각하지 못한 요인이 발견되면 비용을 다
시 추정하고 모델을 다시 실행해야 합니다. 문제점이 더 없다고 확인되면 자
가운전 권고가 옳다고 결론을 내리고 분석 내용을 요약합니다(3e).

정형화된 것은 아니지만, 각 장은 일반적으로 위의 절차를 따릅니다. 대신
교재에서는 논의 과정에 포함된 수학적 요소를 검토하는 방식에 따라 좀 더
자유롭게 이야기를 진행합니다. 광범위한 분야의 주제별 사례는 그 자체로도
흥미롭지만, 다양한 분석 방법과 기법을 통해 양적 추론에 숙달되도록 여러
분을 안내할 것입니다.

01

대학은 다닐 만한 **가치**가 있을까?

부록 산술

개요

먼저 질문에 반응하는 우리의 감정적인 대응을 살피고, 질문을 해석할 수 있는 다양한 방법을 기록한다. 경제성 분석을 시작한 다음, 필요한 데이터를 확인하고 수집한 후 대학 진학과 비진학을 비교한다. 단계별로 요약하면 다음과 같다.[1]

1. 이 질문에 대해 여기서는 재정적 측면만 고려하기로 하고, 이것이 전체적인 관점에서 불충분할 수도 있음에 주의한다.

2. 대학의 비용과 편익, 즉 등록금 비용과 미래 소득을 파악한다. 비진학자도 마찬가지다.

3. 대학 졸업자와 비졸업자를 대상으로 지출과 일반적인 급여를 조사한다. 출처의 신뢰성과 데이터의 한계를 논의한다.

4. 대학 진학과 비진학을 대상으로 평생 수익을 합산한다. 우리가 찾을 수 있는 정보를 사용하고자 필요한 가정을 명시적으로 나열한다. 누구도 완벽한 데이터를 가질 수는 없다.

5. 우리는 대학 진학이 비진학보다 평생 수익이 많다는 것을 알게 되며, 확신을 갖고 긍정적으로 답을 한다. 단 사립대학교와 국(주)립대학교의 비용 차이는 생각하지 않는다.

---

1   1장의 소제목은 강의 소개에서 설명한 절차를 따른다.

질문을 바라보는 방식

본능적인 반응

대학은 다닐 만한 가치가 있을까? 가족 구성원 대부분은 직간접적으로 이 문제와 마주한다. 여러분의 본능적 반응은 어떨까?

대학은 그만한 가치가 있을까?
답을 생각하고 적어 보자.

이 책에 있는 많은 질문과 마찬가지로 감정적인 주제이다. 여러분과 가족이 몇 년 동안 이 문제를 고민했음에도 분명한 답을 찾기가 힘들었을 수도 있다. 돈을 벌기 위해서 대학에 가야 한다는 압박을 느꼈을 수도 있다. 후원자인 할머니가 최근에 어려움을 겪고 있어서 부담을 드리고 싶지 않을 수도 있다. 어떤 친구는 국립대학에 갔는데 친구 어머니가 사립대학에 가는 대신 절약한 돈으로 친구에게 자동차를 사 주었을 수도 있다. 친구 가운데 일부는 대학에 가지 않을 수도 있고, 그 친구와 다른 길을 간다는 생각만으로도 마음이 무거워질 수 있다. 아버지는 여러분이 자신의 모교에 입학하기를 바랄 수도 있다. 형은 대학에 가지 않았는데 잘 지내고 있을 수도 있고, 아니면 힘겹게 고생하고 있을 수도 있다.

보통 이런저런 어지러운 생각 때문에 대학 진학을 결정하는 데 감정적으로 대응하게 된다. 복잡한 심경은 예측하기 힘들게 제멋대로 흐른다. 괜찮다. 우리는 인간이다. 하지만 이런 감정이 분석에 영향을 주지 않도록 유의해야 한다. 예를 들어, 만일 여러분이 대학에서 이 수업을 듣고 있다면, 여러분은 이미 대학을 선택했고 그 결정을 합리화하려는 경향이 있을 수도 있다. 감정과 잠재적인 편견을 인식하고 비이성적인 생각에 휘둘리지 말아야 한다.

질문의 명확화

여러분이 돈에 관심이 없고 단지 시를 사랑한다면, 여러분에게 이 질문은 경제학에 관한 문제가 아닐 것이다. 대학에서 시를 공부하지 않는다면, 이로 인한 정서적 '비용'은 엄청날 수도 있다.

구체적으로 우리가 대학의 *재정적* 비용에 관해 이야기하기로 결정하자. *어떤* 대학이냐 하는 문제는 유보한다. 개개인에 적합한 대학을 구체적으로 논의하기에는 대학이 너무 많다. 많은 대학을 개별적으로 분석해 평균을 구하거나, 특정 대학을 대표로 분석하는 사례 연구를 수행한 후 필요에 따라 여러 대학에 반복적으로 적용할 수도 있다. 이 책은 노스웨스턴 대학교의 학부 교육 과정에서 사용하는 것이므로 사례 연구 대상으로 노스웨스턴 대학교(2015년 기준)를 선택했다. 이런 의미를 담아 질문을 명확하게 하면 다음과 같다.

재정적인 관점에서 2015년 노스웨스턴 대학교는 다닐 가치가 있을까?

다른 학교 학생이라면 노스웨스턴 대학교 대신 자기 학교를 생각하려고 할 것이다. 하지만 이 질문도 확실하지 않다. 누구에게 가치 있는 것인가? 학생마다 처지가 다르며, 모든 대학의 학비도 같지 않다. 예를 들어 장학금이나 보조금을 받을 수도 있다.

상황에 따라 더 많은 질문을 접하게 되겠지만, 이제 이 질문에 더 명확한 개념을 갖게 되었다.

참고 1.1　　사실 이 1장에서 던진 추동 질문driving question은 *미시 경제학* 분야의 핵심이다. 개인마다 많은 선택지가 있으며, 다양한 옵션을 평가해 '최선'을 골라야 한다. 무엇이 최선인지는 사람에 따라 다르다. 선택에 따른 *기회비용opportunity cost*이 발생하므로, 선택하지 않은 대안 중 가장 나은 차선의 가치에도 의미를 두어야 한다. 예를 들어, 금요일 밤에 영화를 보러 가면 즐겁겠지만, 대신 클래식 공연 같은 다른 곳에 가는 것을 놓칠 수 있다.　　　　　　　　　　　　　　　　　　　　　　　　　　▲

답 구상하기

이제 질문을 알았으니 답에 대해서도 똑같이 분명한 개념을 갖고 있을까? 우리는 진학 결정에 '예, 아니오'로 대답하거나, 찬반투표를 원할까? 아니면 노스웨스턴 대학교(이하 노스웨스턴)에 입학했을 때의 순 비용 또는 편익에 대한 추정치를 찾고 있을까? 어느 쪽이든 우리는 수치를 대입하고, 계산을 마친 다음 질문에 답해야 할 것이다. 따라서 우리는 노스웨스턴에 다니는 데 따르는 순 비용과 편익을 찾겠다고 가정해 보겠다.

수십만 달러를 대학에 쓰는 대신 4년 동안 황무지에서 자족적으로 생활하며 영혼을 탐색한다면, 비록 약간의 지출은 있더라도 수십만 달러의 수업료를 지출한 대학 졸업자보다 더 나은 재정 상태로 나타날 것이 분명하다. 하지만 대학 교육은 여러분이 돈을 벌 수 있는 괜찮은 직장을 제공해 줄 것이라는 기대를 하게 한다. 그래서 노스웨스턴에 다니는 데 드는 비용과 편익을 비교해 답을 제시하고자 한다.

구체적으로 노스웨스턴에 다님으로써 얻을 수 있는 평생 수익을 숫자(달러)로 표시해 질문에 대답할 것이다. 이 숫자는 편익(예를 들면 고임금 직업으로 인한 추가 소득)을 모두 더하고 비용(예를 들면 수업료)을 모두 뺀 값이다. 편익에서 비용을 뺀 값이 양수이면 대학은 그만한 가치가 있다.[2] 하지만 그게 다가 아니다. 대학에 가지 않는 옵션에 대해서도 마찬가지로 분석해 비교할 것이다.

　비용-편익 분석cost-benefit analysis은 경제 이론의 기본 구성 요소이다. 어떤 의미에서 모든 결정은 여러 가지 선택에 따른 예상 순 이득을 비교한다는 관점에서 접근할 수 있다.

모델 구축

어떤 요인을 탐구할 것인가?

　문제에 관한 보다 분명한 관점과 우리가 만들고자 하는 몇 가지 대응을 준비해 브레인스토밍 세션을 시작하자. 분석에는 어떤 요인이 포함될까?

　무엇이 떠오르는가?

　답을 생각하고 적어 보자.

　그 밖에 더 없을까?

　답을 생각하고 적어 보자.

2　비용에서 편익을 뺀 값을 표로 만들 수도 있지만, 음수값이 질문에 대한 긍정적 대답이 되는 사례도 있어서 바람직하지 않다.

더 생각해 보자. 책에 있는 목록을 읽는 것은 매우 수동적이다. 창의력을 발휘하자.

 적어도 한 가지 더 작성하라.

다음은 저자가 제시하는 목록이다. +는 수익, −는 비용을 나타내고, ±는 불분명한 것이다.

> − 수업료
>
> − 숙식비
>
> − 교재비
>
> + 소득, 즉 직장 급여
>
> − 대학에 다니는 동안 일하지 않아서 생긴 손실, 즉 기회비용
>
> + 사회적 네트워크 형성 기회
>
> − 기타 숨은 비용
>
> ± 간과한 혹은 미확인 요인

여러분과 내가 만든 목록은 서로 다를 수 있다. 우리가 모든 근거를 고려했다고 장담하기는 어렵다.

데이터

이제는 조사를 시작해서 수업료, 숙식비 등의 실제 비용을 알아봐야 한다. 찾아야 할 항목이 많이 있을 테니 시간이 걸릴 것이다. 첫 장이므로 발생하는

개별 쟁점을 충분히 검토해야 한다.

대부분 이 과정이 가장 어렵다. 때로는 데이터가 회사 비밀이거나(예를 들어 그래놀라 시리얼의 딱딱한 건포도에 치아를 다친 사람들이 제기한 소송을 해결하려고 퀘이커 회사는 매년 얼마를 지출할까), 또는 쉽게 알아내기 매우 어렵거나(북한 정권은 그들의 친애하는 지도자를 경호하기 위해 얼마나 많은 사람을 고용하고 있을까) 전혀 구할 수 없는 경우도 있다(아스텍 전사는 몸치장에 하루 평균 몇 시간을 소비했을까).

다양한 출처에서 데이터를 찾다 보면, *신뢰할 수 있고 대표성이 있으며 편견이 없다고* 여겨지는 수치만 선택하게 된다. 우리는 정확하고, 질문과 관련이 있으며, 편견이 없는 사실만 필요하다.

이 1장은 여러분을 위해 내가 수집한 데이터를 사용했지만, 연습 문제나 프로젝트 그리고 현실에서는 스스로 자료를 수집해야 할 것이다. 다른 대학교에 다니면서 이 책을 읽는 학생이라면 자기 학교에서 유사한 정보를 찾기 위해 노력해야 한다. **연습 문제 2 참조**

간단한 인터넷 검색으로 노스웨스턴 대학교 입학 홈페이지를 찾을 수 있고,[3] 2015~2016학년도 비용을 자세히 볼 수 있다. 이 사이트는 생각하지 못했던 숨겨진 비용까지 제시한다. 그러나 앞에서 준비한 내용만으로도 좋은 지침이 될 수 있다. 노스웨스턴 사이트에서 집계한 내용은 다음과 같다.

- **수업료** $48,624
- **숙식비** $14,936

---

[3] 2015~2016년 자료는 지금 찾아볼 수 없다. 대신 다음 사이트를 참조하라.
http://admissions.northwestern.edu/tuition-aid/index.html

- **교재와 학용품** $1,620
- **서비스 요금** $458(의료비 $200, 학생회비 $174, 체육비 $49, 대출 수수료
  $35)
- **개인 경비** $2,457
- **교통비** 변동 가능
- **합계** $68,095

이 수치들은 믿을 만한가? 분명히 학생마다 차이가 있다. 예를 들어, 이 웹사이트에 따르면 통학하는 학생의 경우 연간 총비용이 약 $12,000 정도 덜든다고 한다. 그래서 우리가 어떤 학생에 대해 말하고 있는지를 분명히 해야한다. 노스웨스턴에 다니는 학생 대부분은 통학생이 아니므로, 그렇게 가정할 것이다. 물론 통학이냐 아니냐, 역사 전공이냐 엔지니어 전공이냐, 등록금 전액을 내느냐 대출을 받느냐 등 여러 가지 상황을 고려해서 더 복잡한 모델을 만들 수 있다.

노스웨스턴이 제공하는 수치는 믿을 만한가? 내가 아는 한 대학들이 자체 비용 데이터를 잘못 보고한 경우는 없다. 몇몇 극소수 대학이 매년 학교 순위를 집계하는 〈US 뉴스 & 월드 리포트U.S. News and World Report〉에 입학 데이터를 왜곡한다. 이는 흔하지 않은 것으로 보이며, 왜곡된 관련 수치들은 표준 수수료만큼이나 간단하지 않았다. 따라서 우리는 대학이 자체 보고한 이 수치를 신뢰할 수 있다고 간주할 것이다.

이제 비용은 이 정도로 마무리하고, 편익으로 눈을 돌리자. 이 점이 더 까다로울 것이다. 몇 가지 데이터를 수집하자.

✦ **소득** 대학에 다닌다고 해서 모두 졸업하는 것은 아니고, 졸업해도 모두 취업하는 것은 아니며, 같은 임금을 받는 것도 아니다. 이런 점을 유념하자. 그러므로 단순한 모델을 만들려면 평균값average value을 생각해야 한다.[4] 여기에 직관적으로 찾을 수 있는 몇 가지 데이터가 있다. 포브스가 보도한 2013년 전국대학및사용자협회National Association of Colleges and Employers, NACE의 급여 조사 자료에 의하면, 4년제 대학 졸업자의 평균 초봉은 $45,000이다. 하지만 이는 하나의 참고 수치이고 대학마다 다르다. 우리는 노스웨스턴에 관심이 있으니 좀 더 살펴보자.

페이스케일PayScale 회사 웹사이트에 의하면 노스웨스턴을 졸업한 초기 경력자들은 매년 약 $54,000를 번다. 이 데이터는 설문 조사에 참여한 대학 동문들로부터 수집되었다. 신뢰할 수 있을까? 아마도 고소득자들은 설문 조사에 적극적으로 응했을 것이다. 정확히 알 수는 없지만, 응답자가 일반적인 노스웨스턴 졸업생을 대표하지 않을 수 있다는 점을 유념해야 한다. 이런 현상을 *선택 편향selection bias*이라고 한다. 표본의 구성원 성향이 특정한 결론을 유도할 수도 있다. 예를 들어, 위스콘신 사람에게 브랏Brats 소시지를 좋아하는지 물어보는 것과 같다. ✦ 위스콘신에는 독일계 이민자가 많고, 그 영향으로 독일식 소시지인 브랏 소시지가 유명하다. 또한 페이스케일 회사 설문조사에는 모두 664명이 참여했으며, 그중 272명은 초기 경력자(5년 미만)였다. *'이는 믿을 만한 데이터를 얻을 수 있는 충분히 큰 표본인가?'*[5]

---

4 평균의 여러 가지 개념은 부록 8.1 및 8.2에서 설명한다.

5 이 강좌의 초기 단계에서 표본의 수가 적은 '작은 수 n' 문제는 더 이상 탐구하지 않을 것이다. 부록 8.6을 참조하라.

라고 항상 질문해야 한다.

세 번째 자료로, 국가교육통계센터National Center for Education Statistics, NCES
는 교육과 관련된 데이터를 수집하고 분석하는 정부 기관으로 2015년
25~34세 대졸자의 중위 소득이 $48,500라고 보고했다.[6] 이는 신뢰할
수 있는 출처에서 가져온 좋은 데이터로 보이지만, 노스웨스턴만의 특별
한 데이터는 아니다. 간단히 말해서 가지고 있는 좋은 데이터는 원하는
데이터가 아니다. 그러나 적어도 우리는 모델을 만들 수 있는 몇 개의 수
치를 얻었고, 그 수치들은 서로 상당히 비슷하다.

NCES 수치는 신뢰할 수 있고, 편견이 없는 정부 출처이며, 더 구체적일
수도 있는 다른 출처와도 일치한다. 따라서 우리는 결국 채택하기로 한다.

◆ **소득 손실, 기회비용** *기회비용*은 다른 대안을 선택함으로써 벌지 못한
돈을 말한다. 일하지 않고 대학에 감으로써 어느 정도의 돈을 벌지 못한
다면, 그 벌지 못한 돈은 대학에 다니는 데 드는 추가 '비용'으로 해석할
수 있다. 이렇게 수집한 데이터를 사용해 대학에 다니지 않을 때의 순 편
익을 평가하고 비교할 것이다.

대학에 다니지 않으면 돈을 얼마나 벌 수 있을까? 고지식한 방법은 미국
노동자의 평균 급여를 찾아보고 그 수치를 사용하는 것이다. 하지만 더
세심해야 한다. 중견 변호사 얘기가 아니라 최근 고등학교를 졸업한 학
생을 말하는 것이기 때문에, 정확한 인구 통계를 반영하기 위해 검색 범
위를 좁혀야 한다.

---

6   이 사이트는 해마다 관련 데이터를 제공한다. https://nces.ed.gov/fastfacts/display.asp?id=77

어떻게 검색할까? 누구든지 간단한 키워드로 인터넷 검색을 시작할 것이다. 그러면 온갖 종류의 주장이 담긴 모든 종류의 사이트가 나타날 것이고, 너무 많은 팝업 광고(상업적 이해관계에 따라 편향적인 부분도 있다는 의미)가 뜬다. 주의할 점은 이러한 사이트 대부분은 책임 있는 데이터를 제공하지 않는다는 것이다. 그러나 조금이라도 책임이 있다면 데이터의 출처를 밝힐 것이다. 출처를 클릭해 보라. 서로 다른 다양한 대중 매체, 블로그, 사이트에서 링크한 출처가 공통적이라면 신뢰할 수 있다(모든 길은 로마로 통한다). 이 경우 약간의 검색 끝에 내가 찾고 있던 정보만을 모아두는 미국 노동통계국US Bureau of Labor Statistics, BLS, www.bls.gov을 찾았다. 이곳은 중립적이고 신뢰할 수 있는 기관이다. 이 사이트에서 '고등학교 졸업자 급여'를 검색한 결과 '교육 성취도별 소득과 실업률'[7]이라는 제목의 2014년 도표를 발견했다. 그 데이터는 기대 이상으로 많은 것을 제공했고, '고등학교 졸업자'에 관한 중요한 수치도 있다. 즉 고등학교 졸업자의 중위 소득은 주급으로 $668이다. 이 소득을 기준으로 간단하게 계산하면**부록 5 참조** 다음과 같은 연간 소득을 산출할 수 있다. 1년은 50주로 계산한다.

$$\$668/주 = \$668/주 \times 50주/년 = \$33,400/년$$

노동통계국 도표는 고졸 근로자의 실업률이 6.0%인 반면, 학사 학위 소

---

7 www.bls.gov/emp/ep_chart_001.htm

지자의 실업률은 3.5%에 불과하다고 말한다. 그리고 〈25세 이상 인구에 관한 데이터〉라는 문서와 함께 또 다른 중요한 출처인 미국 인구조사국US Census Bureau, www.census.gov도 링크되어 있었다. 더 나은 수치를 얻기 위해 노동통계국에서 '최근 고등학교 졸업자'를 찾아봤고, 그들 중 몇 명이 취업했는지(급여는 고려하지 않음)에 관한 유용한 도표를 발견했다. 다음과 같은 설명도 있었다.

> 2013년 가을 학기에 대학에 등록하지 않은 최근 고등학교 졸업자는 등록한 졸업자보다 취업할 가능성이 더 크다(74.2%와 34.1%로 비교됨). 대학에 등록하지 않은 고등학교 졸업자의 실업률은 30.9%인 반면, 대학에 등록한 졸업자의 실업률은 20.2%였다.

이 실업률 수치는 완전 고용을 가정할 경우 오류를 야기하며, 특히 대졸자가 아닌 경우에는 더 왜곡된다는 것을 의미한다.

국가교육통계센터에 따르면, 고등학교만 졸업한 25~34세 정규직 근로자의 연간 중위 소득은 2013년에 $30,000였다. 이는 노동통계국 수치인 $33,400/년에 상당히 가깝다. 국가교육통계센터가 25~34세인 근로자만 고려했기 때문에 실제로는 더 낮을 수 있지만, 이 정도에서 더 구체화할 필요는 없다.

지금으로도 매우 행복하므로 사이트에 북마크를 하고 다음 작업으로 이동한다.

✦ **네트워킹으로 인한 소득** 대학 졸업자들은 대학 시절 인맥으로 돈을 벌까? 이런 인맥은 대학을 졸업하지 않은 사람들이 살면서 맺는 인맥에 비

해 더 많은 소득으로 이어질까? 이와 같은 인맥을 올드보이 네트워크Old Boy Network ✚ 비슷한 사회적 또는 교육적 배경을 가진 부자들이 사업이나 개인 문제에서 서로를 돕는 비공식 시스템라고도 부르는데, 당연히 그렇다. 하지만 현실을 직시하자. 우리는 모두 친구가 있다. 나이가 많든, 어리든, 도움을 받아 이익을 얻든 상관없이 그들로부터 여러 정보를 얻는다. 우리 관심은 네트워킹의 효과를 측정하는 방법이므로, 여기서 도덕성 문제를 생각할 필요는 없다. 단 편견은 유의해야 한다.

'올드보이 네트워크의 편익 측정'을 검색하면 2011년 학술 논문이 먼저 뜬다.[8] 남녀 임원의 급여 격차(약 30%)에 관한 내용이다. 첫 페이지에 이렇게 나와 있다.

> 우리는 남성 임원들의 급여가 과거에 개인적으로 만났던 사람의 수에 따라 증가하는 반면 여성은 그렇지 않다는 것을 알게 되었다. 이와 같은 차이를 고려한다면 임원들의 성별 급여 격차는 크지 않다.

흥미로운가? 그렇다! 우선 여성이 남성보다 적은 임금을 받는데, 이것은 탐구할 필요가 있고 지나쳐서는 안 되는 중요한 사실이다. 둘째로, 성별 간 네트워크 차이 때문에 급여 차이가 발생할 수 있다고 했으므로 이 점도 유념해야 한다. 접근성, 기회, 공정성에 관한 의문이 생기며 신중한

---

8 올드보이 네트워크: 최고 경영진 보수에 관한 소셜 네트워크 영향의 성별 차이(The Old Boy Network: Gender differences in the impact of social networks on remuneration in top executive jobs), 저자 Marie Lalanne와 Paul Seabright. http://idei.fr/doc/wp/2011/gend_diff_top_executives.pdf

조사가 필요하다. 이런 질문은 이 강좌에서도 훌륭한 프로젝트가 될 것
이다!

그렇긴 하지만 당면한 문제로 돌아가야 한다.[9] 이 새로운 정보가 지금 우
리에게 유용할까? 아마도 그럴 수 있다. 네트워킹이 급여에 미치는 영향
을 알려 주지만, 고등학교 졸업자와 대학 졸업자 사이의 급여 차이는 알
수 없다. 나는 또한 '소득에서 올드보이 네트워크 편익'을 찾아보았고, 백
인 남성 네트워크와 여성과 소수 집단 네트워크 사이의 편익 차이를 연
구한 논문들을 발견했다.[10] 이런 연구는 네트워킹이 효과가 있다고 하지
만, 그 효과를 측정하려는 시도는 전혀 하지 않았다. 고등학교 졸업자에
게 유리한지 아니면 대학 졸업자에게 유리한지 알려 주지도 않았다. 불
행하게도 이 문제와 관련된 데이터가 없으며 지금은 이에 대한 논의를
마쳐야 할 것이다.

참고1.2   대학 동창회에 가서 자동차, 옷, 동창회 선물의 크기 등을 봤을
때 모두가 상당히 부자인 것에 아주 놀랐다. 부가 부를 낳는다고 들은 적
이 있는데, 동창들의 부유함이 전적으로 대학 졸업의 편익 때문이라고 생
각하지 않았다. 가족 간의 유대, 높은 직위에 있는 친구 등 다른 관계에서
비롯됐을지도 모른다. 그러나 이러한 예감에도 좋은 데이터 없이는 더 진

---

9   아니라면 여러분의 학문적 탐구가 '지금까지 한 모든 것을 버려라'라는 결론에 이르면서 조사의 초점이 바뀔지
    도 모른다. 하지만 그런 식으로 책을 쓸 수 없다!

10 Steve McDonald, 〈'올드보이' 네트워크가 무엇인가? 젠더화되고 인종화된 네트워크에서 사회 자본적 접근〉,
    Social Networks 33 (2011) 317-30. www.academia.edu/13356204/Whats_in_the_old_boys_network_
    Accessing_social_capital_in_gendered_and_racialized_networks

행할 수 없다.　　　　　　　　　　　　　　　　　　▲

◆ **그 밖의 요인은?** 대학에 가지 않을 때 생기는 재정적 편익이 단지 돈을 절약하고 직장 생활을 일찍 시작하는 것뿐이라면 좀 이상하다는 생각이 든다. 학교를 중퇴한 인터넷 억만장자는? 회사를 일찍감치 창업한 것이 그들의 유일한 장점인가?(이는 기회비용에 해당한다) 실리콘 밸리에 있는 천재들의 환경은 어떤가?(수량화하는 방법을 모른다고 앞에서 결정했으나, 이는 네트워킹 편익에 해당한다) 사색과 행동으로 방황하고 탐험할 수 있는 자유는 어떨까? 전통적인 대학의 칸막이에 얽매이지 않고 지적 자유를 만끽할까? 대학을 졸업하지 않은 사람들이 이런 것을 *더* 잘 갖추고 있을까? 아마 이모든 것이 사실일 수도 있다. 만약 그렇다면 나는 대학생이 아닌 사람들도 이 책을 읽기 바란다! 그러나 만약 그런 사람이 존재하고 편익이 있다면, 노동통계국이 추적해 비대졸자의 소득으로 산정하기 바란다. 그것이 아무래도 '잠재적'이거나 '무형'의 편익이라면, 여기서는 고려하지 않겠다. 이는 우리의 중심 질문을 어떻게 해석할지 정할 때 내린 결정이다.

여전히 우리가 무언가를 놓쳤을 가능성은 항상 있다. 이 책을 출판한 후에 비평가의 의견을 귀담아들을 것이다.

앞으로 수집해야 할 다른 데이터도 있지만, 우리는 이미 대학의 *평생* 비용 또는 편익을 합산할 계획을 세웠다. 따라서 평생 근로 기간의 의미를 분명하게 해야 한다. 우리 삶이 끝날 때까지 열심히 일한다고 가정하지는 않겠지만, 근로 기간을 추정하는 데 기대 수명을 아는 것은 유용할 것이다. 위키피디아에서 몇몇 나라의 기대 수명 목록을 찾았다. 하지만 더 나은 출처를 찾기 위해

CIA 월드 팩트북World Factbook[11]을 찾아서 클릭해 보았다. 미국인의 기대 수명
은 약 79.5세라고 기록돼 있었으며, 우리는 그 나이를 근거로 은퇴 계획을 세
울 수도 있다.

물론 정년은 사람마다 다르고, 정년을 규정한 법도 있다. 사회보장제도가
연방 연금 프로그램 역할을 하는데, 1960년 이후에 출생했으면 67세부터 불
이익 없이 퇴직금을 받을 수 있다.[12] 연구자들은 평균 정년이 여성 62세, 남
성 64세라는 것을 알아냈다.[13] 현대 여성 대졸자들이 은퇴하는 시점도 여전
히 62세일까? 누가 알겠는가? 평균 정년이 높아지고 있는데, 기금이 고갈되
지 않도록 사회보장을 받을 수 있는 나이를 올려야 한다는 여론도 있다. 여기
서는 현재 대학생의 평균 정년이 67세가 될 것이라고 *가정한다*.

이러한 규칙과 제도 그리고 사람들의 행동은 지금 대학에 입학한 누군가가
은퇴할 준비가 되었을 때 바뀔 수 있지만, 우리가 할 수 있는 최선의 방법은
지금 알고 있는 것을 근거로 계획을 세우는 것이다. 그러므로 67세에 정년을
맞아 은퇴한다고 가정하자.

또한 학생의 나이에 대해서도 말해야 할 것이다. 노스웨스턴 웹사이트에
따르면, 학생들의 86%는 4년 후에 졸업하고 92%는 5년 후에 졸업한다. 참
고로 이는 학생이 졸업하지 않을 가능성이 작지만 주목할 만하다는 것을 의
미한다. 중퇴하면 학업 비용은 줄어들지만, 졸업생으로서 누리는 높은 연봉,

---

11 www.cia.gov/library/publications/the-world-factbook/rankorder/2102rank.html

12 www.ssa.gov/planners/retire/agereduction.html

13 Alicia Munnell, *What is the average retirement age?*
    http://crt.bc.edu/wp-content/uploads/2011/08/IB_11-11-508.pdf
    평균 은퇴 연령 업데이트, http://crt.bc.edu/wp-content/uploads/2015/03/IB_15-4_508_rev.pdf

즉 편익은 사라진다. 학생의 나이에 관한 자료가 없었기 때문에 간단하게 학생이 18세에 고등학교를 졸업한다고 가정한다. 물론 여러분이 자신만의 모델을 만들고 있다면, 나이와 학교에 다닐 햇수를 예상해 모든 수치를 조정할 수 있다. 가정이 많을수록 오류도 많다는 것을 알고 있지만, 대학에 입학한 학생은 모두 졸업한다고 가정한다.

이제 일하는 기간을 결정할 수 있다. 만일 대학 졸업자 대부분이 22세에 졸업하고 67세에 은퇴한다면 대학 졸업 후 근로 기간은 45년이고, 대학 4년을 포기한 사람의 근로 기간은 49년이다.

가정

이제 모델을 만들 수 있는 지점에 거의 도달했다. 단순하게 편익을 더하고 비용을 뺄 수도 있지만, 그렇게 간단하지 않다는 것을 깨달았다. 대학에 다니는 사람(통학생 제외)과 '평균' 급여에 관한 데이터를 사용할 것인지, 아니면 좀 더 구체적인 인구 통계로 초점을 좁힐 것인지 몇 가지 가정을 해야 한다. 예를 들어, 우리가 여학생이라면 여자 고등학교 졸업자의 소득에 초점을 맞춰야 할까?

수집한 정보 중 얼마나 많은 정보가 우리 모델에 사용될지 아직 모르지만, 분명히 하고자 지금까지 생각한 여러 가정을 구체적인 목록으로 작성해 놓자.

- ◆ 학업 비용은 노스웨스턴이 제공한 수치를 사용한다.
- ◆ 최근 노스웨스턴 졸업생의 급여는 국가교육통계센터 데이터에 따라 초봉 $48,500로 가정한다. 이것은 분명히 대략적인 추측이다. 다른 학교가 아니라 노스웨스턴을 졸업해서 얻는 추가 수익을 반영하지 않

았기 때문이다. 그러나 이는 우리가 찾은 다른 두 수치(NACE $45,000, PayScale $54,000) 평균의 대략 5% 이내이므로(큰 값은 과대평가된 것으로 의심됨), 이 추정치는 우리 결과에 ±5%의 허용 오차를 가진다고 예상할 수 있다.

♦ 최근 고등학교 졸업자의 소득은 국가교육통계센터 데이터를, 실업률은 노동통계국 데이터를 사용한다.

♦ 대학 졸업자는 45년, 대학에 다니지 않는 사람은 49년 근무한다고 가정한다.

♦ 학위 시간 및 학위 취득률은 노스웨스턴 수치 자료를 사용한다.

모델 구축하기

이제 어떤 것을 더 추가할까?

대학의 학업 비용은 알았지만, 그 비용을 한 번에 지불할 수 없다면 대출을 받아야 할 것이고, 대출금에 대한 이자는 숨겨진 비용이 될 것이다(우리는 3장에서 대출과 이자를 자세히 탐구할 것이다).

급여를 합산하는 것은 훨씬 더 어려운데, 한 사람의 일생에 따라 달라지기 때문이다. 그리고 간단한 수치로 나타내기 어렵다. 대략적인 추측은 블로그 게시용으로 좋을 수 있지만, 정밀한 추정은 박사 학위 논문 주제가 될 수 있다. 우리는 박사 학위를 목표로 하고 있지 않기 때문에(현재로서는!), 기초적인 계산부터 시작해 일정 정도 수준에서 만족해야 할 것이다.

첫 번째 근삿값

간단한 모델에 수치를 대입해 보자. 곧 개선점에 대해 논의할 것이다.

대학 졸업자의 경우, 우리가 가정한 1년 소득 $48,500에 대학 졸업 후 근무 연수인 45년을 곱하면, 총소득은 218만 달러($2.18M)가 된다. 노스웨스턴 4년간 수업료는 비용으로 4 × $68,095이며, 약 $272,000이다.[14] 수익에서 비용을 빼면, 평생 대학 졸업에 따른 편익은 $2,180,000 − $272,000 ≈ $1.9M, 190만 달러이다.

고졸자의 소득은 국가교육통계센터 기준으로 연 $30,000이다. 18세에 직장에 들어가 49년간 일하는 사람은 평생 147만 달러($1.47M)를 벌게 된다.

그러므로 대학 졸업자는 약 190만 달러($1.9M), 고등학교 졸업자는 150만 달러($1.5M)를 번다고 하면, 대학 교육의 가치를 약 $0.4M = $400,000로 책정할 수 있다.

참고 1.3　　거의 혹은 전혀 연구하지 않고 어림짐작해 보자. 대학 비용이 $250,000이고 졸업생이 45년 동안 연간 $50,000를 번다면, (45 × $50,000) − $250,000 = $2M, 200만 달러를 평생 벌고, 대학을 졸업하지 않으면 50 × $30,000 = $1.5M, 150만 달러를 번다고 추정할 수 있다.　▲

개선점

첫 번째로 추측한 대학 교육의 경제적 편익은 근삿값이므로 신뢰성이 높지

14　부록 5.3에서는 유효 숫자를 결정하는 방법을 논의한다. 우리가 이미 이 계산이 정확하지 않다고 인식했을 때, $68,095 정도로 정확한 수치를 다루는 것은 큰 의미가 없다. 혹은 어떤 숫자를 정확히 안다고 해도, 불분명한 다른 숫자에 더하면 정확하게 그 합을 알 수 없다. 그래서 유효 숫자만 다루기로 한다. 간단히 반올림한다.

는 않지만 현저하게 크다. 이는 대학이 그만한 가치가 있다는 일반적인 결론
이 매우 확고하다는 것을 암시한다. 그래서 더 자세히 분석한 이후 다른 수치
를 찾게 되더라도 '대학에 가는 것이 좋다'라는 권유는 변하지 않을 것이다.

더 자세하게 분석하려면 더 많은 데이터가 필요하다. **참고 1.4**를 보라. 고려
해야 할 사항이 몇 가지 있다.

- ✦ **학자금 대출 이자** 대출 규모와 이자가 얼마인지 알아야 한다. 노스웨스
  턴이나 비슷한 대학에 대한 좋은 자료가 있다. 이 자료를 우리 모델에 어
  떻게 추가할까? 이자 발생에 대해 우리가 알고 있는 것을 이용해서**3장 참조**
  단지 수업료와 서비스 요금의 합이 아니라 학비 대출에 따르는 총비용을
  계산할 수 있다. 고정 금리 대출로 가정해서 분석할 수도 있지만, 더 정교
  한 대출 계획도 조사할 수 있다.
- ✦ **시간 경과에 따른 급여의 변화** 일반적으로 근로자의 급여는 급여의 일정
  비율씩 주기적으로 인상된다(이는 급여가 시간이 지남에 따라 지수적으로 증가
  한다는 것을 의미한다. **부록 6.4 참조**). 그러나 앞에서 급여를 고정값인 $48,500/
  년으로 모델링했으므로, 이 수치가 오늘날 사실이라고 해도, 이는 다양한
  연령대 사람들의 평균 급여를 나타낸다. 지금 18세인 사람이 65세가 되
  는 47년 후 현실을 오늘의 수치가 대변한다고 누가 장담할 수 있을까?

우리는 학자금 대출에 대한 몇 가지 데이터를 수집했다. '대학 진학과 성공
을 위한 연구소Institute for College Access and Success, TICAS'에 따르면, 2015년에
졸업한 학생의 학자금 대출은 평균 $30,100로, 고정 금리 3.76%인 10년 연
방 정부 대출이었다[15](3장에서 대출과 이자 그리고 이 모든 전문 용어가 실제로 무엇

을 의미하는지 논의할 것이다). 모든 학생이 빚을 지는 것은 아니지만, TICAS는 대학 졸업생 열 명 중 일곱 명이 대출을 안고 있다는 사실을 발견했다. 그래서 우리는 3.76%의 금리로 $30,100 대출을 상환해야 한다고 가정한다. 3장에서 배우겠지만, 이는 약 $6,000의 이자를 포함해 10년 동안 모두 $36,000를 상환해야 하며, 월 상환액이 약 $300라는 의미이다. 이자로 인한 추가 금액은 상대적으로 적어서 결론에 별다른 영향을 주지 않는다.

시간이 지나면서 급여가 변한다는 사실을 살펴보자. 노동통계국[16]은 연령별 정규직 근로자의 평균 주급에 대한 데이터를 2015년부터 제공하며, 여기에서는 연간 소득을 산정하기 위해 연 50주 근로를 가정해 조정했다.[표1.1]

표 1.1 미국인의 연령별 중위 소득

연령	중위 소득
16~24	$24,000
25~34	$36,800
35~44	$44,650
45~54	$46,500
55~64	$45,100
65 +	$41,900

15　대학 진학과 성공을 위한 연구소, 〈2015년 학생 대출금과 종류〉, https://ticas.org/sites/default/files/pub_files/classof2015.pdf. 우리는 모든 대출이 연방 정부 기금에서 나오는 것은 아니며 이자율도 변한다고 알고 있지만, 여기서는 단순히 3.76%의 연방 정부 기금 대출로 가정한다.

$$월\ 상환액 = \frac{P\frac{r}{12}(1+\frac{r}{12})^n}{(1+\frac{r}{12})^n - 1} = \frac{30.100 \times (0.0376/12)(1+0.0376/12)^{120}}{(1+0.0376/12)^{120} - 1} = 301.326$$

16　www.bls.gov/news.release/wkyeng.t03.htm

우리는 **표1.1** 데이터를 사용해 대학 졸업자와 비졸업자를 대상으로 예상 소
득을 계산할 것이다. 전체 데이터만 있으므로 중위 소득이 같은 패턴을 따른
다고 가정해야 한다. 즉 졸업자와 비졸업자 모두 이 도표에 있는 상승률과 동
등한 *비*율로 소득이 증가한다는 것이다. 아래의 '계산' 부분에서 알게 되겠지
만, 초봉이 달라지면 이에 따라 전체 표의 규모가 커지거나 작아진다.

아차! 뭔가를 놓쳤다!

이 장을 처음 설계할 때 실수가 있었다. 교육용으로 남겨 두었지만, 업무용
보고서라면 전체를 다시 작성해야 한다. 여러분은 눈치 챘을까? 대학 비용에
는 숙식비를 넣었지만, 비진학자도 식비와 주거비를 지출해야 한다는 점을
생각하지 못했다. 이것이 문제였다. 이것은 대학 진학과 비진학 사이의 소득
격차를 넓힐 뿐이라는 것을 금세 파악할 수 있으므로, 이런 실수가 결론에 영
향을 미치지 않는다는 것을 바로 알 수 있다. 우리는 더 자세히 살펴보고 비
진학자 4년 숙식비를 추정할 수 있다. 48개월 동안 한 달에 $1,000라고 해도
$50,000 미만이다. 첫 번째 근삿값과 비교하면 이것이 결론에 미치는 영향
은 크지 않지만, 10%(또는 그 정도)의 잠재적 수정은 중요하다. 또는 비진학자
가 돈을 절약하기 위해 집에서 생활한다고 가정할 수 있다(물론 식비는 *누군가*
책임진다). 서면 기록이 추론의 복잡한 과정을 반영할 수 있으므로 우리는 집
에서 생활하는 경우를 택할 것이다. 어떤 방식으로든 빠뜨린 점을 해결하고
오류를 고칠 필요가 있음은 당연하다. 이는 언제나 밑줄을 그어 둘 만큼 중요
한 사항이다.

참고1.4   **단계별 순서도** 작성 과정이 매우 깔끔하게 보이도록 모델 구축,

데이터 수집, 계산으로 각 단계를 구분한 후에 이 첫 장을 쓰면 편리할 것이다. 그러나 여기서 본 것처럼 실제로 절차가 그리 간단하지 않다. 때때로 데이터를 수집하는 도중 모델에 영향을 주는 증거와 마주친다. 때로는 모델링 단계에서 여러분이 원하는 정교한 모델을 만들기에는 데이터가 충분하지 않다는 것을 깨닫기도 한다. 가끔은 많은 시간과 에너지를 투자하고도 만족하지 못하고 훨씬 더 나은 모델을 찾고 있는 자신을 발견하게 된다 (조심하라! 이것은 학자로 가는 길이다!). 가끔 핵심 계산 과정에서 틈새가 드러나기도 한다. 우리 모두 세련된 결과를 원하지만, 그러려면 이와 같은 문제들을 잘 다루어야 한다.   ▲

오류의 원인
여기에는 오류의 원인이 많이 있다. 생각해 보자.

여기에 목록을 적어 보자.

내가 생각한 목록은 다음과 같다.

+ 급여 수준은 개인마다 그리고 한 개인의 일생에 걸쳐 매우 다양하다. 우리가 가지고 있는 데이터로 정확하게 모델링할 수 없다.
+ 급여 데이터는 평균값mean이 아닌 중앙값(중위수, median)으로 제시되었다.
+ 돈의 가치는 시간이 지남에 따라 변한다.
+ 대학 비용은 학자금 대출 조건에 따라 달라진다.
+ 학사 학위 소지자가 아닌 사람의 직무 교육 비용은 고려하지 않았다.

◆ 고소득자가 저축 및 투자를 할 수 있으므로 소득(또는 손실)이 더 증가할
  수 있다.

◆ 비졸업자의 소득에 관한 모든 수치는 근로자 전체의 평균이다. 다만 공
  정하고 일관성 있게 비교하려면 '노스웨스턴으로 진학할까?'라는 문제를
  고민하는 상황에서, 노스웨스턴을 졸업한 사람과 *진학할 수 있었지만 그*
  *렇게 하지 않은 사람(다른 대학을 선택한 사람)*을 *따로* 비교해야 한다. 이 사
  람들은 아예 입학하지 않은 고졸자들과 소득이 다를 수 있다.

◆ 비졸업자 실업률(6%)은 학사 학위 소지자(3.5%)에 비해 높다.[17]

◆ 약 8%의 노스웨스턴 학생이 졸업하지 않는다. 이 학생들은 대학 비용의
  일부를 지출했지만, 경제적인 편익을 제공받지 못할 가능성이 있다. 이를
  설명하기 위해 확률 이론을 사용하여, 졸업하지 않은 경우도 포함해 대
  학을 졸업한 후의 예상 소득을 계산할 수 있다.[18] 대학을 일부 경험(중퇴)
  한 사람의 급여 자료가 있다면 더 미세하게 조정할 수 있을 것이다.

◆ 대학 비진학자가 4년 동안 집에서 생활하며 숙식비를 전혀 쓰지 않는다
  고 가정했지만, 분명히 비용을 부담하는 누군가에게 의존하고 있다.

나중에 보겠지만 우리가 내린 결론은, 이러한 오류의 원인이 결론에 영향
을 미치지 않는다고 주장해도 될 만큼 확고하다. 뚜렷한 결론을 내리지 못했

---

17 www.bls.gov/emp/ep_chart_001.htm.

18 기댓값에 관한 내용은 부록 7.1 참조. 현재로서는 초봉의 기댓값을 $0.92 \times \$48,500 + 0.08 \times \$30,000 =$
    $\$47,000$로 계산할 수 있다. 처음 항은 대졸자 초봉과 졸업할 확률이고 두 번째 항은 비졸업자의 초봉과 졸업하지
    않을 확률이다.

다면, 위에서 언급한 오류가 중요한 역할을 할 수도 있다. 예를 들어, 고소득자는 소득을 더 쉽게 늘릴 수 있다고 하는데(부자는 더 부자가 된다), 그러한 요인은 우리가 내린 결론이 타당하다고 더 *강조할* 뿐이다. 또는 대학생이 학업에 열중하는 동안, 대학 대신 직업을 가진 급여 소득자는 그 소득을 투자할 수 있다. 그러나 투자로 큰 손실을 보지 않으려면 매우 전문적인, 또는 운이 좋은 투자자가 필요할 것이다. 비슷한 맥락에서, 돈의 가치는 시간이 지나면서 변하기 때문에 미래의 달러를 현재의 달러와 동등하게 취급하는 것은 잘못이다. 또 다른 예로, 급여의 평균값은 중앙값보다 높을 가능성이 크다. 고소득자는 중앙값보다 몇 배나 더 벌어서 평균값을 크게 높이지만, 저소득자는 소득이 없다고 해도 중앙값에 별다른 영향을 주지 않기 때문이다. 따라서 평균 급여를 사용하면 대학 졸업자와 비졸업자 사이의 차이가 과장될 가능성이 크다.

계산

단계적 급여 규모와 학자금 대출금의 이자 비용을 포함해 개선한 모델에 대해 알아보자.

학자금 대출에 대한 이자가 약 \$6,000에 달하기 때문에, 대학 비용(\$272,000)에 더해 계산해야 한다. 이 차이는 우리가 사용할 정확도에 비해 무시할 수 있는 수준으로 판명되므로, 궁극적으로 분석에 아무런 영향을 미치지 않을 것이다. 그러나 현재로서는 두 비용을 더하고 유효 숫자[19]를 두 개로

19　유효 숫자에 관한 내용은 부록 8.1을 참조하라.

유지해 총비용을 $280,000로 기록해 두자.

표 1.1의 단계적 소득 수준을 어떻게 통합할 것인가? 불행히도 우리는 졸업자와 비졸업자 집단을 비교한 데이터를 갖고 있지 않다. 하지만 간단히 조정할 수는 있다. 예를 들어, **표 1.1**에서 10년마다 급여가 세 배로 증가한다면 졸업자와 비졸업자 모두에게 같은 규칙을 적용할 수 있으며, 초봉에서 차이가 있으면 누적된 평생 소득도 차이가 있다는 뜻이다. 만일 대학 졸업자가 우리가 갖고 있는 데이터에서 비슷한 나이의 중위 근로자가 번 것의 두 *배*를 벌고 같은 기간을 일한다면, 10년마다 소득이 두 배로 늘어나고 결국 대학 졸업자의 소득도 중위 근로자가 번 것의 두 *배*(같은 인수)가 된다는 것을 알 수 있다.

이 수치를 더 간단하게 중위 근로자가 10년마다 세 배씩 연봉이 1, 3, 9, 27로 증가한다고 가정하자(설명을 위해 단위는 생략한다). 그러면 10년 동안 급여가 일정하므로 각각 10을 곱해 계산하면, 40년 동안 총 10 + 30 + 90 + 270 = 400이 된다. 대학 졸업자의 초봉이 근로자의 두 배이고 10년마다 세 배씩 증가한다면, 40년 동안 총소득은 20 + 60 + 180 + 540 = 800으로 정확히 두 배가 된다![20]

마찬가지로, 비졸업자가 경력 초기에 중위 근로자의 *5분의 3*을 받는다면 평생 소득도 중위 근로자의 *5분의 3*(같은 인수)이 된다. **표 1.1**을 사용해 중위 소득을 계산한 다음, 그 결과에 중위 근로자에 대한 우리 두 집단(대학 졸업자 및 비졸업자)의 소득 비율을 곱하면 된다. 이때 중위 근로자는 우리 집단과 비슷

---

20 분배 법칙에 대한 연습 문제이다. 부록 2.1을 참조하라. 만일 초봉이 s이고 이듬해에 급여가 인수 r만큼 인상하면, 처음 2년의 소득 총액은 s + rs이다. 초봉이 두 배라면 2s이고 인수 r만큼 인상되면 분배 법칙을 사용해 총소득은 2s + r(2s) + 2(s + rs)이다. 여기서 2배의 2를 어떤 인수 a로 바꾸면, 총소득은 as + ras = a(s + rs)이다.

한 나이에 있는 근로자 집단이다.

따라서 22세부터 67세까지(대학 졸업자는 일을 늦게 시작한다) 일하는 일반적인 근로자의 중위 소득이 얼마인지 먼저 계산한 다음, 18세부터 67세까지도 (비졸업자는 일을 일찍 시작한다) 똑같이 중위 소득을 계산할 것이다. 그런 *다음* 두 집단과 중위 소득 근로자 사이의 소득 비율에 따라 이 수치를 늘리거나 줄일 것이다. 비교를 통해 대학 졸업자와 비졸업자, 두 집단에 대한 평생 소득 차이도 알게 된다.

먼저 22세에 일을 시작하는 중위 근로자를 보자. 이 사람은 15~24세 연령대에서 2년간 총소득 $48,000, 25~34세 연령대에서 10년간 총소득 $368,000 등을 벌어들인다. 67세까지 이러한 방식을 계속하면 총 186만 달러($1.86M)의 평생 소득에 도달한다. 만약 고등학교 졸업 후 18세부터 일을 시작한다고 가정한다면, 4년 × $24,000 = $96,000만큼 소득이 더 높아서 평생 소득은 약 196만 달러($1.96M)이다.

22세~67세 $(48 + 368 + 446.5 + 465 + 451 + 83.8)k = 1,862.3k \approx 1.86M$

다음으로 우리가 알고 있는 초봉은 대학 졸업자의 경우 $48,500이고, 비졸업자의 경우 $30,000이며, 두 집단의 초봉을 25~34세 연령대의 중위 소득 $36,800와 비교한다. 이 중위 소득에는 두 모집단이 모두 포함되어 있다. 이 수치들은 졸업자와 비졸업자에 대한 데이터를 얻기 위해 학력 정보가 없는 중위 근로자의 평생 소득에 곱해야 하는 비 $\frac{\$48,500}{\$36,800}$ 와 $\frac{\$30,000}{\$36,800}$ 를 결정한다.

그렇게 해서 노스웨스턴 졸업생은 다음과 같이 벌 것으로 추정된다.

$$\frac{\$48{,}500}{\$36{,}800} \cdot \$1.86\text{M} \approx \$2.45\text{M}$$

여기서 대출 이자를 포함한 대학 비용 28만 달러($0.28M)를 학교에 지출하면, 차액은 220만 달러($2.2M)이다. 대학 비졸업자는 다음과 같이 160만 달러($1.6M)를 벌 수 있다고 추정된다.

$$\frac{\$30{,}000}{\$36{,}800} \cdot \$1.96\text{M} \approx \$1.60\text{M}$$

조정을 거친 결과, 대학의 편익은 약 $600,000($0.6M)이다.

임금 격차는 시간이 지남에 따라 커지므로 대학의 편익에 관한 우리의 결론은 더욱 분명하다.

대안 모델

지금까지 한 분석이 우리가 개발할 수 있는 유일한 접근 방법은 아니다. 예를 들어, 질문을 현금 흐름cash flow에 관한 문제로 바라볼 수 있다. 대학 졸업자가 학자금 대출로 갚아야 할 월 상환액이 있다고 가정할 때, 대졸자 급여와 고졸자 급여 차이가 대출 서비스 비용보다 더 클까?

이 질문에는 바로 대답할 수 있다. 대출금의 연간 상환액이 12개월 × $300/월 = $3,600이므로, 대졸자가 더 받는 연봉($18,500)에서 큰 부분을 차지하지 않는다. 대출금 상환액이 급여 차이보다 크다면, 적어도 대학 졸업 후 초기에는 대졸자가 그들의 비졸업 동료보다 생활이 힘들 수 있다. 따라서 대학 진학에 따른 총편익에 관한 질문의 답이 '결국에는 그렇다'라고 해도, 졸업 후 대출을 상환할 수 없다면 정말 문제가 생길 것이다.

이 경우에는 소득보다 부채 상환 비용이 상대적으로 적기 때문에, 심지어 학교를 갓 졸업하더라도 현금 흐름 모델이 분석 결과에 영향을 주지 않는다는 것을 알 수 있다(많은 학생은 대출금 부담을 두고 할 말이 많다! 일률적인 논쟁은 없다). 그러나 다른 시나리오에서는, 즉 기업이 최종 이익에 도달하기 위해 대규모 창업 비용을 투자하는 경우라면, 현금 흐름 고려 사항은 극적으로 다른 결론을 유도할 수 있다.

결과 분석

작업 검토!

작업을 검토하라. 이 책이 출판되어 여러분이 읽기까지 많은 교정과 교열을 거쳤다. 하지만 현실에서는 우리 스스로 확인해야 한다. 작업 검토에 필요한 팁이 있다.

1. 다른 방법으로 다시 한다. 예를 들어, 시험을 채점하고 다섯 개의 시험 문제 점수를 합산할 때, 1번부터 5번까지의 점수를 합산하고, 다시 5번부터 1번까지 점수를 합산해 비교한다. 이 간단한 방법은 오류를 찾는 데 도움이 된다. 여러분의 작업에도 변형해 적용할 수 있다.
2. 현실성을 검토하기 위해 메모지에 간단하게 계산해 추정치를 구한다. **참고 1.3** 및 **부록 9**를 참조하라.
3. 결과가 타당한지 확인하려면 여러 수치로 시뮬레이션하고 모델에 적용한다. 대학 학업 비용을 30억 달러($3G)로 추산했는데도, 대학이 여전

히 가치 있는 것으로 보인다면 확실히 오류가 있는 것이다. 만약 이런 일이 일어난다면, 평균 급여가 아니라 대학 졸업생의 '최고' 급여를 사용했을 수도 있고, 스프레드시트에서 대학 비용을 생략했을 수도 있다. 어느 쪽이든 타당한 결과를 얻기 위해 몇 개의 숫자를 대입해 보는 것이 현명하다.

정확도?

우리의 성과를 얼마나 확신하는가? 수치적인 면에서, 자신 있게 정확한 수치를 제시하기에는 오류의 원인이 너무 많았다. 그러나 그 결과가 크고 긍정적이라면 대학에 다닐 때의 순 편익이 대학에 다니지 않을 때보다 크다는 것이며, 대학에 다닐 가치가 있는지에 대한 질문에 강력하고 긍정적인 답변을 제시한 것이다. 이것이 우리가 자신 있게 내릴 수 있는 결론이다.

분석 결과가 의미하는 바는 무엇인가?

양자역학의 발전에 공헌한 위대한 물리학자 리처드 파인먼Richard Feynman 은 이렇게 말했다.

문제를 푸는 중에 고민하지 마세요. 문제를 해결한 다음이 고민할 시간입니다.

이제 우리는 결과를 해석하고 타당한 권고를 해야 한다. 결론은 명확하다. 순 편익이 크다고 계산됐으니 질문에 답하는 것이 가능하다. 그렇다, 노스웨스턴은 그만한 가치가 있다.

우리는 잠재적 오류가 의미 있다고 보았지만, 그 결과는 일반 학생의 경우 위에서 정의한 대로 노스웨스턴에 다니는 것이 비용 대비 가치가 있다고 강하게 확신하고 결론을 내릴 수 있음을 분명하게 보여 주었다. 대학 졸업이 비진학보다 평생 소득에서 기대하는 순 편익이 $600,000라는 것은 적지 않은 잠재적 오류가 있는 수치이나, 순 편익은 대부분 수십만 달러에 달할 것이라고 확신할 수 있다.

1장과 매우 관련 있는 질문으로 우리가 아직 대답하지 않은 것은 저렴한 주립대학교와 비교해서 노스웨스턴 대학교에 가는 것이 더 타당한가 하는 것이다. 우리는 노스웨스턴에 대해서만 질문했다. 더 예리한 질문에 답하려면 학교별로 대학 졸업자의 소득 수준 차이를 살펴봐야 할 것이다. 아직 발견하지 못한 놀라운 것들이 분명히 더 있을 것이다.

이 미묘한 문제를 해결하거나 보다 확실하게 정확한 수치로 편익을 판단하려면 훨씬 더 세밀한 분석과 구체적인 데이터가 필요할 것이다. 구체적인 숫자로 대학의 편익을 평가하는 것이 내키지 않더라도, 우리 추론이 양적이라는 데 의미가 있다! 더 정확한 분석을 할 수 있지만, 아직 박사 학위를 취득하려는 것은 아니므로 이 정도면 충분하다! 우리는 단지 대학에 다니기로 결정했다!

현실성 검토

대학 등록금이 약 25만 달러라는 점을 감안하면 결론이 약간 예상 밖이다! 그러나 예상되는 급여 소득 기간이 매우 길다면(즉 퇴직 연령 67세를 지나서도 일한다고 가정하면), 더 높은 소득을 통해 학업 비용을 회수할 수 있다. 만약 60세에 대학 입학을 생각하고 있다면, 이 결론을 적용하기 힘들 수 있다. 또한 여러분이 *이미* 높은 임금을 받는 직업을 가지고 있지만, 노스웨스턴에서 철학 공부를 시작하려고 직장을 그만둘 생각을 한다면 이 결론은 적용되지 않는다. 아무튼 재정적인 영향이 중요하지 않은 이런저런 경우도 있다.

요약

우리는 대학의 가치에 대해 질문한 후 순전히 경제적인 근거만 고려해 답하기로 했다. 이것은 근시안적이었다. 대학은 많은 사람에게 많은 것이 될 수 있다. 어떤 이에게는 대학이 궁극적인 경제 전망과 상관없이 심각한 재정적 부담이고 스트레스의 주요 원인이다. 어떤 이에게 대학은 인생을 변화시키는 경험이고, 친구에 둘러싸여 개인의 성장으로 이어지는 걱정과 근심 없는 시간이다. 어떤 이에게 대학은 전문적인 능력을 개발하는 곳이다. 경험의 가치는 경제적 영향보다 훨씬 더 깊고, 값지며 본질적인 개념이다. 학생들은 자립심을 기르고, 다른 방식으로 세상을 보는 법을 배우며, 다른 배경의 사람들을 만나고, 참신한 방법으로 자신에게 도전한다. 대학의 진정한 가치는 매우 개인적인 문제이며 우리가 고려했던 것은 아니다. 우리는 단지 재정적인 측면만 공부했다.

비용과 편익을 분석하기 위해 웹에서 데이터를 검색하고 신뢰할 수 있다고 판단되는 출처에 중점을 두고, 졸업자와 비졸업자 모두를 위한 평생 비용-편익 차이를 도표화하는 모델을 만들었다. 졸업자가 비졸업자보다 더 벌어서 생긴 소득은 대학 비용을 충당하고도 남는다는 것을 발견했다. 그런 다음 계산에 있는 오류의 원인을 고려하고, 우리 결론이 매우 확고하다고 결정했다.

대학의 경제적 가치에 구체적인 수치를 자신 있게 부여할 수는 없지만, 다른 접근 방식과 가정을 하고 비록 다른 수치를 얻더라도, 역시 같은 결론에 도달한다.

 이 양적 추론 수업이 그만한 가치가 있기를 바란다. 아니, 적어도 나는 대학의 나머지 학업이 가치가 있을 것이라고 확신한다!

연습 문제

1. 대학을 중퇴하고, 초봉 $65,000로 20세에 테크놀로지 기업에 입사했을 때 기대되는 평생 편익을 표 1.1을 사용해 계산하시오. 이 사람이 대학 교육비의 절반을 지출하였고 67세에 은퇴한다고 가정한다.

2. 현재 여러분이 재학 중인 연도와 대학을 기준으로, 이 장에서 만든 모델에 수치를 대입하라. 스스로 조사하고 출처를 밝히시오.

3. 여러분은 신발끈 공장을 운영할 계획이고, 건설과 장비에 필요한 자금을 연 5% 금리로 대출받아야 한다. 땅을 사고 공장을 짓는 데 400만 달러($4M)가 필요하고, 매년 신발끈 100만 개를 생산하는데 $80,000가 투입된다. 신발 끈 한 개에 $0.10의 순이익을 낼 수 있다. 수익률이 시간에 따라 증가할 것으로 분명하므로, 1년 후 대출 이자를 갚을 수 있도록 최선을 다해야 한다. 첫해에 몇 개의 신발끈을 만들어야 현금 흐름을 원활하게 할 수 있는가?

4. 대학 강의 한 시간의 비용은 얼마인가? 계산 과정과 함께 산출된 수치에 어떤 의미가 있는지 설명하시오. [연구를 포함한 문제]

5. 대졸자는 $48,500, 비졸업자는 $30,000의 고정 급여를 받는다고 가정하고, 시간 경과에 따른 소득 변화를 고려하지 않은 첫 번째 근삿값 모델을 사용해 손익 분기점을 찾으시오. 즉 대학 졸업의 순수익이 플러스+로 바뀌

는 나이를 찾는다. 여기서 소득 변화를 고려한다면 손익 분기점이 앞당겨
질까, 아니면 늦어질까?

6. '파일럿, 세금 대신 납부PILOT, payment in lieu of taxes'가 무엇인가? 대학을 위
   한 세금 정책과 관련된 사항을 조사하시오. **[연구를 포함한 문제]**

7. 이 1장 질문과 관련된 프로젝트 주제를 생각해 보시오.

프로젝트

A. 현금 흐름을 기반으로 문제를 분석하는 모델을 구축하라. 특히 졸업 직후
   몇 년간 학자금 대출 부채를 상환하는 문제를 해결하는 것이다.

B. 공립(주립)대학교보다 노스웨스턴 대학교에 다니는 것이 가치 있는 걸까?
   하나를 골라 모델을 개발하고, 수치를 대입하시오.

C. 뉴스 기사에 따르면 아몬드 1 kg을 생산하는 데 약 16,000 ℓ의 물이 필요하
   다고 한다. 반면에 닭고기 1 kg를 생산하는 데 물 4,000 ℓ가 필요하다고 한
   다. 이 수치들은 어떻게 계산되었을까? 그리고 닭고기 1 kg과 아몬드 1 kg을
   비교하는 것이 적절한가? 이러한 질문들을 해결한 후 분석을 수행할 방법
   을 생각해 본 다음, 여러분의 자체 모델을 실행하여 생산 프로세스에 있는
   모든 물 비용을 합산하시오.

02

남북 전쟁에서
얼마나 많은 사람이 **죽었을까?**

부록 산술

개요

전쟁의 사망자 수를 추정하는 것이 가치 있는 일인지에 대해 먼저 논의해 보자. 인구 통계학적 변화 추이에서 예상할 수 있는 요인을 비교해 남북 전쟁 이후 인구조사 데이터의 패턴을 검토하고, 남성 인구 감소를 찾아낸 역사학자 데이비드 해커David Hacker 교수의 분석을 살펴본다. 이 분석에서 가정은 신중해야 하며, 이를 위해 무엇이 필요한지 검토하는 데 시간을 할애한다.

1. 인구 변화와 함께 전쟁의 충격을 의미심장하게 느끼게 하는 것은 절대적인 사망자 수보다 인구수 대비 사망자 비율이라는 것을 입증한다.

2. 전쟁으로 인한 사망인지 아닌지를 결정하는 어려움, 오래전에 벌어진 전쟁의 사망자 수를 추정하는 어려움 등을 논의한다.

3. 인구조사 결과를 계산해 사망자를 추정하는 방법을 검토한다. 이것은 인구가 1, 2, 3, 4, 3과 같은 패턴으로 5년 동안 변화했다면 5년째 되는 해에 어떤 일이 발생해 인구 증가를 억제했다고 합리적으로 추론할 수 있는 더 정교한 버전이 된다.

4. '발생한 어떤 일'이 전쟁으로 인한 결손 때문이라고 주장하려면 다른 어떤 것에도 원인이 없다는 것을 입증해야 한다. 그러므로 여러 가정을 검토하는 데 시간을 할애한다.

5. 이 모든 작업이 끝난 후, 수치를 계산하고 데이비드 해커의 분석 결과를 설명한다.

반응

여러분은 앞의 질문을 듣고 어떤 생각을 먼저 했을까? 그 이유는 무엇일까? 그것이 중요할까? 전쟁에서 일어나는 모든 죽음은 비극이 아닐까? 전쟁은 오래전에 벌어졌는데 죽은 사람의 숫자가 오늘날 우리에게 무엇을 말해 줄 수 있을까?

때때로 우리를 스쳐 가는 질문들이 유기적으로 생기기도 한다. 예를 들어, 99센트짜리 겨자잎 통조림 한 개를 살 때도 인도에서 수입한 것인지 확인하고, 유통 과정에서 도대체 *어떻게 이익을 낼 수 있을까* 궁금해한다. 이런 호기심으로 여러분은 세계 무역과 노동에 관해 알게 된다. 하지만 가끔 질문이 갑자기 떠오르기도 한다. 답을 찾을 수 있더라도 그것이 무엇을 의미하는지 생각해 봐야 한다.

2012년 BBC 뉴스 기사[1]는 데이비드 해커 교수가 《남북 전쟁사Civil War History》 저널에 게재한 〈인구조사를 기반으로 한 남북 전쟁 사망자 수 산정〉이라는 논문을 인용해 앞의 질문에 관한 답으로 새로운 추정치를 소개했다. 글은 다음과 같이 시작한다.

미국 남북 전쟁은 논란의 여지 없이 미국 역사상 가장 파괴적이고 가장 피비린내 나는 분쟁이었고, 정확히 얼마나 많은 사람이 북군(북부 연방)과 남군(남부 동맹) 군복을 입고 죽었는지 알 수 없고, 알 수 없는

---

1   www.bbc.com/news/magazine-17604991

상태로 남아 있다.

전쟁 사망자 수를 오랫동안 추정해 온 결과 현재 그 수는 적게 잡아도 130,000명에 이를 것으로 보인다. 이는 이전 추정치의 21%이며, 베트남에서 사망한 미군의 2배 이상이다.

여기서 우리는 역사와 같이 비수치적 분야에서도 양적 추론의 중요성과 직접 마주하게 된다. 위의 글을 다시 읽어 보자. 사망에 대한 새로운 설명에 따르면 군인 사망자 수를 *과소산정*undercount해서 130,000명이라고 해도,[2] 베트남전 미군 사망자 수의 두 배가 넘는다고 결론지었다. 절대적인 사망자 수 자체는 750,000명으로 130,000명보다 훨씬 더 많다. 이 수치들은 오늘날 누구도 경험하지 못한 두 사건의 상대적 의미와 영향을 비교하는 데 의미가 있다. 베트남전은 좀 더 최근 일이지만, 미 육군이 신중하게 계산한 바에 의하면 미군 사망자 수는 약 58,000명이었다. 반면 두 차례의 이라크 전쟁과 아프가니스탄 전쟁으로 생긴 미군 사망자는 이 글을 쓰는 시점에 6,757명[3]이었다.

숫자에 담긴 의미

남북 전쟁을 다루기 전에 미국인이 관여한 여러 전쟁의 상대적인 영향에

---

2 해커가 희생자를 사망자 또는 중상자라는 의미로 사용했을 수도 있지만, 우리는 사망자로 쓰겠다.

3 http://archive.defense.gov/news/casualty.pdf, https://www.archives.gov/research/military/vietnam-war/casualty-statistics#intro

대해 양적으로 몇 가지를 논의해 보자. 위의 수치로 볼 때 베트남 전쟁은 이라크와 아프가니스탄 전쟁을 합친 것보다 약 아홉 배나 많은 사망자를 냈으며, 9.11 테러로 사망한 약 3,000명을 포함하면 여섯 배 정도가 될 것이다. 이라크전과 아프가니스탄전은 현대적인 사건이기 때문에 우리 대부분은 나이와 관계없이 누구나 전쟁의 영향을 어느 정도 실감할 수 있다. 베트남 전쟁 세대가 아니라면 그 충격의 아홉 배 또는 여섯 배가 어느 정도인지는 짐작만 할 뿐이다. 우리 주변에 얼마나 많은 이야기가 더 있을까? 사촌, 친구, 친구의 친구를 잃은 이야기가 얼마나 더 많을까? 그것을 겪어 보지 않은 우리로서는 상실의 크기를 상상하기 어렵다. 그러나 이제 생각해 보자. 남북전쟁은 베트남전보다 열 배 이상의 사상자를 냈다. 게다가 미국 땅에서 일어난 전쟁이라는 사실을 생각하면 이 사건의 규모가 어느 정도인지 감이 오기 시작할 것이다.

앞에서 말한 모든 것은 우리가 사망자 수에 부여하는 *숫자가* 이 세대와 모든 미래 세대에게 매우 중요할 것이라는 점을 보여 주기 위한 것이다.

숫자가 중요하다는 결론은 분명히 타당하지만, 그 숫자에 담겨 있는 의미를 분석하고 그 영향을 이해하려고 시도해 보면 어떨까? 사망자 수가 열 배라면 그 영향도 열 배라는 의미일까?

여러분의 의견을 적어 보자.

우선 동물과 관련된 간단한 질문을 생각해 보자. 이는 단지 설명을 위한 것이지, 동물을 인간과 비교하기 위한 것은 아니다. 이 질문은 남북 전쟁 문제로 돌아가기 전에 우리가 생각해야 할 이슈가 무엇인지 분명하게 보여 줄 것이다.

한 목장주가 도살장에서 앵거스종 소 세 마리를 도축한다고 하자.[4] 그리고 이 행동을 북부 흰코뿔소 세 마리를 죽이는 것과 비교해 보자. 두 종 모두 대형 초식 동물이다. 두 상황이 미치는 영향을 서로 비교한다면 의미가 있을까? 이 책을 쓰는 현재 지구상에는 소가 14억 5천 마리 있다고 추정한다.[5] 반면 흰코뿔소는 **다섯** 마리밖에 없다. 얼마 전 흰코뿔소 한 마리가 죽었을 때 심각한 뉴스거리였을 정도이다.[6]

따라서 전체 인구에 대한 사망자 수의 *비*는 인명 손실의 중요성을 줄이지 않으면서 충격을 보여 주는 더 나은 척도라고 결론 내릴 수 있다. 비율로 보면, 1,000명 중 세 명이 사망한 것은 2,000명 중 여섯 명이 사망한 것과 같다. 2,000명을 1,000명씩 사는 작은 마을 두 곳으로 나누어 각각 세 명씩 주민을 잃었다고 상상하면 된다. 무력 충돌로 사망한 인구의 백분율을 보다 의미 있는 척도로 사용하기 위해서 남북 전쟁 당시부터 베트남 전쟁까지 인구 조사 데이터를 비교해 보자.

참고 2.1　　　절대 수치와 상대 수치 가운데 어느 쪽이 더 의미가 있는지 항상 신경 써야 한다. 만약 누군가가 범죄 발생이 증가하고 있다고 불평한다

4　이 시나리오는 채식주의자, 힌두교도 또는 다른 사람들에게 불쾌하거나 잔인하게 보일 수 있다. 다른 사례를 선택할 수도 있지만, 이 사례를 계속하는 것이 학습에 도움이 될 수 있다. 이 장은 전쟁 중 인간의 죽음에 관한 것이고, 이는 어떤 면에서도 가장 어려운 주제이다. 화가 나는 주제를 이성적으로 추론하는 것은 어려운 일이지만, 추론은 삶과 많은 직업에 필요한 역량이다. 세심하게 처리하도록 노력하겠다.

5　www.fao.org/faostat/en/#data/QA

6　https://www.washingtonpost.com/news/speaking-of-science/wp/2014/12/15/a-northern-white-rhino-has-died-there-are-now-five-left-in-the-entire-world/를 보라. 이 교재를 쓴 이후 두 마리가 더 죽었다. https://www.bbc.com/news/world-us-canada-34897767 참고.

면, 일정한 기간의 범죄 건수를 인구수로 나누어 *범죄율이* 증가하는지 알아보면 된다. 즉 인구가 급격히 증가하면 범죄 건수는 증가하더라도 그 비율은 감소한다. 새로 온 사람들 탓이 아닐 수도 있다.   ▲

미국 헌법은 10년마다 인구조사를 실시하도록 규정하고 있다. 1860년 인구는 약 3,140만 명이었고, 1870년 인구는 약 3,860만 명이었다. 베트남 전쟁 시대인 1970년 인구 2억 300만 명과 비교해 보자. 203,000,000명의 미국인 가운데 58,000명이 사망한 베트남전의 비율(또는 0.03%)과 1861년 약 3,140만 명 중 750,000명이 사망한 남북 전쟁의 비율(또는 2.4%)을 비교하면 어떨까? 남북 전쟁의 비율이 80배나 높다!

〈연습 문제〉 어떤 수 N의 2.4%가 1이 되는 정수 N을 구하시오.
답을 생각하고 적어 보자.

연습 문제의 N을 계산하면, $0.024 = 1/N$이므로 $N = 1/0.024 = 41.666\cdots$이고, 가장 가까운 정수는 42이다. 따라서 2.4%라는 수가 의미하는 것은 42명 가운데 1명이 죽었다는 것이다. 42명 중 1명이라면, 전쟁으로 인한 사망에 직접적이고 심각하게 영향을 받지 않을 가족은 거의 없다고 할 수 있다. 좀 더 깊이 생각해 보면, 전쟁의 영향은 군인의 죽음보다 훨씬 범위가 넓다. 대다수의 신체 건강한 근로자가 일터로부터 동원돼 농업 생산물이 감소했고, 남아 있던 사람들의 식량과 소득도 줄어들었다. 이런 의미에서 전쟁이 삶에 미치는 전반적인 영향은 어떨까? 전쟁의 영향을 다루기로 한다면 이 모두가 가치 있는 질문이지만, 여기서는 다음과 같은 단 하나의 추동 질문에 집중하자.

어떻게 우리는 오래전에 죽은 사람의 수를 셀 수 있을까? 어떻게 우리는 당시 추정치보다 더 나은 수치를 찾을 수 있을까?

그 수치를 원래 어떻게 구했다고 생각하는가?
답을 생각하고 적어 보자.

부정확한 원인은 무엇이었을까?
답을 생각하고 적어 보자.

해커의 논문에 따르면, 남북 전쟁 이후 미국은 사망자를 확인하려고 노력했지만, 많은 기록이 파괴됐다고 한다. 전장battlefield 보고서, 연대(부대) 기록, 미망인, 고아 등으로부터 정보를 수집해 간접적인 숫자를 만들었다. 과거의 추정치는 계속해서 인용되는 '관례적인' 숫자 중 하나가 되었지만, 그렇다고 대단한 지혜를 반영했다고는 할 수 없다. 즉 더 나은 수치가 있을 수 있다.

해커의 수치 역시 간접적이기는 해도, 앞에서 이미 언급한 인구조사라는 거대하고 체계적인 정부 노력의 결과를 반영했다. 이제 인구조사 수치는 찾을 수 있는 인구 추정치 중에서 가장 신뢰할 만하다. 하지만 이것이 전쟁 사망자 수와 무슨 관련이 있을까? 전쟁 사망자란 무슨 뜻일까? 부상이나 감염으로 나중에 사망한 사람, 습격으로 사망한 민간인, 복무 중에 감염된 질병으로 사망한 사람을 포함할까? 용어를 *분명히 정의해야* 한다. 해커는 이 모든 것을 포함해 1860년에서 1870년(전쟁은 1861년부터 1865년까지 벌어졌다) 사이에 발생한 사망자 수를 조사했고, 이를 '남성의 초과 사망'이라고 했다.

의견: 이것이 남북 전쟁의 희생자 수를 측정하는 좋은 방법인가?

답을 생각하고 적어 보자.

이 측정에는 분명 빠진 것이 있다. 모든 여성이다! 전시에 여성이 전투와 다른 방법으로 이바지한 공헌과 희생을 무시하는 것은 불합리한 일이다. 곧 살펴보겠지만, 해커가 무감각해서 이런 선택을 한 것이 아니라 이와 관련된 여성의 원자료 수치가 남성보다 너무 적기 때문이다. 여성의 역할에도 불구하고, *남성* 사망자에 대한 이러한 측정치는 합리적이다. 즉 부상으로 나중에 사망하거나 습격에 의한 비군사적 사망도 여전히 전쟁에 *기인한* 사망이다 (4장에서 귀속 위험에 대해 배운다. 특히 4장 연습 문제 9를 참조하자. 여기서 집계한 사망은 전쟁으로 인한 사망의 귀속 위험이 반영된 것이다).

2-센서스 추정 ✦ 2-센서스 추정은 동일 표본을 시간차를 두고 2번 인구조사를 하는 패널 조사

1, 2, 3, 4, 5, 3, 4, 5, 6, 7과 같은 패턴에서 관심을 두어야 할 것은 무엇인가? 한 군데를 제외하고 하나씩 증가한다. 패턴이 망가진 곳에 주목하는 것이 바로 2-센서스 추정 이면에 있는 아이디어이다. 이 장의 사례에서 2-센서스 추정 결과 백인 남성의 사망률이 증가하면 이는 남북 전쟁의 효과 때문일 것이다.

다음과 같은 간단한 시나리오를 생각해 보자. 실험실에서 5주 동안 초파리를 기르는 실험을 한다고 가정하자. 5주 차에 실험실에서 위험한 폐기물 사고가 있었다. 다른 일은 일어나지 않았고, 실험 계획안에 따라 초파리에게 먹

이를 주고 보살펴 주었다. 우리는 다음과 같이 초파리 수를 측정했다.[7]

	1주 차	2주 차	3주 차	4주 차	5주 차
	10	13	17	22	24

　1주 차에서 2주 차 사이에는 초파리가 세 마리 증가했다. 비율로는 $3/10$ $= 0.3 = 30\%$가 증가했다. 다음 주에는 $4/13 = 31\%$, 그다음 주에는 29% 늘어났다. 주당 약 30%가 증가하는 패턴을 기반으로 5주 차에 일곱 마리의 초파리가 더 늘어날 것으로 예상했다. 하지만 5주 차에는 일곱 마리가 아니라 두 마리만 더 추가됐다. 유해 폐기물 사고가 그 주에 일어난 유일한 비정상적 사건이었다는 점을 고려하면, 다섯 마리의 차이를 유해 폐기물 탓으로 돌리는 것이 합리적이다.

　남북 전쟁 전후로 수십 년간의 생존율을 살펴볼 것이다. 생존율 감소는 초과 사망률, 즉 더 많은 죽음을 의미한다. 더 자세히 살펴보자. 우선 인구조사가 1860년 20~24세의 남성 집단과 같은 코호트cohort ✚ 통계학 용어인 코호트는 '공통적인 특성을 가진 사람의 집단'을 뜻한다.를 측정한다는 것을 알아두자. 만약 그 수를 1870년 30~34세 남성 수와 비교한다면(그들은 그 사이에 10년 나이를 먹었을 것이다), 그 차이는 1860년대 이 코호트의 사망자 수를 나타낸다.

　맞는가?
　답을 생각하고 적어 보자.

7　이 정도 초파리 수는 너무 적다. 10타(10 dozen, 120)를 10으로 나타냈지만, 수업에서는 10이 간단하다.

글쎄, 정확하지는 않다. 이민으로 인한 입국자나 다른 나라로 옮겨 간 출국자가 이 수치에 영향을 주었을 수도 있다(출생은 이 코호트에 영향을 주지 않는다. 이전 10년 동안 32살의 남자가 태어나지 않았을 것이기 때문이다!). 하지만 입국자 수를 무시할 수 있다면, 전쟁에 관련된 각 코호트에 대해 이 계산을 하고, 더해서 답을 얻을 수 있을 것이다. 이제 두 개의 인구조사 자체가 정확하다고 가정하자. 이는 이상적인 세계의 시나리오지만, 우리는 이상적인 세계에 살고 있지 않으므로 이 추정치는 단지 추측일 뿐이다.

그럼 쓸모없는 일일까?

답을 생각하고 적어 보자.

가정 그리고 오류의 정량화

뻔한 추측은 무의미하지만, 만일 오류가 제한적이라는 것을 어떻게든 확인할 수 있다면 추측의 정확성을 *정량화*할 수 있다. 오류의 정량화는 모든 종류의 분석 작업에서 중요한 부분이다. 현실 세계는 늘 너저분하고, 추정은 항상 불완전하므로 믿을 수 있는 신뢰도 측정이 필요하다. 순수한 수학의 세계만이 완벽하게 정확할 수 있다. 3 + 7 = 10. 수학적 모델링에서 또 다른 오류의 원인은 가정이다. '이 방에 일곱 명이 있다. 손가락은 모두 몇 개일까?'라고 할 때, 70개라고 추측한다면 한 사람당 손가락이 열 개라고 가정했기 때문이다. 이 가정은 보통 완벽한 사실이 *아니므로*, 추정이 빗나갈 수도 있다. 어떤 사람은 손가락이 없고 어떤 사람은 한 손에 손가락이 일곱 개나 되기 때문에,

실제 대답은 0에서 98 = 7 × 2 × 7 사이이거나, 더 많을 수도 있다. 하지만 열 손가락이 아닌 사람의 비율은 꽤 낮다. 확실히 1천 명 중 한 명도 안 된다. 그래서 우리는 99%의 확신으로 답이 70이라고 주장할 수 있다.[8]

우리는 주장할 수 없을까?
답을 생각하고 적어 보자.

사람들의 집단이 언제나 무작위로 선택된다면 신뢰도 수준은 정확할 것이다. 만약 일곱 명이 있는 문제의 그 방이 장애인을 위한 보철 장비가 있는 실험실이라면, 99% 확실하다는 주장은 수정할 수도 있다. 따라서 실제로 해결해야 할 두 가지 수량이 있다.

- 여러분의 주장은 얼마나 타당한가? 또는 어느 범위 내에서 타당하다고 할 수 있는가?
- 어느 정도의 확신으로 주장하는가?

대체로 통계 인용의 기준은 95%의 확실성이다.[9] 이것은 자주 언급되지 않기 때문에, 때때로 기자가 그 점을 이해하지 못하고 기사에서 신뢰도에 대한 언급을 생략한다. 일반 독자는 이런 규칙을 모를 가능성이 있으므로 이 세부

---

8 어떤 사람이 99.9%의 확률로 손가락이 열 개라면, 일곱 명을 무작위로 선택했을 때 모든 사람의 손가락이 열 개일 확률은 $0.999^7 \approx 99.3\%$이다. 부록 7을 참조하라.

9 부록 8.6에서 신뢰 수준에 대해 논의한다.

정보를 포함해야 한다. 따라서 통계 분석에서 우리는 95%의 확신으로 주장하려고 노력할 것이다. 남북 전쟁에 관해 우리가 분석하는 것은 역사이지 통계가 아니다. 우리는 수집한 데이터를 제어할 수 없으며, 데이터는 그 자체로 불완전하다. 이런 상황에서 양적 논증을 하고자 하더라도, 우리가 사용하는 숫자에 대한 *질적* 정당성을 확보해야 한다.

우리는 추정을 하고 있으므로, 남북 전쟁 사망자 수를 (734,951명처럼) 단일 숫자로 생성하지 *않을* 것이다. 거의 확실하다는 것은 실제 숫자가 아니기 때문이다. 그래서 좀 더 그럴듯한 주장이 될 때까지 범위를 넓힌다(통계학자의 95%와 비슷한 정도). 예를 들어, 남북 전쟁 사망자 수가 0에서 3,140만 명 사이라고(1860년 인구 그 자체가 불완전한 추정임) 매우 높은 신뢰 수준으로 말할 수 있지만(95% 확실성보다 더 확실하게), 이렇게 넓은 범위로 말하는 것은 소용없다. 그래서 자신 있게 주장할 수 있는 *가장 좁은* 범위의 숫자를 제공하려고 한다. *이것이* 우리가 이 질문에 답하는 방식이다. 각각의 가정은 수치들을 생성할 수 있도록 해 주지만 그에 따르는 불확실성도 다룰 것이다.

예를 들어, '19세기 후반 미국에서 태어난 백인은 이주할 수 없었다'라는 해커의 *가정*을 생각해 보자. 물론 사람들은 오갔으므로, 이는 글자 그대로 사실이 아니다. 그래서 그는 이 가정을 사용할 수 있도록 정당화해야 했다. 그가 한 방법은 이렇다. 그는 1851년 약 56,000명의 미국 태생 백인이 미국 이외의 지역에 거주했음을 보여 주는 데이터를 인용했다. 만약 그들 모두가 1850년에 미국에서 해외로 갑자기 이주했다면, 1860년의 인구조사에 보이지 않으므로, 그의 인구조사 방법대로라면 '죽음'으로 잘못 처리될 수 있다. 이는 거짓 사망이 많은 것처럼 보이지만 실제로는 1850년대 미국 태생 백인 중 미국에서 측정된 사망의 3% 미만을 나타낸다. 즉 이 가정은 최종 수치에서 단지

3%의 잠재적 오류가 될 수 있다(물론 관심 대상은 1850년대가 아니라 1860년대이지만, 좋은 데이터가 있는 경우 이전 10년에서 논점을 만들 수 있다). 그럼에도 그 3% 조차 가능성은 아주 희박하다. 왜냐하면 56,000명 중 많은 사람이 이미 캐나다에 살고 있었고, 그 무렵에 캐나다로 이주하지 않았기 때문이다. 게다가 2-센서스 추정 방식으로 인해 나라를 떠난 사람들을 거짓 사망으로 보는 오류를 상쇄하는 데 도움이 되는 요인이 있다. 즉 10년 동안 미국으로 이주한 사람의 '거짓 출생'이다. 따라서 어느 정도 이동이 있었지만, 전체적인 분석에는 큰 영향을 미치지 않았을 것이다.

해커는 인구조사의 또 다른 오류의 원인, 과소산정을 인지했다. 어떤 인구조사도 완벽하지 않아서 누구는 누락하고, 누구는 두 번 센다. 그래서 전체적으로 잘못 조사된 수를 과소산정이라고 한다(인구조사를 *과다*산정했다면, 이는 아주 드물지만, 과소산정은 마이너스로 처리한다).

만약 N명을 누락하고 D명을 두 번 셌다면, 순 과소산정net undercount은 얼마인가?
답을 생각하고 적어 보자.

정답: $N-D$ (D명만큼 두 번 세었으니까 빠뜨린 수 N에서 D만큼 바로잡아야 한다)

과소산정이 2-센서스 추정에 정확하게 어떤 영향을 줄까? 이를 알아보기 위해 천방지축인 유치원 아이들이 첫째 날에 20명 출석했고 둘째 날에 24명 출석했다고 하자. 그런데 정작 '인구조사'를 했는데, 첫째 날은 절반(즉 10명)만 세었고 둘째 날은 제대로 24명으로 세었다. 그러면 정답인 4명이 아니라,

하루 사이에 14명의 신입생이 추가되었다고 틀린 결론을 내릴 것이다. 그러나 두 번 인구조사에서 모두 5명씩 덜 세어서(아마 같은 5명이 두 번 모두 책상 밑에 숨어 있어서) 첫째 날에 15명, 둘째 날에 19명으로 세었다면, 신입생은 4명으로 옳게 결론지었을 것이다. 따라서 오류의 원인은 과소산정 자체가 아니라 2-센서스 사이에 있는 과소산정의 *차이* 때문이다.

지금쯤이면 통상적인 절차를 예상할 수 있다. 즉 과소산정을 반영한 다음 그에 따라 계산을 조정해 보자. 여기에 더 쉽게 생각할 수 있는 질문이 있다. 내 목초지에 양이 얼마나 많이 있을까? 예를 들어 가축을 기르는 농부나 목장주에게 가축은 각각 수백 또는 수천 달러의 가치를 가질 수 있다는 점을 생각할 때 가축을 세는 것은 중요한 사업이다. 무리가 먹이를 먹으려고 몰려들거나, 털을 깎거나, 젖을 짜거나, 무엇을 하든 가만히 앉아서 기다리지 않는다. 옛날 사람들은 가축을 일일이 셌고 실수도 했다. 경험이 풍부한 목축업자가 펜으로 머리를 세는 시간을 갖도록 통제된 실험을 한다고 가정하자. 그리고 신참 젊은이가 무리를 지나칠 때 얼마나 세는지 보자. 이 실험을 여러 번 반복하면 누군가가 범하는 평균 오류를 계산할 수 있다. 여러분은 양 마릿수 세기에서 일정한 *오류율*이 있을 가능성이 있다는 것을 알 수 있다. 예를 들어 무리에 있는 가축 100마리당 세 마리씩(3%) 놓칠 수 있다.

다시 유치원으로 돌아와, 아이들 4분의 1이 책상 밑에 숨어 있었다고 가정함으로써 과소산정을 백분율 오류로 모델링할 수 있다. 그러면 첫째 날과 둘째 날의 과소산정은 일관되게 25%이다. 그래서 첫째 날에는 15명(실제로 20명), 둘째 날에는 18명(실제로 24명)으로 세어 3명의 아이가 새로 왔다고 결론지을 것이다. 그러나 과소산정률이 25%인 것을 *안다면* 3명은 실제보다 25%만큼 적으니까, 사실은 4명이라고 결론을 내릴 수 있다.

해커의 추정은 당시 미국 인구조사의 과소산정이 3.7%에서 6.9% 사이였으며 6.0%의 값을 선호한다는 가정을 포함하고 있다. 우리도 단순함을 위해 6.0%만을 사용할 것이다(높은 숫자와 낮은 숫자를 모두 고려하면, 앞에서 논의한 바와 같이 추정의 범위를 얻을 수 있다).

2-센서스 차이 d를 찾았지만 각 인구조사에는 6% 과소산정이라는 계통 오차가 있다는 것을 안다고 가정하자. 실제 차이를 알려면 무엇을 어떻게 해야 할까?

답을 생각하고 적어 보자.

실제 차이를 D라고 하면 $d = D - 0.06D$이므로 $D = d /0.94$이다.

해커는 가정을 세울 때 신중했지만, 우리는 교육을 목적으로 간단한 모델을 만들 것이며, 여기에서는 해커의 여러 가정 중 일부만 언급할 것이다.

가정

♦ 19세기 후반 미국에서 태어난 백인은 이주하지 않았다. **정당성** 가장 흔한 국외 거주 국가인 캐나다에 사는 미국 시민의 추정을 근거로, 심지어 가능성이 매우 낮지만 그들 모두가 인구조사 기간 사이에 이주했다고 하더라도 그 효과는 단지 몇 퍼센트에 불과했을 것이다.

♦ 네 번의 인구조사 가운데 미국 태생 백인의 순 과소산정 변화는 남성과 여성에게 똑같이 영향을 미쳤다. **정당성** 인구조사의 과소산정에 관한 학술 연구에 의하면, 추정된 미국 태생 남성과 여성의 과소산정은 강한 상관관계가 있다고 한다.

* 10~44세 백인 여성의 전쟁 관련 사망률은 10~44세 백인 남성의 전쟁 관련 사망률과 비교하면 무시할 수 있을 정도이다. **정당성** 식량과 공급 부족에 따른 전쟁 관련 사망뿐만 아니라 민간인을 직접 겨냥한 사망이 분명히 있었고, 각각은 여성의 전쟁 관련 사망을 초래할 수 있었다(물론 여성 군인 사망자도 있다). 해커는 민간인 전쟁 관련 사망자의 추정치 50,000명을 인용했으며, 이 수치가 어느 정도 맞는다면 이 연령대 백인 여성의 전쟁 사망자 수(역사적으로 다른 인구 통계와 비교하면 분명히 많음)는 약 9,000명 정도였을 것이며, 이는 분석에 큰 영향을 미치지 않았을 것이다(9,000명은 750,000명의 1%를 조금 넘는다).

* 1860년대 생존자 성별 차이에서 예상되는 정상 연령 패턴normal age pattern은 1850~1860년 인구조사와 1870~1880년 인구조사에서 관찰된 생존자 성별 차이를 평균하면 가장 가까워진다. **정당성** 이 가정은 생존율 그래프가 전쟁 기간 전후로 대략 선형적이었을 것이라고 말하는 것과 같다.**부록 6.2 참조** 전쟁 전후 수십 년 동안 이웃 국가 간 생존율에 큰 변화가 없는 경우 유효한데, 실제로 그러한 변화는 발견되지 않았다.

* 외국 태생 백인 남성과 미국(국내) 태생 백인 남성은 전쟁으로 인한 초과 사망률이 동일했다. **정당성** 두 인구 집단을 종합적으로 그리고 각 집단별로 연구한 여러 학술 자료가 있다.

* 1860년 인구조사에서 10~44세 백인 남성 인구의 순 과소산정은 3.7~6.9%였으며, 선호하는 추정치는 6.0%이다.

* 흑인 36,000명이 전쟁 중 사망했다. **정당성** 북군의 공식 추정치이며, 몇 가지 이유(흑인 노예의 이주 과정이나 전쟁 후 노예의 자유 노동자 전환 과정, 전쟁 후 폭력 사태 등과 관련된 높은 사망률)에서 흑인 군인에 비해 *민간* 흑인의

사망률이 높았다고 예상되기 때문에 2-센서스 방법보다 이 수치를 선호한다.

◆ 1860년대 남성의 초과 사망률은 전적으로 남북 전쟁 때문이었다. **정당성** 10년 내 질병과 같은 다른 중요한 사망 원인이 있었을지 모르지만, 역사적 기록에서 전쟁이 단연코 지배적인 원인이었다는 점에는 의심의 여지가 없다.

우리는 남북 전쟁 중에 남자로 위장해 싸운 여성이 있었다는 점과 역사적으로 전투 군인 역할이 허용되지 않은 많은 전쟁에도 여성이 있었다는 점을 지적하지 않을 것이다. 이런 용감한 여성의 공헌은 무시되었고 헤아려지지도 않았다. 하지만 이러한 비밀 집단은 인구 통계학적으로 산정하기가 매우 어렵고, 여군 총사망자 수가 분석에 영향을 미치기에 충분하지 않다는 믿을 만한 근거도 있다. 남북 전쟁 여성 군인에 관한 보수적 추정에 의하면 그 수는 수백 명 이내였다.[10] 앞으로 알게 되겠지만, 여성 군인의 사망률이 100%라고 하더라도, 우리가 수용할 수 있는 정확도를 고려할 때 합계에는 영향을 미치지 않을 것이다(군인이 아닌 여성의 전쟁 사망은 위의 세 번째 가정에서 다루었다).

가정은 어떤 변수가 수학적 모델에 반영될지 선택하도록 하지만, 수학적 모델은 분석이 그 자체로 완전하도록 '독립성'을 부여하며, 정당성 자체는 선행 연구의 인용에 달려 있다는 것에 주목하자(해커의 논문에는 이러한 연구 방법과 신뢰성에 대해 몇 가지 논평이 있으며, 결론에 도달할 때 종종 통계를 적용하는 것과 관

---

10 www.civilwar.org/education/history/untold-stories/female-soldiers-in-the-civil.html

련된 내용이 있다). 이는 여러분이 실생활에서 어려운 질문을 할 때 일반적인 기준이 된다. 즉 전체 분석을 하나의 틀에 맞출 수는 없다.

모델 구축하기

간단하게 인구조사에서 1860년에 1,000명이던 30대 남성이, 1870년에는 800명의 40대 남성(10년 동안 나이를 먹은 동일 집단)이 되었다고 가정하자. 결론은 무엇일까? 이 기간에 입국하거나 출국한 남성이 없다고 하면 200명이 사망했다고 추정할 수 있다.

이 죽음을 전쟁의 탓으로 돌릴 수 있을까?

답을 생각하고 적어 보자.

아니다. 다른 이유로 사망한 남자도 있다. 200명이라는 사망자 수를 *전쟁이 없었어도* 사망했을 숫자와 비교해야 한다. 기본적으로 1860년대 추정 사망자 수는 1850년대 30대 남성 사망률과 1870년대 30대 남성 사망률을 알아낸 다음, 이들 수를 *평균하면* 알 수 있다. 이 평균은 전쟁이 없었다면 1860년대 *사망했을* 30대 남성의 추정 비율이다. 이 수치와 실제로 전쟁 기간에 죽은 200명 사이의 차이가 전쟁으로 인한 사망자 수가 될 것이다. 바로 그거다. 그런 다음 다른 코호트에도 똑같이 적용하자.

실제 모델에 있는 나머지 복잡함은 불완전한 인구조사 데이터로 인한 오류를 조정하는 것이다. 해커의 모델은 우리가 교육 목적으로 사용할 단순화된 모델보다 약간 더 복잡하다. 우리의 모델을 요약하면 다음과 같다.

1. 1850년부터 1860년까지 살았던 특정 코호트에서 미국 태생 백인 남성의 인구 비율을 찾아서 1850년대의 생존율을 구한다.

2. 1870년대의 동일 남성 코호트에 대해 이것을 반복한다.

3. 위 두 비율의 평균을 구하고 결과를 p라고 하자. p는 1860년대 미국 태생 백인 남성 코호트의 평상시(전쟁이 없었다고 가정했을 때) 생존율이다.

4. 1860년대에 1단계를 반복하고 결과를 w라고 하자. w는 1860년대 미국 태생 백인 남성 코호트의 전시 생존율이다.

5. 미국 태생 백인 남성의 평시 생존율 p에서 전시 생존율 w를 뺀 값 $r=p-w$는 전쟁으로 사망한 미국 태생 백인 남성의 비율을 나타낸다. 그런데 인구조사의 과소산정 때문에 이 값을 간단히 사용할 수는 없다.

6. 1860년 이 집단에서 백인 남성(반드시 미국에서 태어난 것은 아님)의 인구조사 결과를 과소산정율 0.94로 나누면, 1860년 이 코호트의 '진짜' 백인 남성 인구를 얻는다.

7. 1860년 이 코호트의 '진짜' 백인 남성 인구에 사망률 r을 곱한다. 이 숫자가 이 코호트에서 전쟁으로 사망한 백인 남성(외국인 출생 포함)의 추정치이다.

8. 10세에서 44세 사이에 있는 각각의 남성 코호트에 대해 위 결과를 모두 더한다.

9. 흑인 남성의 죽음을 포함하기 위해 이 결과에 36,000을 더한다.

예제 2.1　　해커의 알고리즘을 특정 코호트에 적용해 보자. 다음은 25~29세와 35~39세의 미국 태생 백인 남성에 대한 인구 조사표이다.

연도	25~29세	35~39세
1850	654,370	
1860	855,794	584,639
1870	950,049	692,199
1880		920,264

1850년대 25~29세 사이 미국 태생 백인 남성의 생존율은 584,639명/654,370명 ≈ 0.89344이다. 1870년대는 920,264명/950,049명 ≈ 0.96865이다. 두 생존율 평균은 $p=0.93105$이며, 이 값을 이 코호트의 1860년대 평시 생존율로 가정했다. 1860년대 이 코호트 집단의 실제 생존율은 $w=0.80884(=692,199/855,794)$이므로, 그 차이 $r=p-w=0.1221$이 전쟁으로 인한 사망률이다. 이 코호트 집단 남성의 사망률 약 12%는 다소 큰 (조정되지 않은) 수치이다. 여기까지 1~5단계를 완료했다. 이제 855,794명을 0.94로 나누고 r을 곱하면, 이 코호트 집단에서 111,262명의 백인 남성 전쟁 사망자가 나오며, 7단계까지 완료했다.   ▲

해커는 인구조사의 과소산정을 양극단(높은 쪽과 낮은 쪽, 3.7%와 6.9%)을 사용해 각각의 코호트에 대해 위의 8단계 분석을 수행했다. 이 수치에 36,000명(9단계)을 더해 남북 전쟁 전사자 중 실제 사망자를 가장 적절하게 반영할 수 있는 범위(630,000명에서 870,000명 사이)를 생성했으며, 선호하는 추정치는 약 750,000명이다.

결론

직접 계산한 수치를 얻었으니 우리는 그 값이 타당한지 궁금할 수 있다. 기존 수치와 비교하면 좀 높긴 하지만 크게 벗어난 것으로 보이지 않는다. 모든 수학적 모델과 마찬가지로, 이를 생성하는 데 사용한 일부 가정은 도전적이거나 엄정할 수 있다. 하지만 우리는 과거를 검토하는 데 도움이 되는 수치와 다른 맥락에서도 사용할 수 있는 조사 방법을 알게 되었다.

해커는 과거 기록과 분석 지식을 사용해 희생자 추정치의 *격차*가 베트남 주둔 미군 사망자 수의 2배를 넘는다고 밝혔는데, 이를 인구 백분율로 계산해 훨씬 더 놀라운 수치를 보여 주었다. 베트남 전쟁에서 미국인 사망자 수가 인구의 0.03%를 차지했음을 기억하자. 남북 전쟁 사망자에 대한 오래된 추정치와 새로운 추정치 사이의 90,000명 *차이만으로도* 당시 인구의 약 0.3%를 차지한다. 이는 베트남 전쟁 사망자 백분율의 열 배이다! 이 놀랍고도 의미 있는 결과는 양적 추론의 파워와 중요성을 보여 주는 증거다.

요약

우리는 남북 전쟁에서 얼마나 많은 사람이 죽었는지 질문했다. 답을 찾기 전에 그 질문이 왜 중요한지 이해했다. 그런 다음 질문을 통해 알고자 하는 것이 바로 전쟁으로 *인한* 죽음이라고 신중히 규정지었다. 완벽한 사망자 명단이 존재하지 않기 때문에 가지고 있는 자료에서 필요한 수치를 얻기 위해 가정이 필요했다. 해커는 가정을 설명하는 데 매우 신중했으므로, 이 2장은 적어도 질적으로는 이 분석 단계를 위한 모델 역할을 한다. 확보한 가정으로 우리는 전쟁 사망자 집계를 위한 2-센서스 모델을 만들었고, 전시 기간의 예상 생존율을 찾은 후 해당 10년간 조사된 숫자와 비교했으며, 그 차이는 전시 사망자를 나타내는 것으로 간주하였다. 우리는 전쟁에 적극적으로 참여한 모든 코호트를 대상으로 이 수치를 합산했다. 숫자를 집계한 후 선호하는 인구 조사 과소산정 추정치를 근거로 사망자 수를 얻었다. 우리는 이전에 '용인된 지혜'가 엄청나게 *어긋났다*고 결론지었는데, 그 차이 자체가 베트남 사망 비율의 10배에 달하는 비율이었다.

연습 문제

1. 다음은 해커의 논문에 나오는, 연령 구간별 10년 단위 생존 확률 데이터이다(나이는 첫 번째 인구조사에서 결정된다).

나이	남성			여성		
	1850~1860	1860~1870	1870~1880	1850~1860	1860~1870	1870~1880
10~14	0.9203	0.8768	0.9780	0.9674	0.9694	0.9987
15~19	0.8946	0.7699	0.9606	0.8178	0.8192	0.8588

    a. 1860년부터 1870년까지 10~14세의 생존율에서 성별 차이는 얼마인가? 즉 이 코호트에서 남성과 여성의 생존율 차이는 백분율로 얼마일까?

    b. 1850년 10~14세 남성 인구가 1,147,038명이었다면, 1860년 10~14세 남성 인구는 얼마일까? 1860년의 20~24세 남성 인구는 얼마일까? 우리가 6.0%의 과소산정을 고려한다면 어떨까?

    c. 전쟁으로 인한 15~19세 남성의 초과 사망률을 계산할 수 있을까?

    d. 1860년부터 1870년까지 10년간 10~19세 여성의 생존 확률을 계산할 수 있을까? 할 수 있으면 그렇게 하고, 그렇지 않다면 어떤 데이터가 더 필요할까?

    e. 1870년부터 1880년까지 10년간 5~9세 여성의 생존 확률은 1.0236이었다. 이 결과를 어떻게 설명할 수 있을까?

2. 증권거래소에서 주식을 하나 골라 1년 동안 5주 연속 종가를 추적하고, 5년 전 동일한 5주의 연속 종가를 추적해 보자(최소한 5년 이상 상장된 주식이

어야 한다). 5주 동안의 증가율 평균을 계산하고, 이 평균이 5년 동안 어떻게 변화했는지 비교한다. (연구를 포함한 문제)

3. 아래 표는 2012년과 2013년 미국과 캐나다 사이를 이주한 사람 수 데이터 이다.[11] 영주권자는 이웃 나라에서 유입된 해당 국가의 신규 영주권자 수를 말한다. 신규 영주권자는 해당 국가 인구에만 포함된다고 가정한다.

		2012	2013
인구	미국	314,112,078	316,497,531
	캐나다	34,754,312	35,158,304
영주권자	미국	20,138	20,489
	캐나다	7,891	8,495

a. 2012년에 미국으로 이주한 캐나다인 비율은?

b. 2013년에 캐나다로 이주한 미국인 비율은?

c. 국경을 넘나드는 선택이 무작위라고 가정할 때, 2012년에 미국으로 이 주했다가 2013년에 다시 캐나다로 돌아간 캐나다인의 비율은 어느 정 도인가? 그리고 몇 명인가?

4. 미국 인구조사 데이터를 찾아 여러분이 출생한 10년 동안 여러분의 생물

---

11 인구 데이터, http://data.worldbank.org/indicator/SP.POP.TOTL?cid = GPD_1. 캐나다에서 이주한 미국 영 주권자 www.dhs.gov/sites/default/files/publications/ois_yb_2013_0.pdf, 미국에서 이주한 캐나다 영주권자 에 대한 원래 사이트는 지금 사용할 수 없다. 현재 가장 관련 있는 사이트는 https://www150.statcan.gc.ca/n1/ pub/91-209-x/2016001/article/14615/tbl/tbl-03-eng.htm이다.

학적 어머니(또는 부모, 보호자) 연령의 여성 사망률을 계산하고, 100년 전 그 코호트에 대해서도 동일한 작업을 수행하시오. **[연구를 포함한 문제]**

5. 여기 본문에 제시된 데이터 외에 몇 가지 데이터가 더 있다. 1850년에 35~39세의 미국 태생 백인 남성이 452,270명이었다. 1860년에 45~49세의 미국 태생 백인 남성이 400,900명이고, 1870년에 그 수는 496,808명, 1880년에 621,164명이었다. 인구조사의 과소산정이 6%라고 가정하고, 1860년대에 사망한 35~39세 미국 태생 백인 남성들의 전쟁 사망자 수를 추정하시오.

6. 이 2장 질문과 관련된 프로젝트 주제를 생각해 보시오

프로젝트

A. 손상된 그림을 불완전하지만 디지털로 '복원'하는 과정이 어떻게 가능한지, 남북 전쟁이 아닌 시기의 남성 사망자 수를 추정하는 과정과 어떻게 유사한지 설명하시오. 사례를 포함해 자세히 설명하시오.

B. 만약 미국 정부가 노예 제도에 대하여 재정적 형태로 배상하기로 정한다면, 배상액을 어떻게 달러로 환산할 수 있을까?

C. 제2차 세계대전으로 인한 미국 남성 사망에 2-센서스 추정을 수행하시오.

03

이 **자동차**의 **가격**은 얼마일까?

부록 산술, 대수

개요

이제부터 자동차 대출에 대한 이자를 공부한다. 이자가 왜 이런 방법으로 청구되는지, 어떻게 지수 함수 형태로 발생하는지 알아본다. 이와 같은 실제 사례를 이해하기 위해서 다음을 수행 한다.

1. 우리는 자동차 금융 사이트에 있는 깨알같이 작은 글씨를 살펴보고, 한 문장을 이해하는 것을 목표로 설정한다.

2. 대출과 이자의 기본 개념을 이해한다.

3. 이자가 1회 발생하는 과정에 대해 논의한 후, 이것이 반복될 때 어떤 일이 일어나는지 토론 한다.

4. 정기 상환액으로 인한 대출 잔액의 감소를 포함해 시간 경과에 따른 대출 잔액을 보여 주는 함수를 유도한다.

5. 대출 자금, 월 상환액 그리고 그 밖의 모든 것을 보다 자세하게 이해한 후, 깨알같이 작은 글 씨를 다시 확인한다.

난해한 법률 용어와 딱딱한 표현

다음은 은행 웹사이트에 있는 자동차 융자에 관한 깨알같이 작은 글씨이
다.[1]

> U.S. 뱅크 패키지로 자동 납부해야 합니다. 연이자율 2.49%인 저금리로 100% 담보인정
> 비율 범위 내에서 3년 만기 자동차 대출 $10,000를 이용할 수 있습니다. 개인 차량 구입
> 용 대출, 소액 대출, 장기 대출, 6년 이상 된 차량 또는 담보인정비율보다 높은 대출인 경
> 우에는 금리가 더 높을 수 있습니다. 대출 수수료가 적용됩니다. 대출 상환액 및 연이자율
> 은 대출 금액, 대출 기간 및 수수료에 따라 달라집니다. 대출 개시 수수료는 50개 주별로
> 다르며, $50에서 $125, 또는 대출 금액의 최대 1%까지 다양합니다. **대출 상환액 사례** 36개
> 월 동안 1.68% 금리와 $125의 대출 개시 수수료를 포함하는 조건으로 $10,000의 자동
> 차 대출을 받으면, 2.49%의 연이자율과 $288.59의 월 상환액이 발생합니다. 이 조건은
> 신용 자격에 따라 다릅니다. 금리는 변경될 수 있습니다. 일부 추가 제한 사항이 적용될 수
> 있습니다. 할부 대출은 U.S. 뱅크를 통해 제공됩니다. **2013년 U.S. 뱅크. FDIC 회원**

와우? 누구도 이것을 읽지 않는다. 그러나 위험을 무릅쓰고 이것을 무시하
는 소비자들은 조심해야 한다. 우리는 아이스크림 한 스쿠프에 이십 달러를
내지 않지만, 중요한 재정적 결정을 할 때 스스로 분석할 능력이 없다면 자신
도 모르게 악성 대출을 받아 수백 또는 수천 달러를 낭비할 수도 있다. 귀찮
더라도 금융 사업을 이해해야 한다.

앞에서 인용한 문단은 고급 학위가 있고 고도로 훈련된 사람이 작성했다.

---

1   www.usbank.com/loans-lines/auto-loans/new-car-loan.html 웹사이트에 있는 내용은 안정적이기는 하지만,
     구체적인 숫자는 시간이 지나면 변경된다는 것에 주의하자.

사용자 친화적이지 않고 심지어 명확하지 않도록 특별히 신경 써서 작성됐다. 이러한 문단을 이해하는 것은 가능하지만 여러분은 인내심을 갖고 하나하나 분석해야 한다. (복잡함 대 심오함) 상자 참조 이 한 *문장*을 이해해 보자.

대출 상환액 사례 36개월 동안 1.68% 금리와 $125의 대출 개시 수수료를 포함하는 조건으로 $10,000의 자동차 대출을 받으면, 2.49%의 연이자율과 $288.59의 월 상환액이 발생한다.

복잡함 대 심오함

천 개의 조각 퍼즐을 완성하는 것은 어려운 작업이다. 오케스트라에서 플루트를 연주하는 것도 마찬가지이다. 그러나 이 둘은 본질적으로 다르다. 퍼즐은 복잡하지만, 음악 연주는 심오하다. 능력 있는 퍼즐 애호가를 폄하하는 것은 아니지만, 게임의 기본 요소는 간단하다. 한 조각이 다른 조각과 맞는지 확인하는 것이다. 작업을 어렵게 만드는 것은 수많은 가능성이다 (물론 그 작업을 수행하기 위한 전략도 있다. 경계선 찾기, 색깔별로 구분하기, 글자가 적힌 조각 찾기). 플루트를 연주하는 것은 농구, 체스, 무대에서 춤추기, 책 쓰기 등 개인의 능력을 향상하고 상호 작용하는 일련의 목표를 관리하는 것을 포함한다.

일반적으로 어려운 일에 수년간의 교육이나 전문 지식이 필요하지 않다면, 그것은 심오함보다는 복잡함 때문일 것이다. 이 책에 있는 거의 모든 내용이 그렇다! (**부록 8.5**에 있는 중심 극한 정리를 증명하는 것은 예외일 수도 있지만, 여기서는 생략했다.) 이는 여러분이 어려운 일을 구성 요소 조각으로 나누고, 이해함으로써 마스터할 수 있다는 것을 의미한다. 즉 두려워할 이유가 없다는 것이다!

재미있는 생각들

우선 이자율이 무엇인가? 심지어 이 한 단어에도 별도의 논의가 필요하다. 하지만 열심히 공부하면 답을 찾을 수 있다(아, 그리고 문제가 너무 '쉽거나' 너무 '유치하게' 보이더라도 기분 상할 필요 없다. 이것이 바로 어려운 것을 간단하게 만드는 아이디어이다). 여러분이 부자로 호화롭게 살고 있다고 가정하고, 동생, 먼 친척, 또는 전혀 모르는 사람이 헤드폰을 사기 위해 $100를 빌려 달라면서 다음 달에 갚겠다고 말하면 빌려주겠는가? 일 년 안에 갚겠다고 한다면? 아마 대답은 그들을 얼마나 잘 알고 있는지, 돈을 돌려받게 될 가능성이 얼마나 있다고 생각하는지에 달려 있을 것이다.

돈을 빌려줄 때는 상대가 원하는 것을 주면서 서비스를 제공하고, 그렇게 함으로써 돈을 갚지 않을 가능성이라는 모종의 위험을 감수한다. 물론 선의로 빌려줄 수도 있지만, 만약 여러분이 돈을 빌려주는 사업을 한다면 제공하는 서비스에 수수료를 부과할 것이다. 돈을 돌려받지 못할 위험이 더 크면(이를테면 전혀 모르는 사람일 경우) 그 수수료가 더 많을 것이다.

그렇다, 여러분은 돈이 필요한 고객이 대출을 원할 때 돈을 빌려주는 서비스를 제공하며 *무언가*를 청구하게 될 것이다. 고객이 대출을 받기 위해 한 달에 1달러를 추가하고, 한 달 후 총 $101를 지불하는 데 동의한다고 가정해 보자. 대출을 받기 위한 1달러는 서비스 비용이다. 이 비용은 여러분이 빌려준 원금 이상으로 돌려받는 돈이며, *이자*라고 부른다. 이 경우 대출 한 달 후에 받는 이자는 $1이다. 하지만 여러분과 고객 양쪽이 모두 동의한 후에, 고객이 헤드폰 두 세트가 필요하다고 판단해 $200를 빌리려고 한다면 어떨까?

대출의 대가가 여전히 1달러일까?

답을 생각하고 적어 보자.

이론적으로 여러분은 100달러의 대출이 필요한 두 번째 고객을 찾을 수 있고, 각각의 대출로 2달러를 벌 수 있다. 그러니까 $200 대출에는 $2, $300 대출에 $3, $275 대출에 $2.75를 청구해야 하지 않을까? 즉 수수료는 대출 금액의 *일정 분수* 또는 일정 백분율이다. 이 백분율을 '금리'라고 부르며, 이 경우 1백분의 일 또는 1%이다. 대출 규모가 클수록 서비스도 많아지고 비용도 증가한다.

이제 복잡한 문제에 대해 논의해 보자. 만약 여러분의 고객이 여러분에게 한 달이 아니라 *일 년* 후에 갚겠다고 한다면 어떨까? 그래도 1달러만 청구하겠는가?

수수료로 얼마를 제안하겠는가?

답을 생각하고 적어 보자.

한 해에 동일한 대출을 열두 번 반복할 수 있으므로 여러분이 제안하는 수수료는 $12가 될 것이다. 명시되어 있지 않더라도 이자율은 보통 '연이자율'로 표기되는 경우가 매우 많다. 따라서 이 시나리오에서는 일 년 대출에 연이자율 12%를 부과한다.

만약 여러분(또는 은행)이 대출에 대해 12분의 1 기간에 지불한 이자가 이자의 12분의 1이 되도록 하면, 마찬가지로 일부 기간에 대한 이자가 해당 분수와 같다고 결정한다면 이를 '단리simple interest'라고 부른다. 즉 대출 기간에

비례해 원금에 대해서만 부과하는 이자를 단리라고 한다. 단리 금액을 시간의 함수로 나타내면 그래프는 원점을 지나는 직선이 된다.**부록 6.2 참조**

　은행이 대출에 단리를 부과한다고 생각하는가?

　답을 생각하고 적어 보자.

좀처럼 그런 일은 없다! 왜 모든 은행이 항상 단리를 부과하지 않는 걸까? 그 답은 이자를 비롯한 다양한 종류의 비선형 현상을 확실히 이해하는 것이 핵심이다. 비선형nonlinear이라고? 이제 살펴보겠지만, 대출 시간의 함수로서의 이자 그래프는 직선(선형)이 *아니다!*

복리 계산하기

　지금까지 우리는 왜 이자가 부과되는지(서비스의 대가이며 채무불이행 위험을 감수하기 위해), 왜 이자가 대출 금액에 비례하는지(큰 대출을 많은 소액 대출로 나눌 수 있으므로), 왜 기간이 길수록 더 많은 이자를 받는지(기간을 작은 기간으로 더 많이 쪼갤 수 있으므로) 이해했다. 이제 단리 대신 복리를 생각해 보자.

　지금부터 $100로 대출 캠페인을 시작하고 전 금액을 대출해 주면서 한 달 대출에 1%를 청구한다고 하자. 한 달 후에 $101를 받게 된다. 이제 정확히 $101를 같은 비율로 빌리려는 사람이 있어서 원하는 금액 모두를 빌려준다고 가정해 보자.

두 번째 달에 받게 될 이자는 얼마일까?

답을 생각하고 적어 보자.

$101의 1% 즉 $1.01를 벌 수 있을 것이다. 1페니가 추가되었다! 두 달 후에는 $102.01의 현금을 갖게 된다. 추가된 페니는 첫 대출로 벌어들인 이자의 1%이다. 같은 논리로 차용인이 한 달 대신 두 달 뒤 갚겠다고 했다면, 두 번째 달의 대출 금액을 $101(한 달 뒤 갚아야 할 금액)로 생각할 수 있으므로, 두 번째 달에는 $1.01의 이자를 받게 된다. 여러분은 차용인에게 총 $2.01의 이자를 청구할 수 있다. 은행의 이익이 시간에 따른 선형 함수가 아닌 주된 이유는 이자의 이자 때문이다. $2.01는 $1.00의 두 배 이상이다.

두 번째 달이 지나면 우리는 이자로 페니 몇 푼을 더 고려해야 할 것이다. 아니면 재미 삼아 *1억* 달러로 시작한다고 상상할 수 있으며, 이자가 100만 달러 정도라면 그럴싸할 것이다. 여러분이 괜찮다면 그냥 계속하자. 돈을 전부 빌려주고(차용인이 한 명이고 계속 돌려받지 않으면 가능하다) 매달 1% 이자를 받는다. 그러면 여러분은 매달 시작 금액의 101%를 받게 된다. 그렇다. 이제는 간단한 수학 단계이다. 달리 말하면, 이것은 매달 시작 금액의 1.01배이다. 사실 이 말은 암호처럼 들린다. *퍼센트가 '100개당'을 의미한다는 것을 기억하자. 101%는 101/100을 의미하며, 이는 1.01이다. 또한 '시작 금액의'에서 '의'는 '곱하기'를 의미하므로, 시작 금액의 101%는 시작 금액에 1.01을 *곱한다*는 뜻이다. 10의 절반(1/2)은 *10 곱하기* 절반(1/2) 또는 5를 의미한다. 잠깐 멈추고 생각해 보라.

여러분이 이해했다고 생각한다면 연습 문제를 풀어 보자. 여러분이 *P*달러를 빌려준다고 가정하자. 여러 번 반복하지 않고 여러 가지 상황을 상상하고 싶어서 변수를 사용한다. 다음 질문에 대답해 보자.

차용인은 한 달 후에 돈을 얼마나 갚아야 할까?
답을 생각하고 적어 보자.

답은 $(1.01)P$ 이다. 구체적으로, P가 100이면 답은 $(1.01)(100)$달러, 또는 $101이다. 그리고 P가 101일 때 답은 $(1.01)(101)$달러, 즉 102.01달러 또는 $102.01이었다. 대단하다! 월별로 진행되는 과정은 다음과 같다. $P = 100$이라고 생각할 수도 있지만, 어떤 숫자든 가능하다.

$$P \rightarrow (1.01)P \rightarrow (1.01)(1.01)P \rightarrow (1.01)(1.01)(1.01)P \rightarrow \cdots$$

매달 1.01을 곱한다. 숫자 1.01은 1에 0.01의 이자율을 더한 것이라는 것을 잊지 말자. 우리는 차츰 중요한 질문에 다가가고 있다.

만약 P달러로 시작한다면, 12개월 후에 금액은 얼마나 될까?
답을 생각하고 적어 보자.

정답은 $(1.01)^{12}P$이다. 계산기를 사용하자! 약 $1.127P$이다. 앞에서 논의했던 12% 단리로 계산한 $1.12P$가 아니다. 실제 이자가 12.7%이다. 이것이 핵심이다. 이자를 부과하는 두 가지 방법은 서로 다른 금액을 벌어들인다! 이자에 대한 이자 현상 때문에 1년 동안 0.7%의 추가 수익이 발생했다.

80부터 시작해 보자. 여기에 80의 4분의 1을 더하자. 그 결과에 다시 4분의 1을 더한다. 무엇을 알 수 있을까?

답을 생각하고 적어 보자.

80에서 시작해 80 + 20 = 100, 100 + 25 = 125로, 총 45가 추가됐다. 이는 80의 4분의 1을 두 번 더한 40보다 5가 더 많으며, 이렇게 추가된 5는 처음에 발생한 이자 20의 1/4로, 이자의 이자이다.

연이자율APR 및 연수익률APY

명목상 금리가 12%였지만 실제로 1년 동안 12.7%를 지불했음을 알게 되었다. 이것이 정말 큰 문제인지 궁금하다. 실제 달러로 환산하면, 금액 차이는 얼마일까? 1.12 × $100가 $112인 반면, 1.127 × $100는 $112.70로 단지 70센트 차이가 난다! 만일 일억 달러를 대출하고 있다고 생각하면, 그 차이는 $700,000일 것이다.

그러나 적은 양이라도 이러한 차이는 누적된다. 작은 글씨의 대출 상환액 사례에 더 가까이 다가가기 위해 여러분이 10년 동안 $10,000를 연 12%의 금리로 빌려줬다고 가정하자. 10년이 지나면 *단리*로 연 $1,200(대출 금액의 12%)의 10배인 총 $12,000를 받게 된다. 이 이자는 실제 대출금 또는 원금 외에 갚아야 할 금액이며, 따라서 총 상환액은 $22,000이다. 그러나 단리가 아니라 매년 12%로 모든 금액을 다시 대출하는 과정을 반복한다면, 10년 후에 여러분은 $(1.12)^{10}$ 에 대출금 $10,000를 곱한 금액을 받을 것이다.

계산기를 사용하면 $(1.12)^{10}$ 은 약 3.106이다. 여러분은 3.106 × $10,000 또는 약 $31,060를 받을 수 있다. 즉 이자로 $21,060를 벌 수 있고, 단리와의 차이는 무려 $9,060이다! 더 좋은 것은 10년(120개월) 동안 *매달* 1%의 이자를 부과하는 것이다. 그러면 $(1.01)^{120}$ × $10,000를 받을 것이고, 약 $33,000이다. 단리일 때 $22,000보다 *추가로* $11,000의 이자를 더 받게 된다. 단리를 사용하는 대신 매시간 간격마다 대출 잔액을 재계산할 때 이자가 얼마나 쌓이는지를 아는 것은 말 그대로 도움이 된다. 일, 주, 월, 분기 등과 같이 일정한 시간 간격으로 이자를 계산하는 과정을 복리라고 한다.

안타깝게도 우리 대부분은 대체로 이 상황에서 대출을 받는 쪽에 있다. 우리는 집, 자동차 또는 다른 주요 생활 행사를 위해 은행에서 돈을 빌리고 더 많은 이자를 *지불해야* 한다는 의미이며, 깨알같이 작은 글씨를 더 경계해야 할 이유가 된다.

은행은 *얼마나* 자주 이자를 계산하는지 그 빈도를 알려야 한다. 분기별, 월별, 주별, 매일, 매초, 나노초마다 연속적으로? 이 정보는 여러분 계약서의 일부가 될 것이다. 이자에 대한 이자 과정이 빨리 시작될수록 더 많은 이자가 발생할 것이다. 그래서 은행들은 더 많은 돈을 벌기 위해 더 자주 이자를 복리로 계산하기를 원한다. 대출 유형에 따른 시장의 압력, 관습, 기대감도 은행이 어떤 결정을 내릴지 정하는 데 중요한 역할을 한다.

작은 글씨의 대출 상환액 사례에서처럼 여러분이 1.68%의 연이자율Annual Percentage Rate, APR로 $10,000를 월복리로 빌린다고 가정하자.

여러분은 매달 이자로 몇 퍼센트를 빚지고 있을까?

답을 생각하고 적어 보자.

한 달은 일 년의 12분의 1이므로 답은 1.68%의 12분의 1인 0.14%이며, 0.0014라고도 한다. 그래서 월말에는 100%에 추가로 0.14%를 더하거나 그 금액의 1.0014배에 달하는 빚이 생긴다. 만일 여러분이 처음에 $10,000의 빚을 졌다면, 한 달 후에 1.0014 × $10,000 = $10,014의 빚을 지게 된다. 여러분이 지금 은행에 빚진 금액은 인수 1.0014만큼 증가했다.

12개월 후 여러분이 빚진 금액은 더 증가하는데, 이 금액의 인수를 구하라.
답을 생각하고 적어 보자.

답은 $(1.0014)^{12}$ 또는 약 1.0169이다. 이는 *연수익율*Annual Percentage Yield, *APY*로, 1년 후 걷힌 이자의 실제 백분율은 1.69%이며, 각 복리 기간마다 거둬들일 금액을 결정하는 데 사용된 *연이자율* 1.68%보다 약간 더 높다.

연이자율이 6%인 대출을 일복리로 계산할 때, 연수익률을 계산해 보자.

이에 답하기 위해 우리는 하루 이자가 $\frac{1}{365} \times 6\%$ 즉 $0.06/365 \approx 0.00016438$이라는 것에 주목한다. 그래서 매일 우리의 대출은 인수 1.00016438만큼 증가한다.[2] 1년 동안 $(1.00016438)^{365} \approx 1.0618$까지 증가하며, 실제 연이자율은 6.18%이다. 직관적이지 않을 수도 있지만, 만일 여러

---

2 좋다, 이건 말도 안 된다. 하지만 은행들은 '연' 360일을 자주 사용한다, '월' 30일, '연' 12개월이다. 작은 글씨의 대출 상환액 사례는 월복리를 포함하며 우리는 1년에 12개월이 있다는 것에 동의하기 때문에 이 복잡함을 추가하지 않겠다.

분이 6%의 연이자율로 대출을 받으면 1년 후에 실제로 6.18%의 연수익률을 지불해야 한다.

만일 연이자율이 r이었다면, 퍼센트가 아닌 분수로 생각해도 상관없지 않을까? 하루가 지나면 365분의 r만큼 이자를 더 내게 되므로 대출 잔액은 첫날과 비교해 $(1 + r/365)$배가 될 것이다. 이 계산은 매일 적용되므로, 만약 원금 P달러를 빌리는 것으로 시작한다면 다음과 같은 순서로 진행된다.

$$P \to (1 + r/365)P \to (1 + r/365)(1 + r/365)P \to \cdots$$

그리고 365일 후에 우리는 $P(1 + r/365)^{365}$ 만큼 빚을 진다. t년 후에는 $P(1 + r/365)^{365 \times t}$ 만큼 빚을 진다. 이것은 ab^t 형태인 지수 함수인데, 여기서 $a = P$ 그리고 $b = (1 + r/365)^{365}$ 이다. 결국 이 함수는 크고 가파르게 증가하며**부록 6.4 참조** 수학적 이미지는 '산더미 같은 빚 아래에 갇힌' 상태와 같아서, 마치 이자 상환에 허덕이는 장기 차용인을 보는 듯하다.

참고 3.1 이 시점에서 연속적으로 복리가 누적되면 어떤 일이 일어날지도 이해할 수 있다. 우선 1년에 n번 복리를 계산하면, 대출금 P는 인수 $(1 + r/n)^n$ 만큼 증가한다는 점에 주목한다. n이 커져서 무한대에 가까워지면, 이것은 e^r로 변한다.[3] 그러면 t 년 후 대출 잔액은 다음과 같다.

---

3 여러분은 나를 믿고 이 설명을 받아들이든지 아니면 미적분학, 특히 로피탈의 정리(L'Hôpital's rule)를 사용해야 할 것이다.

$$P \rightarrow Pe^r \rightarrow P(e^r)^2 = Pe^{2r} \rightarrow Pe^{3r} \rightarrow \cdots \rightarrow Pe^{rt}$$

이 수식을 이따금 '퍼트 Pe^{rt} = pert'라고 부르며, 이는 인구 증가, 방사성 붕괴와 같이 원래 양에 비례해서 연속적으로 변하는 여러 현상을 설명하기에 적절하다.

이 지수 함수 e^{rt}에 대한 또 다른 관점이 도움이 될 것이다. 시간 Δt가 작을 때 (위의 사례처럼 매일 이자를 계산하는 일복리에서 $\Delta t = 1/365$) 대출 잔액은 원래 양의 비율 $r\Delta t$만큼 변한다. 다른 말로 하면 절대 금액 $Pr\Delta t$만큼 변한다. 이와 같은 성질은 지수 함수의 특징으로, 그 양의 변화율은 원래 양 그 자체에 비례하며, 여기서 r은 단지 비례 상수이다. 그러면 일정 시간이 지난 후 값은 항상 일정한 비율로 변하게 되는 일이 일어난다. **부록 6.4 참고** ▲

이제 일복리 경우로 돌아가서, 우리가 실제로 일 년 동안 지불한 추가 비율이 얼마인지 물을 수 있다. 이 추가 비율이 바로, 우리가 연수익률 또는 APY라고 부르는 것이다. 만약 APY가 R이었다면(소문자 r이 아니라 대문자 R) 이것은 우리가 이자로 P의 비율 R(또는 RP)을 지불해야 함을 의미하며, 총액은 $P + RP$, 또는 $(1 + R)P$로 표현해야 함을 의미한다. $(1 + r/365)^{356}P$와 $(1 + R)P$를 비교하고, P로 나누어 소거하면 $1 + R = (1 + r/365)^{356}$이라는 것을 알 수 있다. 또는

$$R = (1 + r/365)^{356} - 1$$

이므로 연수익률은 APY $= (1 + APR/365)^{356} - 1$이다. 여기서 연이자율이

r이라는 것을 기억하자. 이 식에서 365는 복리 횟수이다. 자동차 대출에서는 12를 사용할 것이다. 만일 복리 횟수가 n번이면, $APY = (1+APR/n)^n - 1$이며, 은행의 1년은 $n = 360$이다. 이제 여러분은 자신에게 적합한 연수익률APY 계산기를 만들 수 있다!

연이자율 18%를 일복리로 계산하면 연수익률은 얼마인가?

답을 생각하고 적어 보자.

신용카드 소지자에 대한 경고가 될 수 있는데, 연수익률은 19.7%로 연이자율 18%보다 약 2%가 더 높다.

70의 규칙

경험에서 나온 규칙을 소개하면, 인구(대출받은 사람 집단과 같은)가 일 년(시간 단위가 무엇이든 관계없다)에 x%씩 증가하면, 그 인구는 $(70/x)$년 사이에 두 배로 증가한다. 예를 들어, 인구가 연간 10%씩 증가하면 약 $(70/10)$년 = 7년 사이에 인구가 두 배가 될 것이다. 일주일에 5%씩 자라는 개미 서식지는 14주 안에 두 배가 될 것이다.

그 이유를 확인하려면, 연간 10%씩 증가하는 모집단은 매년 1.1배씩 증가하므로 $1.1^T = 2$이면, T년 내에 두 배가 된다고 생각하면 된다. T를 구하기 위해 양변에 자연로그를 취하면, $T\ln(1.1) = \ln(2)$이고 $T = \ln(2)/\ln(1.1)$이다. 계산기를 사용하자! $T = 7.3$이다.

보다 일반적으로 말하면, x%의 성장은 연간 성장 인수가 $1 + x/100$이라는 것을 의미한다. 따라서 비슷한 논리로, $T = \ln(2)/\ln(1 + x/100)$임을 알 수 있다. 이 식을 계산하기 위해 (1+ 어떤 작은 양)의 로그값은 그 어떤 작은 양과 거의 같다는 것을 이용한다. 즉 $\ln(1+x/100) \approx x/100$이고, $T \approx 100\ln(2)/x$ 또는 $T \approx 69.3/x$이므로, 70의 규칙이 설명된다.

월 상환액

작은 글씨의 대출 상환액 사례로 돌아가자. 우리는 월복리 1.68%의 연이자율이 1.69%의 연수익률로 이어진다는 것을 알았지만, 이 장을 시작할 때 인용한 U.S. 뱅크 웹사이트는 2.49%의 연이자율에 관해 말하고 있다. 무슨 일인가!? 이건 어디서 온 것일까? 이 책을 좀 더 주의 깊게 읽으면, 대출 개시 수수료 $125가 있다는 것을 알 수 있다. 이것이 계산에 어떤 영향을 줄까?

어떤 아이디어가 있을까?

답을 생각하고 적어 보자.

대출 상환액 사례는 '월 상환액'에 관해 말하고 있으므로, 우리는 빚을 모두 갚을 때까지 매월 고정 금액(분명히 $288.59)을 상환한다고 가정할 것이다. 수수료 $125도 빚진 돈의 일부이므로, $10,000에 추가해서 처음부터 $10,125를 빚졌다고 하자. 그러므로 다음 질문에 답할 것이다.

36개월 후에 이 금액을 모두 갚으려면 매달 얼마를 지불해야 할까?

다음으로 우리는 아래와 같이 질문하여 신비로운 연이자율을 설명하겠다.

만약 대출 개시 수수료가 없다면, 월 상환액($288.59)에 해당하는 APR는 얼마일까?

첫 번째 질문을 먼저 계산해 보자. 우리는 매월 일정 금액을 상환할 계획이 므로, 앞에서 한 계산을 다시 해야 한다. 즉 이자로 인해 원리금 합계가 증가 하지만, 월 상환액만큼 *감소할* 것이라는 점을 고려하지 않았다.

그래서 매달 M달러씩 갚는다고 가정하자. 지금까지 많은 문자가 등장했 다. P는 빌린 금액(원금, 차용액)이고, r은 퍼센트가 아닌 비율로 표현된 연이 자율이며, M은 우리가 매달 갚는 금액이다. 한 달 후에 우리는 대출 금액 P와 이자 $\frac{r}{12}P$을 더하고 상환액 M을 뺀 금액을 빚지게 된다.

$$P + \frac{r}{12}P - M$$

실체를 확인하자. M이 $\frac{r}{12}P$보다 큰 경우에는 좋지만, 그렇지 않으면 출발 시점보다 월말에 더 많은 빚을 지게 되고, 결코 대출금을 갚지 못할 것이다! M과 rP의 차이는 이자만이 아니라 대출에 남아 있는 부채 금액인 원금을 줄이는 것이다. 위의 금액을 다음과 같이 쓸 수 있다.

$$\left(1 + \frac{r}{12}\right)P - M$$

매달 비슷한 과정이 반복된다. 잔액은 인수 $1 + \frac{r}{12}$만큼 증가하지만, 상환 액은 인수가 아닌 액수 M만큼 감소한다. 표를 만들어 보자.

대출 후 개월 수	대출 잔액
0	P
1	$P + \frac{r}{12}P - M = \left(1 + \frac{r}{12}\right)P - M$
2	$(1 + \frac{r}{12})\left[\left(1 + \frac{r}{12}\right)P - M\right] - M$
	$= \left(1 + \frac{r}{12}\right)^2 P - \left[1 + (1 + \frac{r}{12})\right]M$
3	$\left(1 + \frac{r}{12}\right)^3 P - \left[1 + \left(1 + \frac{r}{12}\right) + \left(1 + \frac{r}{12}\right)^2\right]M$
$\vdots$	$\vdots$
N	$\left(1 + \frac{r}{12}\right)^N P - \frac{\left(1 + \frac{r}{12}\right)^N - 1}{\frac{r}{12}}M$

대괄호 안의 큰 항들을 단순화하려면 약간의 기교가 필요하지만,[4] 궁극적으로 N개월 후에 우리가 진 빚이 얼마인지 알게 된다. 만약 우리가 대출금을 N개월 안에 갚기를 원한다면, 우리는 N개월 후 대출 잔액을 0으로 설정한다. 그러면 매달 상환해야 하는 금액 M을 구하는 방정식이 생긴다.

설명한 대로 M을 구해 보자.

답을 생각하고 적어 보자.

---

4 먼저 다음과 같은 항을 정리하면 $(1+x+x^2+x^3)(x-1) = x^4 - 1$ 이다.

양변을 $(x-1)$로 나누면 $1 + x + x^2 + x^3 = \frac{x^4-1}{x-1}$ 이다. 여기서 $x = 1 + \frac{r}{12}$ 라고 한다면,

$1 + (1 + \frac{r}{12}) + (1 + \frac{r}{12})^2 + (1 + \frac{r}{12})^3 = \frac{(1 + \frac{r}{12})^4 - 1}{\frac{r}{12}}$ 이다. 이를 일반화시켜서 아래와 같이 쓸 수 있다.

$1 + (1 + \frac{r}{12}) + (1 + \frac{r}{12})^2 + \cdots + (1 + \frac{r}{12})^{N-1} = \frac{(1 + \frac{r}{12})^N - 1}{\frac{r}{12}}$

수식을 풀면 $M = \frac{\frac{r}{12}(1+\frac{r}{12})^N P}{(1+\frac{r}{12})^N - 1}$ 이며 분자와 분모를 $(1 + \frac{r}{12})^N$ 으로 나누면 다음과 같다.

$$M = \frac{\frac{r}{12}P}{1 - \left(1 + \frac{r}{12}\right)^{-N}}$$

이제 우리는 어떻게 대출 상환 계산법을 만드는지 이해했다! 즉 대출 금액 P를 이자율 r로 갚기 위해 N 기간에 지불해야 할 정기 상환액 M을 결정하였다.

이 정보를 기반으로, 첫 질문으로 돌아갈 수 있다. 대출 금액이 $10,125(대출 개시 수수료 + 원금)이고 매월 $\frac{r}{12} = \frac{1.68\%}{12} = 0.14\% = 0.0014$의 이자를 지불하고, 36개월 이내에 이 금액을 상환하고자 하는 경우 다음을 확인할 수 있다. 월 상환액은 다음과 같다.

$$M = \frac{0.0014 \times \$10,125}{1 - 1.0014^{-36}} \approx \$288.59$$

이것은 작은 글씨의 대출 상환액 사례에서 인용한 금액이다. 다시 써 보자.

대출 상환액 사례 36개월 동안 1.68% 금리와 $125의 대출 개시 수수료를 포함하는 조건으로 $10,000의 자동차 대출을 받으면, 2.49%의 연이자율과 $288.59의 월 상환액이 발생한다.

월 상환액은 대출원금 $10,000와 대출 개시 수수료 $125를 *더한* 금액의 36개월 대출에 해당한다.

이제 두 번째 질문으로 넘어가겠다. 만일 대출 개시 수수료가 없다면, 매월 $288.59를 납입하기 위한 이자율은 얼마일까? 답을 찾기 위해서 동일한 방정식을 사용한다.

$$\$288.59 = \frac{\$10,000\,\frac{r}{12}}{1 - \left(1 + \frac{r}{12}\right)^{-36}}$$

이번에는 $M = \$288.59$가 먼저 주어졌으므로, 위 식을 계산하여 연이자율 r을 구하면, $r \approx 0.0249$이다. 따라서 대출 개시 수수료 없이 동일한 월 상환액을 유도하려면, 연이자율 APR이 2.49%이어야 한다. 은행은 수수료를 몰래 넣어(수수료가 대출 원금 합계에 포함되어 있기 때문에 여러분이 그것을 보지 못하더라도) 여러분에게 효과적으로 더 높은 금리를 부과한다.

문제가 완전히 해결되었다. 우리는 한 문장을 완벽하게 이해했다!

요약

요약하자면, 우리는 U.S. 뱅크에서 제공한 자동차 대출 사례에서 한 문장을 선택해 그것이 무엇을 의미하는지 이해하려고 노력했다.

대출 이자는 편리성을 대가로 그리고 채무 불이행의 위험에 대해 대출 기관을 보상하기 위해 지불하는 것임을 배웠다. 큰 대출을 소액 대출로 쪼개 봄으로써, 각 기간마다 일정 비율을 추가하는 대출 잔액에 이자가 비례해야 하는 이유를 이해했다. 따라서 시간이 지남에 따라 원래 빌린 돈(원금)뿐만 아니라 이전에 발생한 이자에도 추가로 이자가 부과된다. 이자의 이자는 시간이 지남에 따라 상당히 누적될 수 있으며, 결국 급격하게 증가하는 지수 함수 그 래프로 표현된다.

수학적으로 표현하면 핵심은 다음과 같다. 어떤 금액 A의 일정 비율 f를 A에 추가하면 $A + fA$이고 $(1 + f)A$와 같다. 사례에서 f는 연이자율을 1년 동안 시행할 복리 횟수로 나눈 값이다. 요점은 어떤 금액에서 시작해 동 일 인수 $(1 + f)$를 여러 번 곱한다는 것이다. 즉 매번 복리를 계산할 때마다 시간의 지수 함수가 된다.

대출에 이자를 적용하는 방법에 관한 양적 지식을 갖추면서, 우리는 대출 상환액 사례에 있는 작은 글씨를 이해할 수 있었다. 특히 우리 모델에 월 상 환액을 감안해 대출 수수료를 원금에 통합할 경우, 효과적으로 더 높은 이자 율을 산출할 수 있는 방법을 정확하게 계산할 수 있었다.

연습 문제

1. 다음 방정식을 증명하시오.

$$1 + x + x^2 + \cdots + x^{N-1} = \frac{1-x^N}{1-x}$$

2. 30년 만기 주택담보대출로 \$200,000를 연이자율 5%로 대출받았다. 이자는 월복리라고 가정하자. 월 상환액은 얼마일까? 대출 상환 과정에서 이자를 얼마나 지불할까? 원금은 얼마인가? (월 상환액을 무시하고) 연수익률은 얼마일까?

3. 실제로 가구 대여 회사를 찾아서 큰 품목을 4년 동안 빌리는 데 드는 실비를 계산해 보자. 실제 수치를 사용해야 한다. [연구를 포함한 문제]

4. 연이자율 5.4%를 제외하고 **연습 문제 2**와 동일한 문제를 생각해 보자. A은행은 \$2,000의 대출 수수료를 받고 5.4%의 연이자율을 제안하고, B은행은 대출 수수료 없이 6%의 연이자율을 제안한다. 여러분은 어떤 은행을 선택할 것이며, 그 이유는 무엇인가? 여러분의 추론 과정과 계산 방법을 반드시 설명하시오.

5. 친구들과 여행을 계획하고 교통편과 숙박 시설을 여러분의 신용카드로 결제할 수 있다고 가정하자. 실제 수치(특정 장소 선택, 기차, 비행기, 모텔의 실제 가격 찾기, 실제 신용카드에서 조건 찾기)를 사용해 신용카드 청구서의 총비용을 즉시 결제하는 것과 12개월 할부로 결제하는 것을 비교해 계산하자. 단

순화를 위해 다른 신용카드 구매는 없다고 가정할 수 있다. **(연구를 포함한 문제)**

6. 여러분은 집, 자동차 그리고 많은 돈을 모아서 은퇴했지만 소득원이 없다. 여러분이 태양광 난방이 가능한 자급자족 농장에 거주하는 것으로 가정해 다음 사항 이외의 경비는 발생하지 않는다. 보안 및 보험 회사가 자산을 보호해 주겠다고 제안했다. 이 회사는 여러분의 자산에 대해 연이율 1%에 해당하는 일복리로 청구하며, 여러분은 이를 현금으로 지불할 것이다(1년을 365일로 가정할 수 있다. 4년마다 오는 2월 29일 윤일에는 회사에서 사은품을 준다). 총 100만 달러의 자산을 가지고 있고 앞으로 20년을 더 살 계획이라면, 20년 후 당신의 재산 가치는 얼마나 될까?

7. 이 3장 질문과 관련된 프로젝트 주제를 생각해 보자.

프로젝트

A. 이 공룡은 언제 죽었을까? 방사성 탄소 연대 측정법을 공부하고, 그것에 대한 수학적 모델과 사례를 설명하라. 설명을 명확히 하고, 반드시 몇 가지 사례를 논의해 보자. 여러분이 어떤 자료를 참고하든 *여러 가지 숫자를* 사용하라.

B. 여러분은 호화로운 집을 사기로 마음먹었다. 집주인은 200만 달러를 요구하고 있다. 어떻게 할 것인가? 여러분이 벌어야 할 최소 금액, 시간 경과에

따른 급여,**표 1.1 참조** 다양한 주택담보대출 구조(조정 금리, 고정 금리 등) 및 기타 모든 관련 요인(부동산 수수료, 재산세 등)에 대해 논의해야 한다.

C. 연료 소비가 많은 대형차를 에너지 효율적인 전기자동차로 교체해야 할까? 질문에 대답할 수 있는 다양한 방법을 고려하되, 방법별로 가능한 한 많은 요인을 고려 사항에 포함해야 한다.

04

우리는 **쌀**에 있는 **비소**를
걱정해야 할까?

부록 단위, 확률

개요

개인 건강과 관련 있는 특별한 선택에 관해 질문한 다음, 적절한 답을 찾기 위해 연구 조사, 위험 추정, 신중한 단위 처리 등 필요한 작업을 수행한다

1. 먼저 질문에 있는 질적 특징을 살펴본다. 비소란 무엇인가, 무엇을 걱정하는 것일까?

2.. 데이터를 살펴보고 데이터 이면에 어떤 연구 조사가 관련되어 있고, 그 수치가 의미하는 것은 무엇인지 이해하는 데 시간을 할애한다.

3. 일정 수준 이상의 비소를 섭취하는 데 따르는 위험성을 알아낸 후, 쌀을 소비하는 습관에 따라 비소를 얼마나 섭취하는지 알아야 한다.

4. 계산을 하고, 크게 문제가 될 것이 없다는 개인적인 결정을 내린다.

5. 더 중요한 점은 동일한 절차가 유사한 생활 방식을 결정하는 데에도 적용될 수 있음을 깨닫는 것이다.

과장된 위험과 생활 방식의 선택

우리는 음식물에 있는 위험한 화학 물질에 관해 끊임없이 듣는다. 소듐! 카페인! GMO(유전자 변형 농산물)! BHA(산화 방지제)! H_2O! 물론 H_2O는 물이니까 모든 화학 물질이 나쁘지만은 않다. 어떤 것이 괜찮을까? 어떤 것을 피해야 할까? 어떻게 해야 정보에 근거한 의사 결정을 할 수 있을까?

일례로 이런 질문을 생각해 보자.

우리는 쌀에 있는 비소를 걱정해야 할까?

여러분은 무슨 생각을 할까?

답을 생각하고 적어 보자.

여러분의 직감을 확인하는 것이 중요하다. 여러분은 아마도 식품 속 독소에 관한 문헌들로 가득한 자연식품 가게에서 방금 나왔을지도 모른다. 아니면 사우스캐롤라이나에 있는 고모 루스Ruth의 청정 쌀 농장을 방문하고 집으로 돌아와서 농부인 고모가 생산한 쌀에는 어떤 위험도 없다고 생각할 수도 있다. 여러분의 의견이 무엇이든, 주의 깊게 공부하지 않으면 사실 아무런 근거가 없는 의견일 수도 있음을 인식하자. 우리는 알아야 할 것이다.

우리가 고려하는 모든 질문이 그렇듯이, 우리가 질문을 어떻게 해석할지, 어떤 대답이 나올지 분명해야 한다. 이 4장의 질문에서 '우리는' 전국 쌀 재배자 협회가 아니라 쌀밥을 먹는 개별 소비자이다. 이 질문에 대한 답은 우리의 식습관을 바꿀 것인지, 그렇다면 그 방법은 무엇인지를 결정하는 것이다.

이 문제를 해결하는 과정에서 화학, 의학, 수학을 포함한 다양한 분야를 아우르게 된다. 결국 위험 요인과 여러 가지 선택에 관해 충분히 학습하겠지만, 모든 사람에게 확신을 갖고 권고하기는 힘들다. 다만 나 자신을 위한 올바른 선택은 할 수 있다. 그렇게 하는 데 많은 공부가 필요하다면, 특히 양적 능력이 없는 일반 소비자가 정보에 근거한 의사 결정을 하는 것이 얼마나 어려운지 상상할 수 있다! 소비자들은 늘 이런 종류의 질문에 답하기 위해 조언을 구한다. 그들에게 줄 수 있는 '조언에 관한' 조언은 (1) 어느 정도 자격이 있고 (2) 결과에 기득권이 없는 사람의 말을 들으라는 것이다. 예를 들어, 인터넷 뉴스의 미끼 기사는 과학적으로 입증되지 않은 것이다. 반면에 쌀 재배자 협회의 인쇄물이나 《저탄수화물 생활Low-Carb Living》이라는 잡지는 편파적이지 않을 것이다.

따라서 우리가 섭취하고 있는 쌀에 비소가 얼마나 있는지 그리고 그 정도의 양이 위험한지 판단하려고 할 것이다.

우리가 섭취하는 쌀에 비소가 얼마나 있을까? 비소가 우리 몸에 나쁠까?

자연스러운 질문이지만, 더 기본적인 것부터 짚고 넘어가야 한다. 비소는 무엇이고, 얼마나 위험할까?

이해하자!

비소에 관해 우리 스스로 공부해야 하지만, 내가 여러분을 위해 미리 조사했다.[1] 기본적인 내용은 이렇다.

* 비소는 화합물의 기본 성분이 되는 원소이다. 지구에는 자연적으로 만들어진 약 90개의 원소가 있고, 그중 하나가 비소이다. 원소는 주기율표에 배열되어 있는데, 원자 번호는 원자핵 속에 있는 양성자 개수이다. 수소H는 1번, 산소O는 8번, 은Ag은 47번, 금Au은 79번이다. 비소As는 33번이다.

* 원소의 다양한 조합에 따라 상호 작용이 서로 달라서, 인간과 동물의 신체에 미치는 특성과 영향도 크게 다르다. 예를 들어, 소듐Na은 물H_2O과 상당히 격렬하게 반응하는 금속이다.[2] 그 과정에서 열과 가연성이 높은 수소를 만든다. 이런 반응은 철이나 구리와 같이 친숙한 금속과는 현저하게 대비된다. 그러나 소듐과 염소Cl가 반응하면 평범한 식탁용 소금 $NaCl$이 된다. 화합물에 있는 개별 원소의 특성은 전체 화합물의 성질과 무관할 수 있다.

* 비소는 '유기 비소'와 '무기 비소'라는 두 가지 형태로 검출된다. 비소 화합물이 탄소를 포함하고 있으면 유기 비소라고 하는데, 쌀에 있는 비소가 유기농 농장에서 나왔는지 아닌지와는 아무 관련이 없다. 무기 비소는 잘 알려진 발암 물질로, 간, 폐, 방광에서 암 발생 위험을 증가시킨다. 일부 해산물에 함유된 유기 비소 화합물은 암과 관련이 없는 것으로 알려져 있으며 일반적으로 독성이 훨씬 낮다고 한다. 미국 환경보호국

---

1 문제를 연구하면서 자료를 모으는 것은 매우 재미있다. 좋아하는 미디어를 사용하되 출처를 기록하고, 그들의 평판이 좋은지 확인하라!

2 https://www.youtube.com/watch?v=dmcfsEEogxs를 한번 보라.

Environmental Protection Agency, EPA 통합위험정보시스템에 따르면, 비소와 암을 연계한 연구는 식수에 있는 무기 비소의 분석에서 비롯됐다.[3] 타이완 남서부에는 우물물에 높은 수준의 비소를 포함하고 있는 마을이 있으며, 다양한 암으로 인한 표준 사망률standard mortality rate, SMR이 다른 마을에 비해 비정상적으로 높다(여기서 SMR은 100으로 설정되어 있다). 특히 아래 그래프는 이들 마을의 사망률을 타이완 남서부 전체의 사망률로 나눈 값을 백분율로 표시하고 있다. 따라서 200은 해당 질병으로 사망할 확률이 더 넓은 지역에 비해 두 배라는 뜻이다.[4]

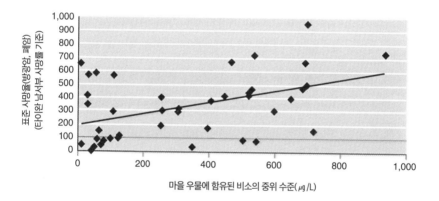

3   Greenerchoices.org이라는 웹사이트에 링크된 보고서가 편견이 없다고 확신하지 못했기 때문에 나는 안정적인 출처인 EPA를 조사했다. 안정적이기는 하지만, 소비자 보고서는 EPA가 '정치적 압력' 때문에 보고서 초안에서 지적한 것보다 훨씬 높은 위험 수준을 보고하지 못했다고 언급했다. 절대적으로 확신하기 어렵다. http://greenerchoices.org/wp-content/uploads/2016/08/CR_FSASC_Arsenic_Analysis_Nov2014.pdf

4   Lamm et al., Arsenic cancer risk confounder in Southwest Taiwan data set, Environ. Health Perspect. 114 (2006) 1077-1082, www.ncbi.nlm.nih.gov/pmc/articles/PMC1513326/

이 그래프는 시간을 두고 살펴보아야 한다. 데이터 포인트 *한 개*를 선택하자. 예를 들어 x값이 600이고 높이가 300인 다이아몬드 점 하나를 생각하자. 이 데이터 포인트가 의미하는 것이 무엇이든 이것을 얻으려고 연구팀은 일정 기간 여러 차례 마을 우물에 가서 자료를 가져오고 분석해 비소의 수준을 측정한 다음 중앙값을 선택했다. 이는 많은 시간과 비용과 노력이 든다. 그런 다음 남서부 지역과 그 마을의 사망률을 비교해야 했을 것이다. 이러한 데이터를 수집하려면 사망 원인에 관한 신뢰할 수 있는 통계 자료를 보유한 병원과 검시관 네트워크가 필요한데, 그 자체로 상당한 의료 인프라와 비용이 필요하다. 과학적 지식은 어렵게 얻어져서 더 가치 있다. 한 개의 데이터 포인트를 위해 필요한 데이터를 전부 수집한 후에는 이 그래프에 있는 *모든* 데이터 포인트를 구하기 위해서 전체 절차를 반복해야 했다. 그래프는 우물의 오염이 심할수록 암 위험이 증가하는 경향을 보여 준다(상관관계는 **부록 8.7**에서 설명). 심하게 오염된 우물은 거의 모두 표준 사망율이 100 이상으로 나타난다. 그렇지만 우리의 관심사는 물이 아닌 *식품*, 특히 쌀에 있는 비소이다.

♦ 미국 암학회에 따르면, 무기 비소는 목재 방부제, 살충제, 일부 유리와 반도체 제조, 납과 구리 첨가제로 사용된다. 1985년 이후 미국에서는 무기 비소가 제조되지 않았다.

♦ 쌀에 있는 비소는 토양의 물을 흡수해 생기며, 쌀은 종종 비소의 흡수를 촉진하는 배양토에서 재배된다. 따라서 재배 지역에 따라 쌀의 비소 수준은 다를 수 있다. 또한 쌀은 품종에 따라 비소 흡수량이 다르다. 현미는 비소가 축적되는 쌀알의 바깥 부분이 더 많으므로 모든 품종의 현미는 같은 품종의 백미보다 더 많은 양의 비소를 함유한다.

◆ 어떤 물질(이를테면 물)에 함유된 다른 물질(이를테면 오염 물질)의 양을 측정할 때 농도라고 표현한다. 아래에서 명확하게 설명하겠지만 어떤 방식으로든 농도는 오염 물질의 비율을 나타낸다.

이제 비소에 관련된 문제를 이해했으니, 그것이 우리에게 개인적으로 어떤 영향을 미치는지 알아야 한다. 그 영향은 먹는 쌀의 양과 그 안에 포함된 비소의 양에 달려 있다. 단위에 초점을 맞추어야 한다.

단위에 집중하기

지금은 쌀에 함유된 비소를 걱정하지만, 전 세계적으로 비소 섭취로 인한 위험은 주로 식수를 통해 발생한다. 미국에서 식수의 비소 농도는 환경보호국에 의해 0.01㎎/L 또는 0.01ppm을 *최대 오염 수준*maximum contaminant level, MCL으로 제한한다. ppm의 100분의 1은 1억분의 1, 또는 10억분의 10, 10 ppb를 의미한다.

여러분은 이와 같은 단위를 이해했을까?
답을 생각하고 적어 보자.

나는 이해하지 못했다. ㎎/L 단위는 식수에 있는 비소의 양을 밀리그램 단위로 측정하고, 이를 리터 단위로 측정한 (반드시 순수한 것은 아닌) 식수 샘플 값으로 나눈 것이다. 사실 단위가 의미하는 바는 매우 간단하다. 하지만 ppm

과 ppb 때문에 혼란스럽다. ppb를 10억분의 일이라고 하면 충분히 이해할 수 있을 것 같다. 10억 개의 테니스공이 들어 있는 큰 상자에 빨간 공이 한 개이고 나머지가 모두 노란색 공이라면, 10억 개당 하나의 빨간 공이 있는 셈이다. 그 상자에 두 배 많은 공이 들어 있고 그 가운데 빨간 공이 두 개라면, 20억 개당 2개, 즉 1/10억, 1 ppb이다. 빨간 공 10개는 10 ppb이다. ppb는 숫자 비율이므로 단위가 없다. 그러나 물에 관해 이야기할 때 ppb는 어떤 의미일까? 즉 대부분 물이지만 미량의 '오염 물질'이 있다는 것이다. ppbparts per billion에서 '파트parts'는 오염 물질을 말하며, 우리의 주요 질문에서는 비소 분자가 오염 물질이다.

테니스공 사례로 돌아가서, 오염 물질이 빨간색 테니스공이라면 어떻게 표현하겠는가? ppm은 '개수당 개수', '부피당 부피', 또는 '질량당 질량'과 같이 세 가지 방식으로 의미를 설명할 수 있다.

1. 테니스공 100만 개 중 빨간 테니스공 수
2. 빨간 테니스공 부피를 테니스공 총부피로 나눈 값 곱하기 100만
3. 빨간 테니스공 질량을 테니스공 총질량으로 나눈 값 곱하기 100만

1번이 가장 자연스럽다. '파트parts'라고 하면 개수를 기준으로 생각하기 때문이다. 지금부터는 1번의 의미로 사용한다. 1번은 빨간색 테니스공의 개수를 전체 공의 개수로 나누고 100만을 곱한 것이기도 하다. 공 100만 개 가운데 빨간 공 한 개는 1/1,000,000의 비율이고 1 ppm으로 표시한다. 2번과 3번에서 마지막에 100만을 곱하는 것도 같은 이유 때문이다. 비율로 직접 나타내지 않고 ppm 단위를 사용하는 이유는 농도가 미약할 때 소수점 이하 0의

개수가 많아지는 것을 피하기 위해서이다.

2번은 어떤 의미일까? 빨간 공 한 개와 노란 공 한 개의 부피가 같다고 하자. 그러면 전체 부피의 비율은 개수의 비율과 같다. 공 100만 개에 빨간 공이 한 개라면 개수의 비율은 1/1,000,000이다. 그런데 노란 공의 부피가 모두 같고, 빨간 공 한 개의 부피가 노란 공의 두 *배*이면, 부피의 비율은 더 커지며, 1번과 2번은 다른 값이 된다. 3번의 경우, 질량을 부피로 생각하면 2번과 같다. 빨간 공과 노란 공의 부피는 같은데 질량이 다르다면, 질량 비율은 달라진다. 따라서 공들의 질량과 부피가 같은 경우에만 2, 3번이 1번과 같다.

이러한 개념 가운데 하나를 사용해 물에 있는 오염 물질의 양을 설명하거나, 보다 일반적으로 용액을 만들기 위해 *용매*(예: 물)에 녹은 *용질*(예: 비소)의 양을 설명하려고 한다. 오염 물질의 수준을 측정하기 위해 용질(예: 비소)의 총 질량을 측정하기가 가장 쉬우므로 3번을 사용한다. 다음 사례에서 ppm 및 ppb로 표시되는 농도를 알아보자.

수은 1㎎을 함유한 5㎏의 페인트 통.
답을 생각하고 적어 보자.

질량의 단위 $kg = kg \times \frac{1,000\,g}{kg} \times \frac{1,000\,㎎}{g}$ 이므로, 1㎏은 100만 ㎎과 같다는 것을 기억해 두면 편리하다. 따라서 페인트 500만 ㎎에 수은이 1㎎ 들어 있다는 것은 농도가 $\frac{1}{5}$ ppm = 0.2 ppm = 200 ppb라는 뜻이다.

여러분이 이 연습 문제를 완료할 수 있었다면, 이제 ppm이 무엇을 측정하는지 잘 알 수 있을 것이다. 단위 ㎎/L는 분명하다(용질의 질량을 리터 단위 용액의 부피로 나눈 값이다). 그러면 ㎎/L와 ppm이 같다고 할 수 있을까? 같은 종류의 단위도 아닌데 두 단위를 함께 사용해도 될까? 예를 들어 ppm은 두 질량의 비율을 나타내므로 단위가 없다. 그냥 순수한 숫자일 뿐이다. 그러나 ㎎/L는 질량(㎎)을 부피(L)로 나눈 단위이다. 잘 기억해야 할 중요한 사실이 하나 있다.

물 1리터의 질량은 1킬로그램이다.

따라서 용액의 무게가 물과 같다고 하면, 1 ㎎/L는 1 ㎎/㎏, 즉 1밀리그램/100만 밀리그램이므로 1 ppm과 같다고 볼 수 있다.

$$1\,ppm = 1\,㎎/L = 1\,㎎/㎏$$

우리는 1 ppm 즉 100만분의 1이 1 ㎏당 1 ㎎이고, 어느 정도인지 쉽게 그림으로 설명할 수 있다. 물 1 ㎏은 한 변의 길이가 10 ㎝ 또는 100 ㎜인 정육면체의 부피를 차지한다. 따라서 부피 $(100\,㎜)^3 = 1,000,000\,㎜^3$이고 1리터는 $1\,㎜^3$가 100만 개 있다는 의미이다.**그림 4.1 참조**

대충 말하면 $1\,㎜^3$는 '빵 부스러기' 한 개 정도의 크기이다. 따라서 빵 부스러기와 물의 밀도가 같다고 할 때, 식수 1리터에 빵 부스러기 한 개이면 1 ppm 농도로 '오염된' 것이다. 이 빵 부스러기는 100리터 어항에 있는 물고기 사료와 맞먹는데, 이것은 물고기 사료가 1/100 ppm 또는 10 ppb 농도로 물을 '오염시킨다는' 것을 의미한다.

추론 과정에서 '만일 용액의 무게가 물과 같다면'이라고 했는데 명확하게 하자. 잠재적으로 오염된 물 1리터를 1 ㎏과 동일시하는 이유는 다음과 같다.

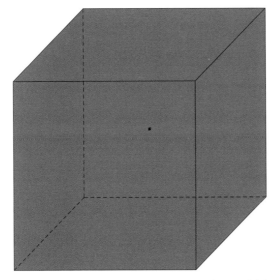

그림 4.1 중앙에 있는 작은 부스러기의 100만 배 부피를 가지는 큰 입방체

가정 용액의 오염 물질 수준은 용액 전체 질량이 오염되지 않은 순수한 물의
질량과 거의 같을 만큼 매우 낮다.

오염 수준을 100만 또는 10억분의 일로 측정하고 있으므로, 이 가정은 합
리적으로 보인다. 예를 들어 *100만* 명의 사람이 있고 그들 모두 머리카락 길
이가 10~15㎝인 경우, 머리카락이 땅에 닿을 정도로 긴 사람이 열두 명 정도
있다면 평균 머리카락 길이에 큰 영향을 주지 않는다. 가벼운 물 분자보다 무
거운 비소 분자가 아주 조금 있는 경우, 분자의 질량에 대한 분석도 이와 유
사하다. 그러나 그렇지 않을 가능성도 있으므로 용액이 충분히 *희석되어* 있
다고 신중하게 가정한다. 즉 용액 1L가 물 1L와 질량(1 kg)이 같다고 가정한
다. 그러면 1 mg/L는 1 mg/kg 또는 1 ppm과 같다.

어떤 경우에 이런 가정이 잘못될 수 있는지 알아보기 위해 '오염 물질'을 물에 녹아 있는 설탕이라고 하자. 실온에서는 물 1 kg에 설탕 약 2 kg을 녹일 수 있다. 따라서 오염 물질 2 kg = 2,000,000 mg이 물 1리터에 녹을 수 있다. 그러면 2,000,000 mg/L의 농도 수준이 되는데, 1 mg/L = 1 ppm이므로, ppm으로 변환하면 *2,000,000 ppm* 수준이 된다! 어? 그건 말이 안 된다! 이런 경우는 용액과 물의 무게가 같다는 가정은 유효하지 않다.

단위를 이해하기 위해 길게 설명했다. 솔직히 말해서 우리가 사용하고 있는 단위를 이해하지 못했다면, 엄밀한 수준에서 무슨 말을 하고 있는지 몰랐다고 인정해야 한다!

쌀에 있는 비소

이제 무기 비소가 무엇인지, 그 수준을 어떻게 측정하는지 알게 되었으며, 식수에서 높은 수준(> 10 ppb)으로 나오면 위험하다는 것을 분명히 알았다. 그런데 우리의 원래 질문은 *쌀*에 있는 비소에 관한 것이었다.

참고4.1 식수에 있는 위험한 비소 수준에 관한 모든 연구를 마친 후, 내가 사는 일리노이주 에번스턴시에 있는 상수도가 궁금했다. '에번스턴 식수 보고서Evanston water report'를 검색하면 〈소비자 신뢰 보고서Consumer Confidence Report〉라는 문서가 나오는데, 여기에는 물속에 있는 소듐, 염소, 대장균 및 기타 물질의 수준에 관한 데이터가 있지만, 비소에 관한 언급은 없었다. 궁금한 소비자를 위한 전화번호가 있어서 전화를 걸어 메시지를 남겼다. 그날 늦게 비소가 충분히 검출되지 않았다는 전화를 받았는데, 이는 오염 수준이 1 ppb 미만임을 의미한다. 식수가 안전할 뿐만 아니라 이 도시가 수도 시설에 충분한 자원을 할당하고 정보 핫라인을 제공한다는 사실은 다행한 일이었다. 그러나 대부분은 그렇게 운이 좋지 않다.   ▲

물에 함유된 비소 분석 결과와 같이, 쌀에 함유돼 있을 때도 똑같은 위험이 따르는 걸까? 그렇게 보이지만 과학자라면 그런 가정을 할 수 없으며 대신 데이터를 모아야 한다. 우리 몸은 쌀과 물을 처리하는 방식이 달라서 둘의 효과가 다르게 나타날 수 있다. 유치한 예를 들자면, 아이스크림을 먹는 아이는 행복하다. 그런데 부모가 가게에서 아이스크림을 사기만 해도 아이들이 행복할까? 아마 그럴지도 모르지만, 아이스크림이 부모에게서 아이의 입으로 전달된 다음에야 그렇다고 할 수 있다. 더 진지한 예로, 비타민 보충제를 복용한다고 하자. 몸에 흡수되지 않으면 아무 소용이 없으며 대부분 비타민은 지방과 단백질을 섭취하면 더 잘 흡수된다. 따라서 식사와 함께 복용해야 효과가 좋다.[5] 마찬가지로 특정 화합물은 특정한 물질의 조합이나 환경에서만 해를 끼친다. 쌀에 있는 비소가 물에 있는 비소와 같은 효과를 내는지는 더 연구를 해야 확실히 알 수 있다.

자, 그럼 질문을 하나 하자.

쌀에 있는 비소와 암 사이에 연관성이 있다는 구체적인 지식이 있을까?

---

[5] 그렇다고 많이 섭취할수록 더 좋다고 가정할 수는 없다. 그리고 어떤 비타민이 실제로 어떤 역할을 하는지 잘 알지 못한다. 비타민 보충제에 없는 다른 요인과 결합해서만 작용할 수도 있다. 이런 식의 의문은 많이 있다.

이와 같은 문제를 해결하려고 높은 수준으로 의심되는 발암 물질을 사람에게 먹이는 통제 실험을 할 수 없다는 것은 분명하다. 그러나 쌀을 주식으로 하는 인구 집단에 관한 귀중한 역학 자료가 있다.

이 글을 쓰는 시점에, 미국 식품의약국Food and Drug Administration, FDA은 쌀에 있는 비소가 건강에 미치는 장기적인 영향을 조사하고 있었다. 단기적인 위험은 우려할 정도가 아니라는 사실이 밝혀졌지만, 규칙적으로 장기간 쌀을 섭취하면 결국 해를 끼칠 수 있는지에 대한 결론은 나지 않았다.[6]

아마 이런 의심 때문에 이 글을 쓰는 시점에 FDA는 식품에 있는 비소 수준에 제한을 두지 않았다. (이전 각주에서 언급했듯이, 아무런 조치가 없다는 것은 어느 한쪽의 정치적 압력 때문이거나, 다른 쪽의 정치적 압력이 부족하기 때문일 수 있다.) 유엔 식량농업기구Food and Agriculture Organization, FAO는 2014년에 쌀에 있는 비소 수준이 0.2 ㎎/㎏을 초과해서는 안 된다는 지침을 승인했다(쌀은 액체가 아니므로 비소와 쌀은 모두 질량 단위를 사용한다).[7] 이 한계치는 환경보호국EPA에서 설정한 식수 제한 수준의 20배이므로(0.2/0.01 = 20), 쌀 100 g에 있는 비소는 물 2,000 g 또는 2리터에 있는 수준과 같다. '1인분' 쌀밥은 약 75 g의 쌀로 조리하므로, FAO의 오염 한계치 0.2 ㎎/㎏인 쌀을 매일 먹으면, 0.01 ㎎/L 정도의 물을 마시는 것보다 더 많은 비소를 섭취할 수도 있다.

미국 슈퍼마켓 진열대에 있는 쌀은 FAO의 한계치를 따르지 않을 수 있으

---

6 이 데이터의 출처인 www.fda.gov/ForConsumers/ConsumerUpdates/ucm352569.htm은 불행히도 지금은 닫혀 있다. 이 자료나 그 밖에 닫힌 사이트의 자료를 보려면, 먼저 Internet Archive's Wayback Machine인 https://web.archive.org로 가서 URL을 입력하라.

7 www.fao.org/news/story/en/item/238558/icode/

므로, 데이터를 더 살펴보아야 한다. 어쨌든 많은 지방 자치 단체(이를테면 에 번스턴)는 최대 오염 수준MCL보다 훨씬 낮은 수준의 비소가 포함된 식수를 공급하고 있으므로, 물에 관해서는 최악의 시나리오에 해당하지는 않는다. 쌀도 마찬가지일 수 있으니 식품에 있는 비소의 수준이 실제로 어느 정도인지 계속해서 연구해 보자.

쌀의 종류는 다양하다. 단립종, 중립종, 장립종, 초밥용 쌀, 재스민 쌀, 바스마티 쌀 등이 있다. 이러한 품종은 여러 지역에서 재배하며, 같은 지역 내에서도 회사마다 재배 공정과 공급 업체가 다르다. 이 모든 종은 현미 또는 백미로 가공한다. 잘못된 샘플 하나가 결론을 왜곡하는 것을 원하지 않으므로, 의미 있는 평가를 얻으려면 각 품종에서 여러 샘플을 테스트해야 한다. 그러면 이 문제는 또다시 복잡한 상태가 된다! 여기서는 FDA 또는 〈컨슈머 리포트 Consumer Reports〉의 모든 수고로움은 제쳐두고, 간단하게 일부 데이터만 제시한다.[8]

쌀	1인분당 비소(μg)	mg / kg
바스마티	3.5	0.078
현미	7.2	0.16
즉석밥용	2.6	0.057
재스민	3.9	0.086
단립종	3.5	0.077
중립종	3.6	0.079
장립종	4.6	0.10

8 www.fda.gov/Food/FoodborneIlinessContaminants/Metals/ucm319870.htm

FDA는 1인분을 기준으로 식품 수준을 보고했다. 마른 쌀로 1인분은 45g이다(FDA의 1인분 기준에 동의하지 않지만, 그래도 나는 쌀을 좋아한다). $1\,\mu g$은 100만 분의 1g 또는 1천 분의 1mg이다.

위의 FDA 데이터에서 어떻게 mg/kg 열을 계산한 것일까?

답을 생각하고 적어 보자.

이 질문에 답하기 위해 단위 변환을 한다.

$$1\,\frac{\mu g}{\text{인분}} = 1\,\frac{\mu g}{\text{인분}} \times \frac{1\,\text{mg}}{1{,}000\,\mu g} \times \frac{1\,\text{인분}}{45\,g} \times \frac{1{,}000\,g}{\text{kg}} = 0.0222\,\text{mg}/\text{kg}$$

따라서 $1\,\mu g/1$인분 $= 0.0222\,$mg$/$kg이라면, 바스마티 쌀은 $3.5\,\mu g/1$인분 $= 3.5 \times 0.0222\,$mg$/$kg $= 0.078\,$mg$/$kg이고 다른 품종도 마찬가지이다.

앞의 표 오른쪽 열에서 왜 바스마티 쌀에 대해 0.08 대신 0.078을 쓰고 장립종 쌀에 대해서는 0.1 대신 0.10을 썼을까?

답을 생각하고 적어 보자.

그 이유는 가운데 열에 있는 데이터의 유효 숫자가 두 개이므로, 변환된 데이터도 같은 정확도로 표기하기 때문이다.

앞에 있는 FDA 데이터는 〈컨슈머 리포트〉 데이터와 비교했을 때 지역을 구분하지 않고 한 가지 품종의 현미만 테스트한 것이다. 우리는 이 데이터를 우리 목적에 맞게 사용할 것이다. 하지만 예를 들어 우리가 캘리포니아 쌀을 먹는 사람이라면, 더 자세한 데이터 모음이 필요할 것이다.

이 표는 현미가 가장 많은 비소를 함유하고 있음을 보여 준다. 보고서에 따르면, 그 이유는 곡물 바깥층에 더 많은 비소가 저장되는데, 이 바깥층이 현미에는 남아 있지만 백미에서는 제거되기 때문이다.

우리가 현미나 즉석밥용 쌀을 먹지 않는다면, 나머지 경우는 큰 차이가 없다. 이 다섯 종류 쌀의 1인분당 비소 평균은 $3.82\,\mu g$이고, 유효 숫자 두 개로 표시하면 $3.8\,\mu g$이다. 이 정도 수준의 비소가 든 흰 쌀을 먹는 '평균적인' 식사를 한다고 생각하고, 이제 하루에 몇 인분을 먹을 것인지 결정하자. 사람마다 크게 다르지만 숫자를 정하자. 하루에 3인분? 개인적으로 나는 매일 밥을 먹지 않고 사흘에 한 번씩 밥을 먹지만, 한번 먹으면 많이 먹는 것을 좋아한다. 아마 9인분 정도일 것이다. 식당에서는 밥이 충분하지 않을까 봐 걱정한다. 심지어 독일 친구에게 내 공포증을 하나의 단어로 만들어 달라고 요청하기도 했다. *식당밥부족공포증Restaurantsreisunterfütterungsangst!* 하루에 3인분이면 $3 \times 3.8\,\mu g = 11\,\mu g$의 비소를 생각해야 한다.

(물론 밥을 지을 때 물을 사용하며, 물에도 비소가 있을 수 있다. 에번스턴의 상수도에 비소가 없다고 했으니 나는 분석 과정에서 이 부분은 고려하지 않았다. 여러분도 그럴 수 있으나 지역의 자료를 점검해 보라.)

FDA는 쌀에 있는 비소 관련 지침을 설정하지 않았지만, 마시는 물의 비소에 대한 EPA 기준은 $10\,ppb = 0.01\,mg/kg = 10\,\mu g/kg = 10\,\mu g/L$로 제한되어 있다. 우리가 가정한 쌀 섭취율로 식사하면 하루에 $11\,\mu g$의 비소를 섭취한다는 것을 방금 발견했다. 따라서 허용 가능한 최고 수준을 기준으로, 물을 1리터보다 약간 더 많이 마시는 것과 같은 정도이다. 사람들이 보통 하루에 물을 1리터보다 더 마신다고 가정하는 것이 합리적이기 때문에 심각하게 걱정할 필요는 없는 것 같다. 현미의 비소 수준은 백미보다 두 배 높지만(7.2 ㎍ 대 3.6 ㎍) 하루에 물 2리터를 마신다고 생각하면 그렇게 문제가 되지는 않을 수 있다. (현미는 섬유질 함량이 높은 것과 같은 다른 이점이 있지만 비소라는 측면에서는 분명한 패배자이다.)[9] 마지막으로 식품에 포함된 비소와 암 사이의 연관성은 분명하지 않음을 기억하라.

결정

밥을 하루에 3인분씩 적극적으로 먹더라도 식수로 섭취할 수 있는 정상적인 범위 내에서 비소가 추가되기 때문에, 나는 걱정 없이 계속 밥을 먹을 것이다. 식당에서 밥을 충분히 주지 않을까 걱정하겠지만, 암에 걸릴 걱정은 하지 않는다. 사람에 따라 더 신중할 수 있다. 각자 결론을 내릴 수 있으나, 어떤 결론이든 양적 추론을 기반으로 정보에 입각한 선택을 할 것이다!

추가 주제

우리는 암 발병 가능성과 같은 몇 가지 기본 확률을 논의했고, 통계를 평균과 상관관계의 형태로 언급했지만, 세부 사항은 다루지 않았다. 우리는 국립

---

9 다시 말하지만, 이는 섭취한 비소의 총량만을 기준으로 한다. 우리 몸이 쌀과 물에서 비소를 흡수하는 다른 방식은 설명하지 않았는데, 우리가 단순히 알지 못하기 때문이다.

보건원National Institutes of Health, NIH에 지원하는 것이 아니다. 아직은 아니다. 이러한 문제와 관련해 6장과 10장에서 더 깊이 논의할 것이다. 지금은 탐구할 수 있는 몇 가지 주제에 주목하는 것이 더 중요하다.

교란 요인

타이완에 있는 표본 우물에 비소 외에 폐암과 방광암 *예방에* 도움이 되는 알려지지 않은 비타민이 있다고 가정해 보자. 그러면 '목걸이가 영향을 주었다'와 같이 엉뚱한 결론을 내릴 수도 있다. 비타민이 없었다면 독성이 더 강하게 나타날 수 있으니까, 비소의 심각성이 훨씬 *더 커진다.* 반대로 비소 *이외에* 건강에 악영향을 미치는 비슷한 무언가가 지하수면에 포함되어 있다면, 비소의 위험은 우리가 생각했던 것보다 *적을* 것이다.

긍정적이든 부정적이든 측정치와 상관관계가 있는 외부 통계 변수는 분석 자체를 '교란할' 수 있다는 의미에서 *교란 요인*이라고 한다. 이런 효과를 제어하려면 고급 통계 이론이 필요하다.

귀속 위험, NNT, NNH

외출한 사람 열 명 중 세 명이 독감에 걸렸지만, *목걸이를 하고 나간* 사람은 열 명 중 네 명이 독감에 걸렸다고 가정하자. 이 데이터에서 모든 교란 요인을 제거할 수 있다면, 목걸이가 영향을 주었다고 결론 내릴 수 있다. 목걸이 착용으로 인한 *귀속 위험*attributable risk은 추가로 독감에 걸린 한 명, 즉 10분의 1이다. 그것은 '개입(목걸이)'에 노출되거나 노출되지 않을 확률의 차이이다. 다르게 말하면 열 명이 목걸이를 착용하고 외출했는데, 그 가운데 한 명이 목걸이 때문에 독감에 걸렸다고 볼 수 있다. 여기서 '위험 요인에 노출된 사람수number needed to harm, NNH'는 열 명으로, 독감 1건을 추가로 유발하는 데 필요한 목걸이 착용 인원이다. 이 NNH는 귀속 위험의 역수로 계산한다.

위험을 감소시키는 유용한 약물에 관한 이야기라면, '치료에 필요한 환자 수number needed to treat, NNT'를 말하는 것이며, 이는 귀속 위험 감소치의 역수 이다.

요약

우리는 식수에 함유된 높은 수준의 무기 비소와 암의 상관관계를 확인하기 위한 힘든 과학적 연구가 있었다는 것을 알게 되었다. 오염 수준은 용액 농도에 따라 반영되며, 농도를 다루는 데 사용하는 단위를 이해하는 데 시간을 할애했다.

FDA가 식품 안전을 위한 비소의 한계치를 설정하지 않았고, 식품에 있는 비소를 암과 결정적으로 연관 짓지 않았지만, 우리는 쌀을 통한 비소 소비를 규제하기에 적합한 좋은 척도를 발견했다. 환경보호국EPA이 제시한 하루 동안 마시는 물에 함유된 비소의 최대 오염 수준MCL이다. 그리고 나서 다양한 쌀에 있는 비소 데이터를 사용해 소비하려는 쌀의 양과 종류를 결정했다. 우리는 백미 또는 현미를 규칙적으로 먹는 것이 MCL 기준으로 약 1~2리터의 물을 마시는 것과 같을 수 있음을 발견했다.

이 지식이 있으면 독자는 선택할 수 있는 충분한 정보를 얻게 된다. 저자는 쌀을 좋아하며, 걱정하지 않을 만큼 낮은 수준이라는 것을 알았다(여기엔 잠재된 정서적 편견이 있다는 것에 주의하라). 그러나 독자는 스스로 결론을 내리고 결정하도록 한다.

　이 4장의 취지는 일상생활에서 마주치는 다른 잠재적인 위험에 관한 결정에 동일한 방법을 적용하도록 배우는 것이다. 다음 연습 문제 및 프로젝트에서 추가 사례를 살펴본다.

연습 문제

1. 수영장의 염소Cl 수준은 2 ppm 내외로 유지되어야 한다. 수영장은 가로 5.5미터, 세로 11미터, 깊이는 1미터에서 2미터로 점차 변한다. 수영장에 있는 염소의 질량은 얼마일까?

2. 다섯 살 조카가 수영 강습을 받으며 매번 수영장 물을 꿀꺽꿀꺽 마신다. 환경보호국EPA의 최대 오염 수준MCL과 같은 양의 염소가 함유된 식수가 있을 경우, 조카가 이 식수를 수영장 물 마시듯이 한다면, 마실 수 있는 식수의 양은 얼마일까? 염소의 MCL은 4 mg/L이다.[10]

3. 수은Hg에 대한 MCL은 2 ppb이다. 만약 누군가가 깨끗한 식수로 가득 찬 수영장에 수은 한 방울을 넣고 그것을 한 모금 마시라고 하면, 여러분은 마실 것인가? 이유를 설명하시오.

4. 2013년부터 2016년까지 미시간주 플린트시는 상수도에서 납 오염 위기를 겪었다. 다양한 시간에 식수에서 관측되는 납의 값을 조사하고, 안전한 물을 위한 공식 지침과 비교하자. 같은 기간에 여러분이 사는 동네에서 측정한 값과 비교하자. 여러분의 데이터를 통해 결론을 내릴 수 있는 내용에 관해 설명하시오. (연구를 포함한 문제)

---

10 http://water.epa.gov/drink/contaminants/index.cfm#Disinfectants

5. 화학에서 농도는 종종 리터당 몰, 몰/L 또는 몰 농도 M 단위로 측정한다(물

질 1몰은 6.022×10^{23}인 입자의 개수이다. 이 사실을 사용할 필요는 없다). 그램으로

표시되는 어떤 물질 1몰의 질량은 원자 질량 단위 u로 나타낸 그 물질의 질

량과 같다. 비소의 원자 질량은 74.92u이다. 물에 있는 비소에 대한 EPA의

MCL, 10ppb를 몰농도 M 단위로 변환하시오.

6. 베이징시는 2015년 여러 지점에서 스모그에 대한 높은 수준의 적색경보

를 발령했다. 경보 수준을 확인하고, 우리나라 정부에서 정한 스모그 위

험 수준과 비교하자. 그 수준이면 하루 동안 얼마나 많은 미세먼지, 또는

PM2.5(particular meter, 지름 2.5마이크로미터 미만의 미립자)를 흡입하는지 계

산하시오. **(연구를 포함한 문제)**

7. 운전과 비행 중 어느 것이 더 위험할까? 특히 사망 위험만을 고려하면, 한

시간 자동차 운전과 비행기 여행 어느 쪽이 더 안전한가?

힌트 몇 가지 유용한 수치가 있다. 2013년에 미국에서는 27,241명의 교통사고(보행자와

자전거 제외) 사망자가 발생했다.[11] 미국인은 그해 4조 7,550억 킬로미터를 운전했다.[12]

사고가 시골과 도시 도로에서 비슷하게 발생했기 때문에 자동차 속도는 대략 72km/h 이

다. 또한 2013년에는 미국에서 62명의 비행기 사망자가 발생했다.[13] 미국인은 그해 국내

11　www-nrd.nhtsa.dot.gov/Pubs/812101.pdf

12　www.fhwa.dot.gov/policyinformation/travel_monitoring/13dectvt/13dectvt.pdf

13　www.baaa-acro.com/advanced-search-result/?year_post = 2013

에서 9,435억 킬로미터를 비행했다.[14] 상업용 제트 여객기의 평균 속도는 880㎞/h이다. 거리가 아닌 동일한 이동 시간으로 비교한다는 점에 유의한다.

8. 대규모 연구에 따르면 스웨터 없이 외출하는 사람들의 6.1%가 감기에 걸리는 반면 스웨터를 입는 사람들은 5.7%가 감기에 걸린다고 한다. '치료에 필요한 횟수NNT'는 얼마일까? 스웨터를 몇 번 입어야 감기에 걸리지 않는다고 말할 수 있을까?

9. 여러분과 89명의 같은 반 친구들이 주말에 학교 캠핑 여행을 간다. 여행 후, 주말 동안 호수에서 수영을 한 60명 가운데 15명이 독감을 앓았다. 수영도 하지 않았고 아프지 않은 사람도 있지만, 수영하지 않은 30명 가운데 6명은 독감에 걸렸다. 호수에서 수영을 하면 독감에 걸리는 비율인 귀속 위험과 위험 요인에 노출된 사람 수 NNH(즉 호수에서 수영한 것 때문에 1건의 추가 독감 사례가 발생할 수 있는 예상 수영 인원수, 또는 독감 환자 1명을 관찰하는 데 필요한 수영 인원수)를 계산하시오.

10. 이 4장 질문과 관련된 프로젝트 주제를 생각해 보자.

---

14 www.rita.dot.gov/bts/sites/rita.dot.gov.bts/files/publications/national_
    transportation_statistics/html/table_01_40.html

프로젝트

A. 납은 어린이의 정신 발달 장애를 초래할 수 있다. 방금 여러분은 납 성분 페인트로 칠해진 오래된 헛간 바깥쪽의 땅에서 페인트 반 조각을 발견했다. 걱정해야 할까? 여러분의 우려를 미시간주 플린트**연습4참조** 또는 인디애나주 이스트 시카고에 있는 웨스트 캘러멧West Calumet 주택 단지의 주민과 비교해 보자.

B. 라돈 가스는 비흡연자 사이에서 폐암의 주요 원인이다. 가정집에 있는 라돈을 얼마나 걱정해야 할까?

C. 여러분은 자녀가 고등학교에서 미식축구를 하도록 허락하겠는가? 질문에 대한 양적 분석을 만들어서 답변을 작성해 보자('아니요, 나는 축구가 싫어요.' 라고 쓰지 말자).

05

미등록 이민자가 경제에 미치는 영향은 무엇일까?

부록 추정, 확률

개요

이 장에서는 미등록 이민자에 관한 민감한 문제를 다섯 단계에 걸쳐 다룬다.

1. 먼저 우리는 질문이 지닌 감정적 영향을 인정한다. 경제적 고려 사항이 전부가 아니라는 것을 알고 있으나, 경제적인 영향만을 평가하기 위해 노력한다.

2. 다음으로 미국 연방 정부와 지방 정부의 관점에서 비용-편익을 분석하기로 하고 어떤 항목을 합산할지 생각해 본다.

3. 연구 조사를 하지만 문제점도 있다. 출처가 편향될 수 있으며, 중도적인 출처에서도 미등록 이민자에 관한 호의적인 데이터를 얻기 힘들다. 확보한 데이터와 필요한 데이터의 차이를 해소하려고 몇 가지 가정을 할 것이다. 그러나 여전히 알 수 없는 자료가 아는 자료만큼 많다.

4. 알려진 비용-편익과 추정된 비용-편익의 집계는 거의 일치한다. 우리가 합법 이민과 미등록 이민을 검토하는 데 있어 경제적 고려 사항을 우선할 수 없다는 결론을 내린다.

5. 우리가 지지하는 정책이 무엇이든 인간의 기본적인 품위와 양립해야 한다고 확언하는 것으로 마무리한다.

반응과 성찰

이 5장 제목과 같은 질문을 읽을 때 첫인상은 어떨까?

답을 생각하고 적어 보자.

이 질문은 정치적으로 중요한 쟁점 가운데 하나이다.[1] 합법적이든 아니든 이민에는 국적, 인종, 사회경제적 지위, 지역 경제, 국경과 국토 안보, 외국인 혐오 등 여러 민감한 주제와 관련된 감정들이 혼재되어 있어 한 나라 국민에게 항상 어려운 질문이다. 이와 같은 도전적인 질문과 마주할 때 바로 알아야할 한 가지는 여러분을 포함한 대부분이 감정적으로 반응할 것이라는 점이다. 어떤 사람은 논리와 분석의 범위를 벗어나 억제되지 않은 감정으로 반응할 것이고, 그런 사람들은 이미 형성된 자기 의견과 상반되는 어떠한 결과도 수긍하지 않을 것이다.

생각해 보자. 만약 이 5장 제목이 '불법 체류자에게 비용이 들어갈까?'였다면, 이 표현은 도발적이라고 받아들여질 수 있다. *행위*는 불법일 수 있지만 *사람* 자체는 그렇지 않다고 많은 이들이 지적한다. 현재는 '미등록*undocumented* 이민자'라는 용어를 사용하지만 논쟁은 계속되고 있다.[2] 정제되지 않은 표현

---

1   2015년에 이 장을 작성했다. 그 후 몇 년 동안 이민 문제는 훨씬 더 정치적 화두가 되었다.

2   https://www.huffpost.com/entry/ap-drops-term-illegal-immigrant_n_3001432을 보라. 이 글을 쓰는 시점에도 이 링크의 정보는 옛날 것이 되고 있다. 각계에서 미등록 이민자 문제에 대한 입장이 정리돼 있지만, 모두 그렇지는 않다. 시대에 따라 모욕적인 용어가 어떻게 변화했는가. 전미유색인지위향상협회(National Association for the Advancement of Colored People, NAACP)의 'C'나 성소수자(LGBTQ)의 'Q'를 생각해 보라.

을 사용하면, 미등록 이민자 또는 그들의 가족이나 친구, 이 글을 읽는 사람들에게 원치 않는 불신감을 자아낼 수도 있다. 불법 이민자라는 용어의 또 다른 쟁점은 질문자인 '나'는 합법적이고, 미등록 이민자는 '이방인'으로 단정하는 것이다. 이 5장 제목과 같이 더 중립적인 표현조차 우리가 이민을 고려할 때 경제를 우선시해야 한다고 제안함으로써 반감을 불러일으킬 것이다. 반대로 민족주의자에게는 이 질문에 사용된 '올바른' 표현이 이민을 찬성하는 것처럼 비칠 수 있고 엉뚱한 반응을 이끌어 낼 수도 있다. 민감한 사안임은 분명하지만, 그것이 주제를 회피할 이유는 아니다.

여러분도 이미 형성된 의견을 정당화하려고 스스로 노력할지도 모른다는 점을 알아야 한다.

이민자 연구에 어떤 잠재적 편향이 있을까?
답을 생각하고 적어 보자.

잠재적 편향을 해결하는 것은 양적 추론에서 중요한 부분이다. 편향은 불공정한 결과를 초래하거나 균형을 잃고 한쪽으로 치우치게 할 수 있다. 부모는 아이에게 편향된 질문을 한다. 인상을 쓴 채로 "이탈리아 식당에 *정말* 가고 싶어?"라거나 웃으면서 "아니면 우리 모두 중국 식당에 갈까?"라고 묻는다. 이는 고의적인 편향 사례이지만, 편향은 종종 의도하지 않았거나 무의식적일 수 있다.[3]

---

3   https://implicit.harvard.edu/implicit/에 암묵적 편견에 대한 재미있지만 진지한 테스트가 있다.

양적 논쟁을 할 때 감정도 개입된다는 점을 인정해야 한다. 양적 추론은 여러분 주장에 확고한 근거를 제공할 수 있지만, 초콜릿 우유가 건강에 좋다는 새로운 증거를 알려 준다고 친구의 거실로 불쑥 들어간다면 그리고 신발을 벗지 않아서 친구에게 무례했다면 여러분의 의도는 실패할 것이다.

그러면 그토록 다양한 방식으로 다룰 수 있는 질문에 어떻게 편견 없는 의견을 모을 수 있을까? 거의 불가능하다. 왜 그런지 알기 위해 더 간단하고 바보 같은 질문을 해 보자. 외출할 때 스웨터를 가지고 가는 것이 더 나은가, 그렇지 않은가?

날씨가 추워지면 스웨터가 필요할 것이고, 춥지 않다면 스웨터가 거추장스러울 것이다. 사람마다 따뜻하게 지내기와 불필요한 것 안 들기, 이 둘의 중요도는 다르다. 어떤 사람은 스웨터를 허리춤에 묶는 것을 추위에 대한 보험으로 생각해 개의치 않지만, 어떤 사람은 자유롭게 돌아다닐 수만 있다면 추위는 상관하지 않는다. 개인마다 자신만의 위험-보상 기준을 가지고 있다.

다소 쌀쌀해질 위험과 빈손으로 걷는 보상을 비교해서 평가한다. 이런 측정치의 평가가 '추위가 싫다'라거나 '티셔츠 차림으로 걷는 게 너무 좋다'라는 것처럼 감정적이라고 해도, 그 결정에 양적으로 그리고 *객관적으로* 접근할 수 있다. 하지만 평가 자체가 *주관적일* 수 있다는 점은 솔직하게 인정해야 한다.

고등학교 3학년 때 나는 어떤 대학에 갈지 선택해야 했는데, 학교 평판, 위치, 사회생활 등을 평가한 다음, 어떤 특성이 나에게 더 중요한지에 따라 각 점수에 가중치를 부여하고(즉 각 점수에 '중요도' 인수를 곱함) 점수를 합산해 학교를 비교했다. 한 학교가 1위를 했지만, 나는 곧바로 그것을 거부하고 점수판을 무시한 다음 감정에 따라 선택했다!

　이 시나리오에서 나는 감정이 반응을 이끌도록 허용했고, 결국 행복감을 그 어떤 것보다 더 높게 평가했다. 그러나 개인의 주관적인 편견을 받아들일 수 없는 상황이 많이 있다. 여러분이 기업의 최고 재무 책임자라면 자신의 선택이 '최고의 행복'이 아닌 '기업의 순이익'에 미치는 영향에 관심을 가지려고 할 것이다. 만약 여러분이 정책 분석가라면 많은 사람에게 감동을 주는 정책을 추천할 것이다. 각각의 정책은 저마다 기발하고 의견이 다르므로, 모든 감정적 편향을 피하고 전적으로 장점만 보고 문제를 판단해야 한다. 여러분은 또한 설득력 있는 논쟁 전략에 휘말리지 않아야 한다(**논쟁에서의 전략**을 보라). 하지만 어떻게 하면 될까?

논쟁에서의 전략

여러 수사적 장치가 설득력 있게 보이겠지만, 거기에 희생되지 않도록 한다.

- **허수아비 논법**(반대 주장을 오인하거나 왜곡함) 나는 절대로 채식주의자가 되지 않을 것이다. 치즈는 영혼이 없다!
- **터무니없는 축소**(논리적 극단) 만약 모두가 예술학교에 다닌다면 경제는 실패할 것이다.
- **체리 피킹**(사례를 들어 증명, 일화) 엄마는 하루에 한 갑씩 담배를 피우셨으나 93세까지 사셨다.
- **권위에 호소** 워런 버핏이 오마하에 산다면 어떻게 뉴욕이 그렇게 좋아질 수 있겠는가?
- **인신공격** 그런 신발을 신고 거기 서서 지구 온난화에 대해 말해 보려고?
- **흑백 논리**(제시된 두 가지 옵션이 유일한 것이라고 주장) 이 전투기에 자금을 대거나 아니면 적에게 모든 통제권을 넘겨주거나.

이런 것과 다른 수사적 장치(유도 질문, 감정적 호소, 미끄러운 비탈길 논증, 모호한 언어)를 빠르게 인지한 다음 그 장점에 따라 주장하도록 요구함으로써 대응력과 신뢰성을 높일 수 있다.

현실적인 결정을 내리기 전에 여러분이 질문을 *어떻게 판단할지 정하는* 것이 중요하다. 그렇지 않으면 결과를 조작할 수 있다. 아마 여러분은 거추장스럽지 않은 것이 따뜻함을 유지하는 것보다 두 배는 더 중요하다고 말하면서, 스웨터 분석을 시작했을 것이다. 일기예보와 추울 확률을 찾아보고 분석하니 숫자들은 스웨터를 가져오지 말라고 알려 준다. 하지만 그 소리가 썩 내키지 않는다. 즉 불쾌할 정도로 추워질 거라고 생각한다는 의미이다. 이런 일이 일어난다면 다시 돌아가서, 따듯함과 거추장스럽지 않음을 동등하게 평가하도록 가중치를 변경해 답을 *조작할 수 있으며*, 여러분이 원하는 답을 *설계할 수 있다.* 아마 거추장스러운 게 싫다는 첫 번째 대답은 여러분이 추위를 얼마나 싫어하는지 잘못 평가했기 때문에 옳다고 생각하지 않을 것이다. 스웨터를 들고 다니는 것과 같은 사소한 분석의 경우 큰 문제가 아니다. 하지만 여러분이 그런 무계획적인 방법으로 실질적인 의사 결정을 내리는 것은 좋아 보이지 않는다. 이런 과정을 객관적으로 검토하는 사람이 있다면, 결과에 지나치게 영향을 미친 것을 두고 비난할 것이다.

스웨터는 국가적으로 중요한 문제가 아니지만(단 뉴질랜드 같은 양모 생산국에서 그 결정은 상당히 중요하며, 스웨터에 대한 국민의 의견은 국가적 자부심이나 경제적 안정에 대한 열망에 영향받을 수 있다), 이민자 문제는 *언제나* 중요하다. 여러분이 정직하고 자주적으로 이 질문을 분석하려고 한다면, 어떻게 양적 분석에 접근할지 그 방법을 *미리* 정하라.

이제 미등록 이민자 인구의 경제적 영향에 대한 문제를 해결하는 일로 넘어가 보자.

스포일러 주의! 우리는 분명한 답을 얻지 못할 것이다. 문제가 너무 까다룹다. 전문가 집단에서 다년간 일한 수많은 학자도 이 문제를 해결하지 못했지만, 시도해 보는 것만으로도 배울 점이 많다.

'경제에 미치는 영향'에 관해서는 누구에게 질문해야 할까? 미국 정부? 평균적인 시민? 일리노이주? 많은 접근 방법이 있지만, 구체적인 선택을 해 보자.

우리는 조세 수입과 정부 지출을 기준으로 비용과 편익을 측정할 것이다.

감정 대 이성: 연습

화학 수업에 참석한 첫날, 강사가 들어와서 말하기 시작한다. 여러분은 강사의 성별, 나이, 인종, 민족, 스타일, 억양, 말하는 방식을 즉각 인지한다. 그리고 물리적 공간, 다른 학생들, 인구 통계학적 패턴, 태도와 좌석 선택도 알아차린다. 여러분은 이와 같은 관찰 하나하나에 대해 본능적이고 감정적인 반응을 보일지도 모른다. 이는 지극히 정상적이며 인간의 본성 중 일부이다. 하지만 이런 반응이 여러분의 추론 능력을 좌우하는 학습에 부정적인 영향을 준다면 유감스러운 일이다. '내 양적 추론 교수는 완전 얼간이다'라고 생각하더라도 열심히 공부하는 데 영향을 주지 않도록, 필요하다면 스스로 훈련해야 한다. 교실 맨 앞에 있는 얼간이는 그 주제에 관해 매혹적인 탐구를 할 수 있을 것이다. 생산성 높은 전문가가 되기 위해 교수자와 개인적인 관계를 맺을 필요는 없다.

아래 질문에서 선택을 주도하는 것은 이성인가 감정인가?

• 어느 식당?
• 세금 인상 또는 세금 인하를 지지하는가?
• 블루스 또는 재즈?
• 전기 회사 고르기 ✚ 미국은 전기 생산과 판매를 민간 기업들이 주로 한다.

일단 선택하고 나면 분명해 보이지만, 이번 장과 같은 질문은 감정적 그리고 이성적 반응을 끌어낸다. 적어도 우리가 분석할 때 이 둘을 구분할 필요가 있다.

다시 말하지만, 우리의 선택과 가정은 중요하다. 만약 우리가 캘리포니아의 주요 과일 재배 농가에 미치는 영향을 연구한다면, 그 계산 결과는 크게 달라질 수 있다. 왜냐하면 미등록 이민자가 인구 대비 백분율에 비례해서 과일 따는 사람으로 고용되는 것은 아니기 때문이다.[4]

마지막 문장은 무엇을 의미하는가?
답을 생각하고 적어 보자.

과일 따는 사람으로 고용된 사람 가운데 미등록 이민자 비율이 미국 전체 인구 대비 미등록 이민자 비율보다 더 높다는 뜻이다.
그래서 우리는 본능적인 반응을 배제하고, 미국의 미등록 이민자와 관련된 정부 지출과 수입을 냉정하게 분석할 것이다.

수입과 지출 확인

시작하는 방법에는 여러 가지가 있다. '우리가 *이제* 시작할 수 있을까?'라

---

4   독일 방송사 도이체 벨레(Deutsche Welle) 웹사이트(www.dw.de/imroving-working-conditions-for-illegal-fruit-pickers-in-california/av-15601612)에는 캘리포니아에 있는 약 3만 명의 농장 노동자 중 60%가 미등록 이민자라고 추산하는 미국 농업노동자연합(UFW)을 인용한 글이 있다. UFW 웹사이트에서 그런 내용을 찾을 수 없었다. 그러나 중도적인 자료인 퓨 연구 센터 보고서에 의하면, 캘리포니아 농장 노동자의 34%가 미등록 이민자라고 한다(www.pewhispanic.org/2015/03/26/appendix-a-state-maps-and-tables). 34%는 60%보다 더 작은 비율이지만, 여전히 전체 미등록 이민자의 비율보다 높다.

고 생각할 수도 있다. 그러나 시작이 반이다. 다시 말해 우린 이미 시작했다! 여기서 비용 문제를 논의하고 있으므로, 미등록 이민자들이 정부의 수입에 기여하는 부분(편익)은 더하고, 이들에게 제공하는 지출(비용)은 빼야 한다.

　수입에서 지출을 뺀 금액이 플러스면, 그것은 무엇을 의미하는가? 만약 마이너스면?
　답을 생각하고 적어 보자.

수입

　미등록 이민자로 인한 총수입을 계산하기 전에 이민자가 조세 수입 측면에서 경제에 기여하는 다양한 수입원이나 방식을 정리해야 한다. 또 다른 기여가 분명히 있겠으나 여기서는 수입금에 초점을 두기로 정했다.

　얼마나 많은 방법이 있다고 생각하는가?
　답을 생각하고 적어 보자.

　항상 일부를 놓칠 수 있는 위험이 있지만, 몇 가지 방법이 있다.

　　1. 미등록 이민자의 개별 세금 납부액
　　2. 미등록 이민자의 사용자가 내는 세금
　　3. 미등록 이민자의 구매에서 발생하는 판매세
　　4. 재산세
　　5. 기타 2차 효과

이제부터 검토해 보자. 1번은 이해하기 쉽다. 미등록 이민자는 세금을 낸다. 이 문제와 이와 관련된 모든 질문에 대한 자료 출처를 찾아야 한다. 어떤 데이터가 필요한지 파악하는 것은 *보유하고 있는* 데이터를 해석하는 것보다 훨씬 어렵다!

2번도 이해하기는 쉽지만, 실제로 알아내는 것은 매우 어려울 것이다. 미등록 이민자를 고용한 사용자들은 세금을 내고, 이로 인한 수입은 그들의 노동자의 도움으로 생긴 것이다. 하지만 세금 가운데 미등록 근로자가 *기여한* 것이 얼마큼인지 말할 수 있는가? 힘든 일이 될 것이다.

3번과 4번의 경우, 미등록 이민자들은 돈을 쓰고 구매할 때마다 약간의 판매세를 낸다. 이 수입을 어떻게 측정할 수 있을까? 운이 좋으면 누군가가 이미 계산한 결과를 찾을 수 있지만, 그렇지 않으면 이러한 데이터에 간접적으로 접근하는 방법을 찾아야 할 수도 있다. 좀 더 자세히 살펴보기 위해 다음 질문에 시간을 할애한다.

정부의 판매세와 재산세 수입 가운데 미등록 이민자에게서 나오는 금액을 어떻게 측정할 수 있을까?
답을 생각하고 적어 보자.

문제를 이런 식으로 생각해 보자. 주 정부가 1달러의 판매세를 받는다고 가정하자. 그것이 미등록 이민자에게서 나왔을 가능성은 얼마나 될까? 만약 답을 알 수 있다면, 총판매세 수입의 해당 부분이 우리가 찾는 바로 그 데이터를 줄 것이다. 이 부분에 관한 첫 번째 추측은 전체 미등록 이민자 수를 총인구수로 나눈 것인데, 이는 무작위로 선택된 사람이 미등록 이민자일 확률

이기 때문이다. **부록 7 참조**

이 추측은 암묵적으로 어떤 가정을 하고 있는가?

답을 생각하고 적어 보자.

이는 미등록 이민자의 1인당 구매 비용이 등록 거주자 및 시민과 동일하다고 가정하는 것이다. 다음 식을 보자.

$$\frac{(\text{미등록 거주자 1인당 판매세}) \times (\text{미등록 거주자 수})}{(\text{거주자 1인당 판매세}) \times (\text{거주자 수})} = \frac{\text{미등록 거주자 판매세 총액}}{\text{거주자 판매세 총액}}$$

따라서 *만약* 미등록 거주자 1인당 판매세가 거주자 1인당 판매세와 같다면, 왼쪽 분수식에서 분자와 분모를 약분한다. 일반 주민이 내는 세금에 대한 미등록 거주자가 내는 세금 비율은 일반 거주자 수에 대한 미등록 거주자 수 비율과 같다.

왜 미등록 이민자가 등록 거주자와 동일 비율로 세금을 낸다는 가정이 유효하거나 유효하지 않을까?

답을 생각하고 적어 보자.

이 가정이 틀릴 수 있는 몇 가지 경우가 있다. 예를 들어, 미등록 이민자들은 일반적으로 소득이 더 낮은데, 이는 그들이 지출할 돈이 더 적다는 의미이다. 따라서 미등록 이민자의 수를 세고 1인당 내는 판매세를 이용해 환산하는 것은 어떻게 해서든 그들의 총소득을 측정해 납부한 판매세를 찾아내는 것만큼이나 성과가 없을 것이다.

더 정확한 추정값을 얻는 한 가지 방법은 미등록 이민자 집단과 인구 통계학적으로 유사한 인구 부문에서 소득을 측정하는 것이다. 이는 지금까지 제안했던 것보다 더 정교한 분석이다. 우리의 순진한 가정은 미등록 이민자의 조세 수입을 과대평가할 가능성이 있다. 이는 미등록 이민자의 1인당 판매세가 평균보다 낮을 수 있기 때문이다. 다른 한편으로, 그들은 신용을 쌓고 저축할 여유가 없이 간신히 살 수도 있다. 즉 그들이 가지고 있는 현금으로 지출할 가능성이 클 수 있으며, 더 자세한 인구 통계학적 분석으로 이 불일치를 설명해야 한다. 우선은 이 가정을 기록해 놓고 계속 진행하겠다.[5]

참고 5.1 이 장을 준비할 때 이 순진한 가정으로부터 얻은 숫자들을 조사했고, 그 결과는 전문가 집단이 제시한 수치보다 거의 두 *배나* 높은 것으로 나타났다. 이미 논의한 불일치 때문이다. 분식회계 ✚ 부정 또는 불법으로 사실이나 수치를 변조를 하고 싶었다면 과대평가된 결과를 그대로 사용했을 것이다. 모든 가정이 눈에 보이는 것처럼 순조롭지 않다는 교훈을 얻을 수 있다. 따라서 오류를 정량화하는 것이 중요하다. 이미 언급했듯이 이 장을 탐구하면서 '중도적인' 출처에만 초점을 맞추었다. 왜냐하면 일부 단체는 그들의 임무를 뒷받침해 주는, 명백히 과대평가된 데이터로 가득 찬 보고서를 내고 있기 때문이다.   ▲

---

5 이 가정의 장점에 대한 문제를 해결했기 때문이 아니라 모델을 개발하고 싶기 때문에 계속 진행하고 있다. 나중에 수입금을 대충 추정하지 않고 정확하게 측정한 데이터를 추가할 것이므로, 이 추정은 어쨌든 버리게 될 것이다.

항목 5번에서 언급한 기타 2차 효과는 무엇일까? 현장 노동자들은 물건을 만들며 작업한다. 이는 대중이 더 많은 상품과 서비스를 이용할 수 있음을 의미하며, 이를 통해 더 많은 부와 세금 수입을 창출할 수 있다. 소득자는 소비하고, 소비는 신제품에 대한 수요를 창출한다. 경제에서 이 모든 것은 더 많은 돈과 일자리를 의미한다. 근로자는 또한 그들의 사용자를 위해 돈을 벌고 있으며, 사용자는 소비하고 세금을 냄으로써 항목 2번처럼 새로운 수입이 발생한다. 우리는 이 모든 것을 미등록 노동자의 낙수 효과downstream effects로 분류하고, 추가 근로자 효과가 이자의 이자처럼3장참조 비선형적이라고 주장할 수 있다. 미등록 이민자들이 이미 우리 경제에 통합되어 있어서, 이들의 기여를 빼면 우리 경제 모델은 처음부터 결함이 있을 수밖에 없다. 어떻게 알 수 있을까? 이 문제로 곧 돌아올 것이다.

미등록 이민자들이 미국 국고에 기여하는 다양한 방법을 자세히 설명했으므로, 이제 우리는 정부가 납세자(미등록 이민자 포함)에게 예산을 지출하는 방법을 찾아야 한다.

지출

미등록 거주자와 관련된 비용을 추정하기도 까다롭다. 이미 논의했듯이, 미등록 이민자와 일반인 사이의 인구 통계학적 차이 때문에 평균적인 미등록 이민자가 평균적인 미국 시민과 같은 혜택을 받는다고(따라서 재무부가 같은 금액을 지출한다고) 가정할 수 없다. 게다가 사회보장제도와 같은 혜택은 적절한 자격과 승인이 필요하므로, 미등록 이민자에게 해당하지 않을 수 있다. 따라서 단순히 1년 동안 정부에서 지출한 총금액에 미국 인구의 미등록 이민자 비율을 곱하는 것만으로는 수입 추정에서 그랬던 것처럼 중대한 오류가 발생

하기 쉬운 답이 될 것이다.^{참고 5.1}

그러면 어떻게 비용을 집계해야 할까? 우리는 미등록 이민자가 혜택받을 가능성이 가장 큰 정부 지출을 파악할 수 있고, 인구 통계학적 분석 또는 직접적인 데이터를 사용해 정부가 지출한 경제적 비용을 계량할 수 있다.

미등록 근로자가 납세자의 세금으로 혜택을 받을 수 있는 부분이 무엇일까?

답을 생각하고 적어 보자.

미국 의회예산처는 2007년 〈미인가unauthorized 이민자들이 주 정부와 지방 정부의 예산에 미치는 영향〉[6] 보고서를 통해 미등록 이민자가 정부 지출로 가장 큰 혜택을 받을 수 있는 세 가지 분야를 언급하고 있다.

- ◆ 교육
- ◆ 의료
- ◆ 법 집행

물론 미등록 이민자들이 경찰이나 소방, 포장도로, 다른 자치 단체의 서비스 등 납세자 돈으로 혜택을 받을 수 있는 분야가 더 있다. 그래서 기타 범주도 추가해야 한다.

---

6 미국 의회예산처 www.cbo.gov/sites/default/files/12-6-immigration.pdf

♦ 기타

이러한 경우의 데이터를 수집할 때 마지막 기타 범주는 수입에 관한 2차 효과와 마찬가지로 큰 오류를 발생시킬 수 있다.

데이터 수집

이제 필요한 데이터를 수집해야 할 때다. 성가신 작업일 것이다.

수입

미등록 이민자가 경제에 *어떤 방식으로* 기여하는지 우리는 대략적으로 알고 있지만, 실제 연구 조사 없이는 그들이 기여한 액수를 알 수 없다.

데이터 수집은 번거로울 수 있다. 설문 조사는 모집단 일부만 다루고, 부정확하고, 잘못 보고된 정보를 포함하며, 어쨌든 원하는 문제를 해결하지 못할 수 있다. 정부 데이터가 일반적으로 더 좋지만, 반드시 우리가 원하는 용도로 설계된 것은 아니다. 훌륭한 경제학자, 임상 심리학자, 역사가, 직업인에게 필요한 능력은 깨끗한 데이터를 생성하거나 확보하는 방법을 설계하는 것이다. 우리는 이것을 체계적으로 다루지 않는다. *이 교재가 미등록 거주자의 경제적 영향에 대한 학술 보고서가 아니라는 뜻이다!* 대신 이 경우는 이민 경제의 문제에 적용되는 양적 추론의 시범 사례이다.

우리는 학습자로서 시작에 불과하지만, 인터넷과 여러 문헌에서 결함이 없는 출처를 찾으려고 노력했다. 모든 길이 로마로 통하듯이, 우연히 발견한 뉴

스 기사와 여러 사이트가 소수의 중도적인 특정 단체 또는 정부 기관을 반복
적으로 언급한다는 것을 발견했다. 여러 번 시행착오를 하고 클릭을 한 끝에
가장 유용한 세 가지 출처를 발견했다.

- ◆ 조세경제정책연구원Institute on Taxation and Economic Policy, ITEP 보고서[7]
- ◆ 미국 의회예산처Congressional Budget Office, CBO 보고서[8]
- ◆ 미국 인구조사US Census[9]

이러한 기관들의 조사 결과가 많은 참고 문헌에서 언급되는 것은 신뢰할
만하다는 분명한 신호였다.

조세경제정책연구원 보고서는 미등록 거주자의 주 정부세와 지방세 수입금
에 대한 포괄적인 결산 자료이다. 연방세는 어떨까? 미등록 근로자의 세금 납
부액에 관한 문서에서 조세경제정책연구원 전문가 집단 중 한 명을 언급하고
있어서, 미등록 이민자의 연방세 납부액에 관한 단서를 찾고자 그 직원에게 연
락했다![10] 나는 전문가에게도 이것이 투명하지 않다는 것을 배웠고, 별 도움이
되지 않았다. 하지만 2010년 미등록 이민자의 사회보장 수입이 130억 달러
($13G)에 달하는 것으로 추정한[11] 사회보장국의 수석계리사사무실Office of the

---

7   www.itep.org/pdf/undocumentedtaxes.pdf

8   www.cbo.gov/sites/default/files/12-6-immigration.pdf

9   www.census.gov

10 이 문제와 관련해서 유익한 대화를 나눈 데이비드 칼릭(David Kallick)에게 감사드린다.

11 www.socialsecurity.gov/oact/NOTES/pdf_notes/note151.pdf

Chief Actuary, OCA 문서를 발견했다. 노동통계국Bureau of Labor Statistics, BLS의 소비자물가지수 계산에 따라 환산하면[12] 2015년에는 약 142억 달러($14.2G)에 해당한다(환산 방식을 검색하던 중 노동통계국을 인용한 상업용 사이트를 찾았고, 더 기본적인 자료를 확인했는데 정확히 같은 결과를 얻었다). 나는 또한 이메일 서신을 통해 사업에 종사하는 사람들이 이민자의 연방세에 관한 더 나은 데이터를 좋아할 것이라는 사실을 알게 되었다.

　사회보장 수입 외에 다른 연방세는 어떨까? 처음에 우리는 정보를 찾지 못했지만, 미등록 인구의 중위 소득이 등록 집단에 비해 낮게 추정되었다고 주장했다. 사실 세금 대부분이 사회보장에 쓰일 만큼 미등록 인구의 소득이 적다. 나중에 미등록 이민자가 사회보장과는 별도로 납세식별번호를 통해 세금을 낸다는 것을 알았다. 미국 국세청Internal Revenue Service, IRS은 납세식별번호를 통해 받은 수입금이 2010년에 8억 7천만 달러($870M), 2015년에 9억 5천만 달러($0.95G)임을 보고했으며, 실제 사회보장 납부액보다 훨씬 적을 것이라는 생각과 일치한다. 다만 이 수치에 대한 원본 출처는 찾을 수 없었다. 이 수치는 이민자 권리 단체인 국가이민법협의회를 인용한 CNBC 방송국 사이트에 처음 게재됐다. 그래서 재무부 기록을 몇 개 찾아보았지만, 국세청 보고서 원본은 찾을 수 없었다.[13] 일부 납세식별번호 사용자들이 거금 42억 달러($4.2G)에 달하는 추가 자녀 세액 공제를 청구한 것이 밝혀져, 그 수치를 놓고 논란이 있었다. 그런데 이 세액 공제가 근로자나 추가 미국 시민 자녀에게

12　노동통계국 계산기(BLS Calculator) www.bls.gov/data/inflation_calculator.htm

13　www.nilc.org/issues/taxes/itinfaq/
　　www.treasury.gov/tigta/auditreports/2011reports/201141061fr.html#_ftnref13

도움이 될까? 그리고 덜 납부된 세금도 여전히 세금 중 일부이다. 마지막으로
우리는 이 수치에 별표를 해 인용했다.

우리가 지금까지 수집한 데이터를 유효 숫자 두 자리로 표기하면 다음과
같다.

수입 형태	총액(10억 미국 달러)	출처
사회보장 납부액	14.	OCA
기타 연방 소득세	0.95	IRS*
판매세	7.1	ITEP
재산세	3.6	ITEP
주 정부 소득	1.1	ITEP
2차 효과	???	-

추가하자면 사회보장국의 미결정 파일에는 알려진 사회보장번호 보유자
와 일치하지 않는 납부 영수증이 보관되어 있다. 2003년 미결정 파일에 급여
수입금으로 72억 달러($7.2G)가 있다.[14] 수석계리사사무실OCA은 2010년에
그 수치를 130억 달러($13G)로 추산했다. 수입금 중 일부는 미결정 파일에
있지만, 다른 일부는 다른 납세자에게 부적절하게 적립되었다. 서로 다른 출
처에서 나온 이 수치들은 어느 정도 일관성이 있다.

14 사회보장 부국장 제임스 B. 록하트 3세의 진술, 수단과 방법에 관한 하원위원회 증언, 사회보장 소위원회, 감독
     소위원회, 사용자 임금보고 강화에 관한 청문회(2006년 2월 16일).
     www.ssa.gov/legislation/testimony_021606.html

모두 합해서 미등록 근로자에게서 받은 수입금은 270억 달러($27G) + ???로 추정된다.

??? 표시는 2차 효과를 나타내며, 지금 논의한 바와 같이 상당히 큰 값으로 드러날 수도 있다.

2차 효과

우리는 미등록 근로자들의 노동으로 인한 2차 편익 일부를 언급한 바가 있다. 근로자는 그들의 사용자를 위해 일을 하고 돈을 벌고, 사용자는 그 돈으로 세금을 낸다. 근로자도 물건을 구매하고, 상품과 서비스에 대한 수요 증가는 이러한 욕구를 충족시키기 위해 일자리가 창출되어야 함을 의미한다. 근로자들이 소비하는 돈은 세금을 낼 다른 누군가의 소득이다.

부정적인 2차 효과도 있다. 미등록 이민자의 노동력을 반대하는 의견의 공통점은 그것이 인가된 노동자의 일자리 감소로 이어진다는 것이다. 만약 처음부터 미등록 근로자들이 존재하지 않았다면, 그 일자리가 채워져서 전반적인 실업률을 낮출 수 있었을 것이다(이는 경제적 사회적 이슈이다). 미등록 근로자가 인가된 근로자보다 적은 돈을 받고 일하면 사회보장 납부액과 세금이 감소한다. 만약 두 그룹의 근로자가 같은 직업을 얻기 위해 경쟁하지 않는다면 이러한 현상은 완화될 것이다.

어떤 경우든 이러한 효과를 정량화하는 것은 매우 어려운 일이며, 이것이 우리가 연구한 내용으로부터 신중한 결론만을 내는 주된 이유이다(그렇다고 아무것도 못 배운다는 것은 아니다). 그럼에도 미등록 이민자가 국내 생산에서 어느 정도를 차지하고 있는지 알아보자. 2006년 내셔널 퍼블릭 라디오 뉴스는

'최근' 퓨 히스패닉 센터Pew Hispanic Center 보고서를 인용해 다음과 같이 전하고 있다(지금은 웹사이트에서 보고서를 볼 수 없다).[15] 전체 노동력의 약 5%가 미등록 이민자이고, 이들의 약 5분의 1이 건설업에 종사한다. 그리고 이들의 노동력은 건설 노동력의 약 17%에 이른다(뉴스에서는 그 비율이 훨씬 더 높다는 증거를 사례로 보여 준다). 비록 오래되고 불완전하며 부분적인 데이터이긴 하지만, 미등록 이민자의 5분의 1을 차지하는 경제 부분을 금액으로 환산해 보려고 한다. 건설 산업의 17% 가치는 얼마일까? 경제분석국은 건설업계가 2014년 국내총생산GDP에 1조 2,170억 달러($1,217G)를 기여했다고 발표했다.[16] 여기에 17%를 곱하여 미등록 노동자의 몫으로 환산하면 약 2천억 달러($200G)를 얻을 수 있다. 이것이 미등록 이민자의 5분의 1에 해당하는 금액이라면, 전체는 약 *1조 달러($1T)*에 이른다(GDP는 약 17조 달러이다).

이 계산은 미등록 노동력이 등록 노동력과 평균적으로 동등하게 기여한다고 추가로 가정한 결과다. 그러나 이 가정은 거의 틀렸을 가능성이 크므로 인용하면 안 된다! 퓨 센터는 미등록 이민자가 화이트칼라 일자리에서 일하는 경우는 거의 없다고 전했다. 그래서 우리는 특정 노동력의 소득이나 그 노동력이 대표하는 일자리가 다른 방식으로 채워질 수 있는지가 아니라, 해당 부문의 경제적 산출량을 측정하고 있다는 점을 조심스럽게 지적한다. 또한 우리는 건설업에 종사하지 *않는* 미등록 노동력이, 앞에서 건설업에 종사하는 5분의 1의 노동력을 근거로 가정했던 것과 마찬가지로 생산적인지 알지 못한다. 정확한 수치가 무엇이든 간에, 이런 간단한 계산으로 미루어 볼 때 미등

15 www.npr.org/templates/story/story.php?storyId=5250150
16 www.bea.gov/industry/gdpbyind_data.htm

록 노동력이 전체 경제에 절대적으로 막대하게 기여하고 있음이 분명하다.

2차 편익에 대해 생각할 수 있는 다른 방법이 있다. 퓨 센터에 따르면, 약 1,200만 명의 미등록 이민자가 있다고 한다. 가계 소득은 $30,000 정도이다. 만약 가구당 4명이 있다고 가정한다면(대략적인 수치이므로 세부 사항은 중요하지 않다. 그리고 많은 가구가 다양한 신분의 사람들로 구성되어 있다), 이는 대략 1천억 달러($100G)의 총소득을 의미한다. 이 돈의 대부분은 다른 사람들을 위한 추가 소득과 미국 내 추가 조세 수입의 의미로 사용될 것이다.

GDP와 전체 부의 양에 기여하는 이 수치의 크기는 이 ???가 아주 크고 심지어 우리가 아는 범위에서 최종적으로 추론할 수 있는 어떤 수치보다 크다는 것을 의미한다.

지출

이제 우리는 교육, 의료, 법 집행에 대한 데이터를 수집한 다음, 이를 사용하여 비용을 추정한다.

주의해서 구별해야 할 것은 연방, 주, 지방 예산의 차이이다. 이 세 가지 모두 미국 국민에게 교육 서비스, 의료 서비스 및 법 집행을 제공하는 데 중요하기 때문이다. 지출에 대한 대략적인 개요부터 시작하겠다. 주 정부 차원의 예산과정책우선순위센터Center on Budget and Policy Priorities[17]에 따르면 다음과 같다:

- ◆ 주 정부는 2013년에 총 1조 1천억 달러($1.1T)를 지출했다.
- ◆ 이 비용의 25%가 K-12(유치원-고등학교) 교육에 사용됐다.

---

17 www.cbpp.org/research/policy-basics-where-do-our-state-tax-dollars-go

♦ 이 비용의 16%가 의료비(의료보조제도 등)로 사용됐다.

♦ 이 비용의 13%가 고등 교육에 사용되었다.

♦ 이 비용의 4%가 법을 집행하는 데 사용되었다.

이제 지출을 한 줄씩 살펴보자.

참고5.2 다음 데이터는 그 자체로는 불완전하지만 수백 번의 웹 검색, 연관 클릭 및 문서 검토를 통해 수집한 것이다. 이런저런 데이터가 있으며, 종종 원하는 데이터나 신뢰할 수 있는 출처의 데이터가 아닌 경우도 있다. 수집 과정은 지루하고 번잡했다. 일반적인 용어로 검색을 시작해 상업용 광고 사이트에서도 데이터를 찾고, 데이터 출처에 집중했다. 우리는 결국 가장 관련성이 높은 정부 기관을 알아냈지만, 웹사이트를 탐색하는 것은 시간이 걸리고 성과가 없을 수도 있다. 더구나 미국에는 많은 주 정부가 있으므로, 전문가 집단이나 다른 연구소가 이미 수집한 데이터를 발견하면 즐거웠다. 이러한 과정은 교훈적이었는데, 다음 기회에 무언가를 찾을 때는 아마도 미국 의회예산처나 입증된 자료가 있는 곳으로 곧장 갈 것이다. ▲

교육

미국에서 태어난 사람은 누구나 시민권을 가지고 있으므로, 미등록 거주자 자녀의 상당수가 시민권자임을 유의하면서 교육을 다룰 때 등록자가 아닌 자녀 교육비를 평가하려고 할 것이다.

퓨 히스패닉 센터[18]는 미등록 이민자가 가장 많이 거주하는 10개 주를 대상으로 그들의 수를 어림수로 제공하고 있으며, 인구 조사[19]는 K-12 교육에 대한 학생 1인당 주 정부 지출 금액을 제공한다.

2006년 미국에는 미등록 학령기 아동(5~17세) 약 200만 명이 있었다(CBO, Pew). 퓨는 당시 미국에 거주하는 미등록 이민자를 1,190만 명으로 추정했다. 따라서 미등록 인구의 $2/11.9 \approx 17\%$는 취학 연령에 해당한다. 최근 퓨는 2012년 미국에 거주하는 미등록 이민자를 약 1,120만 명으로 추정했는데, 거의 변하지 않는 인구 통계학적 추세[20]를 감안해 이러한 수치들을 2015년 현재 자료로 간주한다. 퓨는 3년마다 자료를 업데이트하므로, 우리가 확보한 2013년 지출 데이터가 가장 좋은 수치이다.

계획은 이렇다. 우리는 각각의 주마다 교육에 지출하는 금액을 알고 있으며 여러 주의 미등록 인구에 관한 추정값을 가지고 있다. 따라서 그들 중 취학 연령 비율을($\approx 17\%$) 안다면, 그 주가 미등록 거주자를 위해 교육에 얼마나 지출하는지 추정할 수 있다.

학령기 미등록 거주자의 비율은 주마다 다를 수 있지만, 2012년 퓨의 수치로부터 주별 미등록 학령 인구를 추정하기 위해서 대략 일정하다고 (즉 이러한 수치의 17%) 가정할 것이다. 이를 통해 10개 주에서 교육에 지출한 총비용을 추정할 수 있다(표에 인용한 인구 조사 비용에는 연방 정부가 지원한 자금이 포함된다). 다시 말하지만, 우리가 갖고 있는 데이터에서 원하는 데이터를 얻기 위해서는 가정이 필요하다.

---

18 www.pewhispanic.org/2009/04/14/a-portrait-of-unauthorized-immigrants-in-the-united-states/

19 www2.census.gov/govs/school/13f33pub.pdf

20 www.pewhispanic.org/2014/11/18/appendix-a-additional-tables-4/

주	미등록 이민자 수 (단위 천 명)	학령기 인구수 $\times \frac{2}{11.9} \approx 17\%$	학생 1인당 지출 (단위 천 달러)	지출 (단위 10억 달러)
캘리포니아	2,450	412	9,220	3.80
텍사스	1,650	277	8,299	2.30
플로리다	925	155	8,433	1.31
뉴욕	750	126	19,818	2.50
뉴저지	525	88	17,572	1.55
일리노이	475	80	12,288	0.981
조지아	400	67	9,009	0.606
노스캐롤라이나	350	59	8,390	0.494
애리조나	300	50	7,208	0.363
버지니아	275	46	10,960	0.507
합계	8,100	1,360	111,197	14.4

10개 주의 지출 총액은 144억 달러($14.4G)지만, 우리는 50개 모든 주를 계산하고자 한다. 이들 10개 주의 미등록 이민자 수를 모두 합하면 810만 명인데, 이는 전체 미등록 이민자 1,190만 명의 68%이다. 따라서 나머지 주에서 미등록 이민자를 위한 교육비 지출 비율이 비슷하다고 가정하면, 144억 달러는 미등록 이민자를 위한 국가 교육비 지출의 약 68%를 차지할 것이다. 즉 2013년 50개 모든 주의 교육비는 $14.4G/0.68 \approx $21G, 210억 달러로 계산된다. 이 값을 2015년 달러로 환산해도 유효 숫자 두 개의 정확도로는 여전히 210억 달러이다.

의료

자료에 의하면 미등록 이민자들은 응급 서비스를 위한 국민 의료보조제도 Medicaid ✚ 전 국민 의료보험제도인 Medicare와 구별됨를 통해 연방 자금을 지원받는데, 병원은 거주 유형과 관계없이 제공하게 되어 있다. 미등록 거주자는 이것 말고는 연방 의료 지원을 받을 자격이 없다. 따라서 우리의 초점은 의료보조제도가 미등록 이민자에게 지출한 금액을 찾는 것이다.

우리가 찾은 가장 좋은 데이터는 의료보조제도의 〈2011 회계연도 재무 보고서〉 단 하나로,[21] '미등록 외국인을 위한 응급 서비스'에 대한 국가 지출은 정확히 21억 7천 달러($2.17G)였다. 여기에는 주 정부와 연방 정부의 분담금이 포함된다. 사회보장과 마찬가지로(아래의 〈기타 비용〉을 보라) 일부 미등록 이민자들이 의료 혜택을 부정하게 받고 있을 가능성이 있다. 다른 측면에서 보면, 이 응급 치료 대부분은 출산을 위한 것이다. 신생아는 등록된 시민이므로, 이 돈은 미등록 이민자를 위한 것은 아니라고(또는 적어도 전부는 아니라고) 주장할 수 있다. 이 부분은 더 조사하지 않을 것이다. 이 수치를 사용하지만, 오류 가능성에 유의한다.

또 다른 정보는 2006년 미국 의회예산처 보고서에서 나왔는데, 이는 오클라호마와 같은 전형적인 주(미국 의회예산처가 대표적인 사례로 사용한 주)에서 미등록 이민자가 의료보조제도 지출의 1% 미만을 차지한다고 추정했다. 미국 의회예산처는 이 수치가 일부 국경에 접한 주에서 더 높을 것으로 예상된

21　의료보조제도 예산 및 지출 시스템, 주 정부 아동 의료보험 프로그램 예산 및 지출 시스템 (MBES/CBES) 회계 관리 보고서 2011은 이 글을 작성한 시점을 기준으로 다음 사이트에서 찾을 수 있다. https://www.medicaid.gov/medicaid/financial-management/state-expenditure-reporting-for-medicaid-chip/expenditure-reports-mbescbes/index.html 특히 10,659행, B열 참조

다고 하였다. 의료보조제도 보고서를 보면(10,681행, 보다시피 스프레드시트에는 1만 개 이상의 행이 있다!) 의료보조제도의 순 비용은 4,070억 달러($407G)이다. 1%가 약 40억 달러($4G)이므로 약 20억 달러($2G)는 사실 1% 미만이며, 이 수치에 대한 신뢰도를 높여 준다. 21억 7천만 달러($2.17G)는 2015년 기준으로 23억 달러($2.3G)에 해당한다.[22]

법 집행

미국 의회예산처는 법 집행을 위한 비용을 다음과 같이 추정한다.

+ 2000년부터 2006년까지 법무부는 외국인범죄자지원프로그램State Criminal Alien Assistance Program, SCAAP 기금으로 약 28억 달러($2.8G)를 지원했다.

SCAAP는 미등록 범죄자에 대한 교도관의 급여 비용을 주 정부에 보조한다. 이는 법 집행 비용 전체가 아님에 유의하라.

이 정부 수치를 더 자세히 살펴보고 2011년 SCAAP의 지원금 수준이 연간 2억 7,300만 달러($273M)라는 2013년 주 의회[23] 문서를 발견했다(위의 수

---

22 더 높은 차원에서 이민을 반대하는 조직인 이민연구센터(Center for Immigration Studies)는 비용을 연간 47억 5천만 달러($4.75G)로 추정했다. 이 수치는 보험에 가입하지 않은 사람들의 총지출에 대한 백분율로 간접적으로 도출된 것이다. 의료보조제도에는 우리가 원하는 정확한 수치에 대한 항목이 있으므로 더 낮은 수치를 사용한다. 그럼에도 앞으로 보게 될 수십억 달러의 차이는 최종 결론에 영향을 미치지 않을 것이다.

23 NCSL SCAAP 데이터는 다음 웹사이트에서 찾을 수 있다.
www.ncsl.org/research/immigration/state-criminal-alien-assistance-program.aspx

치는 약 28억 달러/7년 즉 4억 달러/년과 거의 일치하는데, 이는 미국 의회예산처 보고서 작성 당시 자금 수준이 떨어졌다고 언급했기 때문이다). 이 금액은 '주 정부와 지방 정부가 제출한 총비용의 약 23%'이다. 이 수치를 사실로 받아들이고 모든 제출 자료가 옳다고 가정하면, 약 $273M/23% = $1.2G, 12억 달러 또는 2015년 기준으로 13억 달러($1.3G)의 비용이 발생한다.

우리는 순찰 또는 범죄 행위 조사 비용과 같이 미등록 이민자와 관련된 기타 법 집행 비용을 확인하거나 추정하지 않았다. 인용된 수치에 비해 상대적으로 적거나, 인구 중 미등록 여부와 관계없이 지역 사회의 순찰 비용이 같다고 암묵적으로 가정하고 이를 포함하지 않았다. 이는 분석 오류이며, 중요하지 않기를 바란다.

기타 비용

사회보장국 보고서는 무자격 수령인에게 10억 달러($1G)를 지급했다고 추정한다.[24] 이 보고서는 적격 연령대의 미등록 거주자 중에서 약 4분의 1이 사회보장번호를 가지고 있고, 이들이 받은 혜택이 평균 지급액의 절반에 이른다고 자체적인 가정을 근거로 추정했다. 2015년 기준으로는 15억 달러($1.5G)이다.

우리는 기타 비용이나 2차 효과를 설명할 수 없다.

10억 달러 단위로 우리의 추정 비용을 계산하면,

---

24 www.socialsecurity.gov/oact/NOTES/pdf_notes/note151.pdf

$$\$21 + \$2.3 + \$1.3 + \$1.5 + ??? \approx \$26 + ???의\ 10억이다.$$

모두 더하기

우리는 미등록 이민자로 인한 경제적 편익을 270억 달러($27G) + ???로 추정했다. ???는 2차 효과를 나타낸다. 비용은 260억 달러($26G) + ???로 추정한다. 마찬가지로 ???는 2차 또는 미확인 비용, 다른 숫자를 나타낸다. 이제 최종 집계이다.

순수입으로 인한 편익은 10억 달러($1G) + ??? 이다.

여기서 ???는 미확인 비용과 낙수 효과를 모두 합한 것으로, + 또는 - 모두 가능하다.

우리는 알려지지 않은 2차 편익이 앞에서 계산한 바와 같이 충분히 클 수 있음을 확인했다. 그리고 잠재적이고 부정적인 2차 효과도 있었다. 결국 불확실성이 계산 결과를 뒤집을 수 있다는 사실은, 우리가 결정적인 숫자로 말할 수 없음을 의미한다. 그것이 양수인지 음수인지조차 말할 수 없다!

사실 우리가 다룬 숫자에는 많은 가정과 추정이 있었다. 예를 들어, 취학 연령인 미등록 이민자 비율은 2006년부터 일정하게 유지되었고, 주마다 크게 다르지 않다고 보았다. 부정하게 받은 의료보조제도 서비스의 양도 대략적인 추정치였다. 완전히 간과한 그 밖의 요인도 있을 수 있다. 요점은 우리가 추정한 10억 달러라는 수치에 최소한 수십억 달러의 오차가 있다는 것이다.

이 수치는 어느 정도일까? 2015년 미국의 총조세 수입은 3조 2,500억 달러였으므로, 수십억은 1% 미만이다.[25] 그럼에도 우리는 아래의 결론에서, 이 발견이 실제로 결정적이지 않다고 주장할 것이다.

참고 5.3 숫자는 요점을 입증하는 데 도움이 되지만 모든 이야기를 말해 주지는 않는다.

해리엇 비처 스토가 쓴 《톰 아저씨의 오두막》은 1852년에 노예 제도와 폐지론에 관해 국가적으로 토론하던 시기에 출판된 노예 제도 반대 소설이다. 전국적으로 학술적인 논쟁이 있었음에도 스토의 소설은 미국인에게 반향을 불러일으켰다. 가출 소년을 다룬 이 베스트셀러는 노예 제도를 인간적으로 다루어 여론을 움직이는 데 도움이 되었다.

이 책의 역사는 우리의 모든 주장이 항상 인간의 존엄성 함양과 양립해야 한다는 것을 상기시킨다.　　　　　　　　　　　　　　　▲

결론

불확실한 데이터와 우리가 필요해서 만든 가정으로 인해 잠재적 오류가 너무 커서, 우리가 알아낸 효과가 긍정적인지 부정적인지 확실하게 말할 수조차 없다. 그래서 요점이 무엇일까? 분석은 무엇을 보여 주고 있을까?

---

25 www.govinfo.gov/content/pkg/BUDGET-2017-BUD/pdf/BUDGET-2017-BUD-9.pdf

안전하게 내릴 수 있는 한 가지 결론은 세금 수입금과 알려진 지출을 분석한 결과 어느 쪽이든 편익에 미치는 영향이 크지 않는다는 것이다. 이것은 미등록 이민자와 관련된 정책 문제를 결정할 때 비경제적 근거와 같은 다른 근거를 선호하도록 안내할 수 있다.

이 모든 것이 경제 전반에 미치는 영향이 크지 않다는 것을 의미하지는 않는다. 경제에 관해 알려지지 않은 2차 편익이 (세금과 알려진 비용으로 측정할 수 있든 없든) 우리가 수행한 분석을 완전히 뒤집을 수도 있다.

참고 5.4 가로등 효과라는 고전적인 농담이 있다. 어떤 사람이 가로등 아래 풀밭에서 열쇠를 찾고 있다. 경찰관이 다가와 찾는 것을 돕는다. 잠시 찾아본 후 이야기한다.

"여기서 잃어버리셨나요?"

"아니요, 저기서 잃어버렸어요."

"그럼 왜 여기서 찾는 거죠?"

"여기는 빛이 있어 환하니까요!"

이 이야기가 주는 교훈은 이민 방정식의 특정 측면에 관한 데이터를 찾을 수 있었다고 해서 그것이 가장 관련성이 높은 부분이라는 의미는 아니라는 것이다.   ▲

낙수 효과로 인한 편익이나 숨겨진 비용에 관한 순 미지수가 아주 작거나 마이너스라고 판명되더라도, 그것이 대규모 추방 운동에 대한 (도덕적, 사회적 고려 사항을 제쳐두고) 경제적 정당화가 되지는 않을 것이다. 수백만 명의 미등록 근로자와 더불어 사는 현재 시스템을 해체하는 것은 엄청난 비용과 불안정을 초래할 수 있다. 많은 역사적 사례는 사소해 보이는 경제 혼란이 큰 영향을 미칠 수 있음을 보여 준다.[26] 여기서 다룬 학습의 중요성을 과장하지 않도록 주의해야 한다. 경제 문제라도 1년 치 조세 수입을 기준으로 판단하는 것은 근시안적이다. 장기적인 효과가 경제적 영향을 좌우할 수도 있다. 우리는 한동안 여기에 있을 것이므로 비록 정확하게 모델링하는 것이 거의 불가능하더라도, 이러한 효과를 축소할 필요는 없다.

총수입의 약 1%에 해당하는 순 비용(지출)이 있다고 매우 확실하게 판단했다고 가정한다면 어떨까? 어떤 사람은 국경을 강화해 추가 손실을 방지할 필요가 있다고 주장할 것이다. 또 어떤 사람은 이 사실이 우리가 더 많은 수입을 거두기 위해 더 많은 취업 허가증을 발급하고, 그렇게 함으로써 경제가 탄탄해진다는 것을 의미한다고 주장할 것이다. 분석 내용이 반드시 정책에 반영되는 것은 아니다.

마지막으로 경제 자체가 주요한 정책 결정의 일부분에 불과하다는 점을 다시 한번 강조한다. 윤리, 공동체, 문화, 전통은 모두 우리가 고려해야 할 문제의 일부이며 *정량화하기가 훨씬 더 어렵다!* 사실 국가 경제 규모에 비해 직접적인 경제 비용은 상대적으로 미미하다는 결론을 내렸다. 이 결론은 경제를 제외한 여러 고려 사항이 바로 우리가 지속적으로 관심을 가져야 할 대상이라는 것을 시사한다.

우리의 분석은 날카롭지 않았다. 그렇더라도 토론할 여지는 충분하다. 사람들은 사람들이고, 그들은 그들의 의견이 있다. 우리는 그것을 바꿀 수 없으

---

26 이것은 의도하지 않은 결과의 법칙(Law of Unintended Consequences)에 해당한다.

며, 원하지도 않는다. 우리는 단지 그 의견들이 책임감 있는 논쟁으로 뒷받침
될 수 있게 하려고 여기에 있다.

요약

조세 수입과 정부 지출을 비교 조사해 미국에 있는 미등록 인구가 경제에
미치는 영향을 분석했다. 우리가 좁은 렌즈를 통해 들여다본다는 점을 인정
하면서도, 그 정보가 빛을 받아 드러날 것으로 판단했다. 때로는 우리의 광범
위한 토론이 이 복잡한 질문을 더 복잡한 상황으로 만들 것이라고 암시하기
도 했지만, 편향과 신뢰할 수 있는 출처에 관한 미묘한 탐구도 가능하게 했다.

우리는 대략적인 수치를 얻기 위해 가정해야 했다. 예를 들어 건설 산업을
살펴봄으로써 낙수 효과에 따른 편익을 추정하거나, 10개 주 데이터를 국가
전체로 확장해 계산했다. 가정과 불충분한 데이터, 경제적 기여의 총량에 대
한 불완전한 이해로 인해 얻은 수치만큼 큰 오류가 발생했다. 여전히 알려진
비용과 편익이 거의 같았기 때문에, 긍정적인 2차 효과가 크다는 징후가 있
었지만 수입에 직접적인 영향을 크게 미칠 수 없다고 결론지었다.

결정적이지 못한 우리의 탐구는 1년간의 수입 기반 분석보다는 지리적 안
정성, 사회적 그리고 인도주의적 관점과 같은 여러 고려 사항이 상대적으로
중요하다는 것을 시사한다.

연습 문제

1. 〈논쟁에서의 전략〉을 참고해 여섯 가지 전략 각각에 대해 (결함이 있는) 짧은 주장을 만들어 보자.

2. 미등록 근로자에 대한 서로 다른 연구가 반대의 결론에 도달하는 과정을 설명하시오. 불일치의 원인이 될 수 있는 다섯 가지 요인을 말하시오.

3. 두 나라를 선택해 지난 10년 동안 이민자 인구가 어떻게 변화했는지 알아본다. 서로 반대 경향을 보이는 두 나라를 골라 보자. **(연구를 포함한 문제)**

4. 나는 지난겨울이 기록상 가장 따뜻했다는 뉴스를 읽었지만, 나와 내 친구 대부분은 그 어느 때보다 춥다고 생각했다. 내 느낌과 보고된 온난화 경향 사이에 불일치의 원인이 될 수 있는 것은 무엇일까?

5. 뉴스 기사에 따르면, 지구의 평균 온도가 상승하고 있다고 한다. 기자가 의미하는 '평균 온도'는 무엇일까? 어떻게 그런 결과를 얻었다고 생각하는가? 여러분이 요구하는 모든 자원이 있다고 가정하자. 오늘의 평균 온도를 어떻게 계산하겠는가? '평균 온도'가 단 하루에 측정된다고 생각하는가? 왜? 아니면 왜?

   (이 문제는 8장 연습 문제 4번에서 좀 더 자세히 탐구한다)

6. 미국의 미등록 근로자가 등록 근로자가 내는 과세 소득의 평균 72%를 벌

고, 미등록 근로자가 노동력의 5%를 대표한다고 가정하고, 개인 소득세로 인한 미국의 수입이 모두 1.4781×10^{12}라고 하자. 미등록 근로자들은 세금을 내지 않으니까 모든 재무부 수입금은 정식 근로자에게서 나온다고 가정하자(이는 사실이 아니다). 미등록 근로자들이 그들의 모든 소득에 대해 성실하게 세금을 낸다고 하면 소득세 총액은 얼마나 될까? 모든 납세자에게 세율이 같다고 가정한다.

어떻게 이 수치가 이민 옹호자와 반대자 양쪽의 논쟁에 사용될 수 있을까?

7. 2018년 필라델피아 이글스는 미식축구 챔피언십인 슈퍼볼 LII에서 우승했다. 이 도시는 퍼레이드를 열어 1960년 이후 첫 축구 우승을 축하했다. 팬들은 길이가 8㎞인 퍼레이드 도로를 가득 메웠고, 미터당 두 명씩 나란히, 평균 20명 깊이로 양쪽에 서 있었다. 군중의 수를 추정하시오.

언론인 톰 에이브릴은 비슷한 계산을 훨씬 더 자세히 수행한 군중-규모 전문가의 결과를 보도했으며, 훨씬 더 많은 숫자라고 생각하며 화가 난 이글스 팬들의 의견이 쇄도했다. 200만 명의 팬들이 인용한 더 크고 감성적인 수치를 따르는 것이 나쁠까? 정확한 추정치를 갖는 것이 왜 매우 중요한지 생각할 수 있을까?

8. 이민 문제에 대해 명백히 편향된 출처를 찾아보자. 그 편향에 동의하든 안 하든 이제 양적 추론이 잘못 적용되는 특정 주장을 서술하고 그 방법을 설명하시오. **[연구를 포함한 문제]**

9. 여러분은 과일과 견과류 재배 산업에 종사하는 미등록 근로자가 캘리포니

아 경제에 미치는 경제적 편익을 추정하는 임무를 맡고 있다.

　　a. 결론에 도달하려면 어떤 데이터가 필요할까?

　　b. 데이터를 찾아라. 만약 여러분이 필요한 수치를 사용할 수 없다면, 다른 수치를 사용해 원하는 수량을 추정하여 문제를 해결할 방법을 찾아보자.

　　c. 경제적 편익을 추정하기 위한 여러분의 데이터를 사용하라.

　　d. 여러분의 모델에서 개선 가능한 점은 무엇일까?

10. 이 5장 질문과 관련된 프로젝트 주제를 생각해 보자.

프로젝트

A. 시카고시가 최저 임금을 인상해야 할까?[27] 이 질문을 어떻게 해석할 것인지 분명히 하고, 해석의 장단점을 논의해 그 질문에 대한 *양적* 접근 방식을 만들어 보자. 분석의 한계뿐만 아니라 획득한 데이터의 충분함(또는 그렇지 않음)과 신뢰성(또는 그렇지 않음)에 대한 논의를 포함해 데이터에 대한 접근 방식을 설명하시오.

B. 미국 정부는 총예산의 일부로 _____에 대한 현재 지출 수준을 늘려야

---

27 책이 출판되기를 기다리는 동안 쿡 카운티는 최저 임금을 단계적으로 인상하는 법을 통과시켰다. 그러니 질문을 새롭게 다시 생각하거나 다른 도시를 선택해도 된다.

할까 아니면 줄여야 할까? 논란의 여지가 있는 경우라도 여러분은 빈칸에 넣고 싶은 집단이나 관심 주제를 선택할 수 있다. 세심하고 예의 바르게 행동하자.

C. 이 장에서는 미국에 있는 '1,200만 명'이라는 미등록 거주자 수치가 여러 번 사용되었다. 이 수치는 어디에서 왔으며, 얼마나 정확한가? 이 수치를 계상하는 데 사용한 방법론을 논의하시오.

D. 여러 민권 투쟁에 사용되고 있는 숫자들을 설명하시오. 예를 들어 주택을 빌리고, 법 집행관이나 선거 직원을 고용할 때 나타나는 차별 양상이 있을 수 있다.

06

의료 보험에 가입해야 할까?

부록 확률

개요

이 장은 다음과 같은 순서로 진행된다.

1. 우리는 보험 문제를 고려한다. 보험은 어떻게 작동할까? 보험이 필요한지 어떻게 결정해야 할까?

2. 위험과 비용을 추정해 보험료를 기댓값으로 평가하는 방법을 배운다.

3. 그다음에는 완벽한 데이터를 찾을 수 없다는 일상적인 문제에 부딪힌다. 따라서 분석 대상이 우리가 정보를 갖고 있는 집단(코호트)에 속한다고 가정해야 한다.

4. 입원율과 비용을 사용해 보험이 없는 경우의 의료 비용을 추정한다.

5. 추정 비용과 이용 가능한 의료 보험 플랜의 보험료를 비교하고, 보험 미가입까지 포함해서 어떤 플랜을 선택해야 비용 효율성이 가장 좋은지 결정한다.

어쨌든 보험이란 무엇인가?

시작하기 전에 이 질문을 어떻게 해석하고 답할지 그 방법을 물어보는 기본적인 절차를 진행하자. 우리는 보험의 가치를 논의하고 있다. 다시 말하면, 보험은 평범한 사람에게 그만한 가치가 있을까?

어떻게 생각하는가?
답을 생각하고 적어 보자.

어떤 의미에서 답은 '아니요'이다. 모든 보험 회사는 다수의 보험 가입자로부터 돈을 받아, 작은 글씨로 쓰인 규정대로 보험금을 필요로 하는 사고, 질병, 화재 등의 상황에 따라 지급한다. 보험 회사는 자선 사업가가 아니다. 보험 회사는 수익을 내야 하기 때문에 그들의 고객이 보험에 가입할 때 대체로 '돈을 잃어야' 한다.

그렇다면 고객은 왜 보험을 들까?
답을 생각하고 적어 보자.

사람들이 보험을 드는 이유는 재앙 같은 사고가 일어날 가능성은 작지만, 그런 사고가 났을 때 도움 없이 감당하기에는 비용이 많이 들기 때문이다. 화재로 집을 잃을 가능성이 조금이라도 있다면 대부분은 '무일푼이 되지 않는다'라는 마음의 평화를 위해 기꺼이 비용을 지불할 것이다. 이런 사람들과 달리 어떤 이들은, 특히 건강에 대해서 아무런 근심 걱정을 하지 않고 산다. 스스로 천하무적이라고 생각하는 사람들은 의료 보험료를 한 푼도 내지 않을 것이고, 반면에 신중한 사람들은 안전 보장이 그만한 가치가 있다고 믿는다.

따라서 이와 같은 질문에 접근하는 가장 좋은 방법은 보험이 있는 경우와 없는 경우의 비용을 추정해 비교하는 것이다. 이 비용은 건강에 관한 습관과 소비 방식에 따라 달라지므로, 답은 필연적으로 '상황에 따라 달라진다'가 될 것이다. 그럼에도 우리는 이러한 비용을 양적으로 평가해 본능에 따른 직감적 선택이 아니라 지식을 근거로 의식적인 결정을 내릴 수 있도록 노력할 것이다.

무엇이 걱정인가?

이번 장은 보험에 관한 것이다. 간단하지만 실제 사례를 중심으로 자세한 분석을 시작하겠다. 최근에 나는 차를 빌렸고, 이 차는 $2,000의 본인 부담금이 있는 보험에 가입되어 있었다.

이것은 무엇을 의미할까?
답을 생각하고 적어 보자.

보험 회사는 사고로 발생한 손해를 보상해 주지만, $2,000의 본인 부담금이 있는 보험은 기본적으로 $2,000까지는 가입자가 내야 한다는 것을 의미한다. 따라서 손해액이 $2,000 미만이면 어떠한 혜택도 받지 못한다.

그래서 이 렌터카 회사가 나에게 전화를 한다. 나는 이미 보험이 있는 차를 예약해 두었는데, 전화를 건 여성은 본인 부담금이 없는 '스트레스 프리Stress Free' 보험을 단지 $100를 더 내고 가입하고 싶은지 물었다.[1]

'걱정하지 않기' 방침에 따라 이 보험에 가입해야 할까?
답을 생각하고 적어 보자.

분명히 사람마다 답이 다를 것이다.

답하다가 잠시 주저했다면 그 이유는 무엇일까?
답을 생각하고 적어 보자.

사실 더 중요한 것은 다음과 같다.

이 질문에 답할 때 고려해야 할 주요 요인을 적어 보자.

생각하는 데 도움이 되도록 다음 질문을 검토하자.

자동차 충돌을 알았다면 '스트레스 프리' 보험에 가입했을까?
답을 생각하고 적어 보자.

---

1 '스트레스 프리' 보험에 가입한 정확한 비용은 기억나지 않지만, 실제로 일어난 일이다.

물론 가입했을 것이다. 사실 충돌을 미리 알 수 있다면 차를 렌트하면 안된다! 마찬가지로 돌발 사고나 접촉 사고 등이 없을 것이라고 확실히 안다면 보험에 가입하지 않을 것이다. 현실은 이러한 양극단 사이 어딘가에 있을 테니, 그 답은 아무래도 여러분의 사고 *가능성*에 달려 있다고 결론지어야 한다.

참고 6.1 지금까지의 내용을 정리해 보자. 우리는 실제 사례를 통해 극단적인 상황을 고려함으로써 해석을 분명하게 했다. 이것은 해결해야 할 문제, 즉 이 경우엔 사고 확률을 명확히 하는 데 매우 유용한 방법이다. 이처럼 과장된 이야기에도 함정은 있다. 예를 들어, 탄화수소 배출을 규제하는 법안 하나가 '사생활을 보호 간섭하는 유모 국가'로 들어서는 '미끄러운 비탈길' ✚ 어떤 사소한 일을 허용하기 시작하면 아주 심각한 일까지 허용하게 된다고 주장하는 논증의 시작이라는 비난을 받기도 한다. 어떤 특정 법안에 반대해야 할 정당한 이유가 있을 수 있지만, 이런 과장된 진술은 오염 물질 통제의 필요성을 계량화하려는 순수한 의도라기보다 전형적인 수사학적 기교일 뿐이다(모든 비탈길이 미끄럽지는 않다). ▲

우선 사고가 일어날 가능성 *자체*는 다양한 요인에 따라 달라진다.

세 가지 요인을 적어 보자.

요인은 많다. 보험 계리사는 보험 회사에서 일하면서 모든 위험 요인에 따라 보험 약관과 판매 가격을 정하는 사람이다. 위험 요인에는 운전자의 나이, 성별, 운전 이력 등이 있지만, 이 모든 것은 여러분이 렌터카 회사의 접수 카

운터에 다가서는 순간 결정된다. 렌트할 때마다 달라지는 추가 요인은 도로
상황, 시간대, 날씨, 가시성, 주행 시간 등이다.

내 경우는 차를 빌려 시골길을 따라 외딴 마을까지 몇 시간 운전한 다음,
며칠 동안 한 시간 미만의 짧은 주행을 한 뒤, 마지막으로 몇 시간 정도 운전
해서 돌아와 차를 반납할 예정이었다. 낯선 환경이지만 눈이 내리거나 야간
에 운전할 가능성은 전혀 없으므로, 우리 가족의 평소 자동차 운행과 비교하
면 이는 아마 1~2주 정도의 운전에 해당할 것이다.

내가 의도한 운행 계획을 설명한 것처럼 우리가 어떻게 양적 정보를 다루
고 있는지 주목하자. 나는 내가 얼마나 오래 운전할지, 어떤 조건에서 운전하
게 될지를 파악한 다음 익숙한 상황과 비교했다.

내가 의도한 운행 계획을 익숙한 조건에서의 운전과 비교함으로써, 나는
사고 가능성에 관한 많은 데이터에 접근할 수 있다. 10년이 훨씬 넘는 기간에
나는 두 번 보험을 청구했다(둘 다 100달러를 추가한 '스트레스 프리' 옵션이다. 물론
자동차 수리비에 저렴한 가격은 없다). 한번은 주차장에서 나오다가 차에 긁힌 평
범한 상황이었고, 한번은 쌓인 눈 때문에 길이 좁아져서 학교 픽업 차에 측면
이 긁힌 눈길 사고였다. 원인이 무엇이든 운전을 하는 10년 동안 사고가 적어
도 두 번 발생했다. 운전 일정이 아주 정확하지 않으므로 10년을 500주라고
하자.

그러면 나의 사고율은 500주에 2번, 혹은 250주에 1번이다.

여러분은 어떨까?
답을 생각하고 적어 보자.

이 정보를 통해 렌털 기간의 주행량과 동일한 2주간의 정상적인 주행에서 사고가 날 확률은 얼마나 될까?

답을 적어 보자.

답은 (1/250) × 2 = 1/125인데, 이 값을 대략 100분의 1 또는 1%로 간주하자(다시 말하지만 여기에서 사용된 수치는 정확하지 않다. 유효 숫자는 한 개로 한다). 물론 두 번의 사고가 모두 우연이었을 수도 있고, 아니면 사고를 두 번 이상 겪었어야 했는데 내 주변에 있던 능숙한 운전자들이 충돌을 피한 건지도 모른다. 500주는 긴 기간이지만, 사고에 대한 데이터 포인트가 2개밖에 없으므로 단정적으로 말하기 어렵다. 보험 회사는 '나와 같은' 사람의 사고율에 대해 더 신뢰할 수 있는 데이터를 가지고 있지만, 나는 나 자신과 관련된 운전 데이터만으로 탐구할 수밖에 없다. 결국 '나와 같은' 사람이 일반적일 수도 있고 그렇지 않을 수도 있다.[2]

참고 6.2 계산한 다음 유효 숫자를 하나만 택했다. 또한 *보수적인* 추정을 하고 있다는 점에 유의하자. 보수적이라는 의미는 125를 대략 100으로 낮추고, '10년이 넘는' 운전 경력도 10년으로 내렸기 때문에 실제 확률은 추정치보다 낮을 수 있다. ▲

---

2   보험 회사는 '나와 같은'을 성별, 연령대, 소득 계층, 주거 형태, 차량 유형 등이 동일하다는 의미로 해석할 수 있고, 반면에 나는 '나와 같은'을 동일한 문화적 취향과 정치적 성향을 보인다는 의미로 해석할 수 있다. 가장 중요한 것은 우리가 개인을 특징짓는 데 사용하는 특성이 운전 패턴에 미치는 정도이다. 의심할 여지가 없이 보험 회사는 나보다 이런 것들을 더 잘 판단한다.

이제 추가 보험으로 $100를 지불하고 잠재적으로 $2,000를 절약할 수 있다. 사실 두 사고 모두 그냥 긁힌 것이었지만, 피해 금액은 매회 약 $2,000 정도였다(운 나쁘게 BMW를 찌그러뜨렸다). 문제를 단순화하기 위해 사고 비용이 최소 $2,000라고 *가정한다*.

이렇게 가정함으로써 우리는 렌털 보험 옵션을 결정하는 문제를 시작하게 되었다. 여러분에게 기본적인 질문을 하기 전에 먼저 물어보자. 우리는 사고 확률을 계산했다. 그렇다면 이 수량을 가지고 무엇을 계산해야 할까?

답을 생각하고 적어 보자.

이제 원래 질문으로 돌아가서 두 가지 옵션, 보험 가입과 미가입 중 결정하려고 한다. 각각 기대 비용이 있으며, 그 비용은 사고가 일어날 확률에 달려 있다. 그렇다면 이 문제를 해결하기 위해 무엇을 계산해야 할까?

답을 생각하고 적어 보자.

스트레스 프리 보험이 있는 경우와 없는 경우 기대 비용을 계산한 다음 비교해야 한다(기댓값에 대한 자세한 내용은 **부록 7.1**을 참조하라).

보험이 없는 경우 기대 비용은 1%의 확률로 발생하는 사고 처리 비용 $2,000와 99%의 확률로 발생하는 무사고 비용 $0이다. 따라서 기대 비용은 가중치의 합으로 다음과 같다.

$$\$2,000 \times 0.01 + \$0 \times 0.99 = \$20$$

스트레스 프리 보험에 가입하는 비용은 (사고 발생 여부에 관계 없이) $100이다. $20가 $100보다 작으므로, 스트레스 프리 옵션을 사양해야 한다.

참고 6.3 위의 논리에 따라 나는 스트레스 프리 추가 보장을 사양했다. 그리고 확실히 여행은 스트레스 프리가 아니었다! 장거리 운전을 한 지 한 시간 정도 지났을 때 앞 유리에 작은 흠집이 있는 것을 발견했다. 이 흠집은 쉽게 고칠 수 있다는 것을 알고 있었지만, 고칠 수 있는 상황이 아니었다. 나는 여행 내내 그 흠집 때문에 걱정하고 긴장했다. 차를 반납할 때 보험 회사는 차를 살펴보지도 않았는데, 계약서를 보니 차를 반납한 후에도 보험 회사가 내 신용카드에 요금을 부과할 수 있다는 것이다. 나는 계속해서 걱정하다가 카드사에 전화해서 앞 유리 수리비가 청구된다면, 나에게 어떤 권리가 있는지 알아보았다. 결국 보험 회사가 비용을 청구하지 않아서 돈을 절약하기는 했지만, 걱정이라는 대가를 치렀다. 질문을 제대로 되짚어 보려면 사고가 없더라도 내가 겪어야 할 걱정의 정도를 금전적 수치로 계산해야 한다. 다시 권유를 받는다면 보험에 가입하겠다! ▲

분명히 보험은 보험금 이상의 성과를 내는 마법 같은 확률이 있다. 그 확률을 찾아보자. 잘 알지 못하는 요인이므로 변수를 사용해 작업할 필요가 있다.

자세한 내용을 모르는 상태에서 논의해야 하는 경우 변수를 사용해 모르는 양을 문자로 나타낸다. 문자가 두렵다면 먼저 숫자 3으로 논의하되, 계산 과정에서 3을 곱하거나 나누면 안 된다! 그런 다음 3 앞에 줄을 그어 B처럼 보이게 한다. 그러면 바로 문자를 사용한 셈이다!

이제 B가 마음에 들지 않으면 원하는 문자로 교체한다!

사고를 당할 확률을 P라고 하자. 스트레스 프리 보험이 있는 경우와 없는 경우의 기대 비용을 P의 함수로 계산한 다음 서로 비교한다. 마법의 전환점은 두 비용이 같아지는 P 값이 될 것이다.

모든 경우에 스트레스 프리 보험의 비용은 $100이다. 스트레스 프리 옵션이 없으면 사고 비용은 $2,000이며 사고 발생 확률은 P이므로, 기대 비용은 $2,000 P$이다. $2,000 P = \$100$라고 하면, $P = 1/20$이다. 대략 2주 정도의 정상 운전을 기준으로 추정하므로, 2주 안에 사고를 당하지 않을 확률이 20분의 1 미만이라면, 이 계산에 따라 (순전히 금전적인 이유에서!) 추가 보장을 거부하는 것이 좋다. 또는 2주당 1/20은 40주당 1과 같으니까 ('당'은 '나누기'임을 기억하라) 40주에 한 번 미만으로 사고를 당하는 경우 사양하는 것이 낫다.

참고 6.4 앞 유리를 걱정했던 그 상황은 실제로 있었던 일이다. 어떤 사람들은 위험을 싫어하는데, 이는 평균적으로 그들이 더 많은 돈을 보험료로 지출하더라도 큰 금액을 내야 하는 모험을 원하지 않는다는 의미이다. 이것이 보험 회사가 돈을 버는 방식이다. 대체로 고객이 '손해'를 보지만 우리 중 대부분은, 예를 들어 화재나 홍수 등으로 주택의 모든 가치가 사라질 가능성을 예방한다는 의미에서 그 정도 손해를 인정한다. ▲

의료 문제

지금까지 자동차 보험에 관한 간단한 결정, 즉 '쉬운' 문제를 다루었지만, 6장의 추동 질문은 *의료 보험* 가입에 관한 것이다. 이는 상당히 복잡한 질문이다.

왜 그럴까?
답을 생각하고 적어 보자.

주된 이유는 고려해야 할 사건과 요인이 더 많기 때문이다. 아직까지 질문은 비슷하다.

여기서 자동차 사고와 비슷한 점은 무엇일까?
답을 생각하고 적어 보자.

자동차 사고에 대한 보험 대신 여러분은 질병에 대한 보험, 더 정확하게는 약물이나 의사의 서비스가 필요한 보험을 고려하고 있다. 이런 치료가 필요한 가능성은 나이, 성별, 병력, 가족력, 유전, 생활 방식, 식단, 운동 요법, 직업, 환경 요인, 기타 여러 변수에 따라 다르다. 게다가 비용 범위는 어떤 질병이 발생하느냐에 따라 수백 달러에서 수십만 달러에 이르기까지 엄청나게 다양하며, 상태마다 나름의 확률이 있다.

지금까지는 한 가지 비용($2,000)과 하나의 확률 p를 생각하고 기대 비용($2,000\,p$)을 추정했다. 확률이 $1-p$인 다른 비용 $0은 계산에 영향을 주지 않는다. 여러 비용과 확률을 고려하기 전에 두 가지 비용 시나리오와 세 가지 비용 시나리오부터 시작하자.

이것은 어떨까? 당신의 친구가 디저트 파티를 열고 쿠키를 구웠다. 그런데 문득 곧 손님이 오는데 우유가 없다는 것을 깨달았다. 친구가 당신에게 차를 몰고 가게에 가서 우유 1갤런(약 4리터)을 사다 달라고 부탁한다. 가는 길 교차로에는 신호등이 있다. 신호등이 녹색이면 직진해서 1갤런을 $2.50에 살 수 있는 저렴한 식료품점에 가고, 빨간색이면 교차로 옆에 있는 고급 식료품점에 가서 $5.75를 쓰겠다고 결정한다. 현재 당신은 신호등이 있는 도로에 있고, 녹색일 확률은 60%, 빨간색일 확률은 40%이다.

기대 비용은 얼마일까?

답을 생각하고 적어 보자.

공식을 사용하지 않고 계산하는 간단한 방법은 가게에 열 번 간다고 상상하는 것이다. 그러면 평균적으로 신호등은 녹색이 6번(6 × $2.50 = $15.00), 빨간색이 4번(4 × $5.75 = $23.00) 될 것이다. 총 10번 가게를 방문하면 $38.00를 지출하게 되며, 이는 평균적으로 1회 방문당 $3.80를 지출한다는 의미이다. 이것이 답이지만 보다 체계적으로 공부하고자 **부록 7.1**의 기댓값에 관한 내용을 적용해 비용 곱하기 확률의 합으로 기대 비용을 계산한다. 즉 0.6 × $2.50 + 0.4 × $5.75 = $3.80이다.

일반적인 경우로 넘어가기 전에 새로운 상황을 추가하자. 녹색 화살표에서 우회전하면(빨간색 신호등에서 우회전 금지) 일반 편의점이 하나 더 있다고 가정한다. 이 편의점은 우유를 $3.75/gal에 판매하므로 고급 식료품점 대신 여기

로 가겠지만, 그렇다고 저렴한 식료품점 대신 가지는 않는다. 신호등이 녹색
일 확률은 여전히 60%이고, 녹색 화살표 없이 빨간색일 확률은 30%이며, 녹
색 화살표가 있고 빨간색일 확률은 10%라고 하자. 그러면 녹색(확률 0.6, 비용
$2.50), 녹색 화살표가 없는 빨간색(확률 0.3, 비용 $5.75), 녹색의 오른쪽 화살표
가 있고 빨간색(확률 0.1, 비용 $3.75), 세 가지 가능성이 있다. 따라서 기대 비용
은 다음과 같다.

$$0.6 \times \$2.50 + 0.3 \times \$5.75 + 0.1 \times \$3.75 = \$3.60$$

덧셈 전에 곱셈을 먼저 계산한다는 걸 기억하자. 녹색 화살표가 있는 빨간
색 신호를 받을 가능성이 있어서, 녹색이 아닐 때 비용을 낮추었기 때문에 기
대 비용이 내려갔다.

다양한 비용과 관련 확률로 여러 사건이 발생할 수 있는 일반적인 시나리오
를 검토하는 방법은 무엇일까? 명확한 시나리오를 염두에 두거나, 사건의 이름
이나 비용과 확률조차 정할 필요가 없다. 하지만 어떻게든 레이블을 지정해야
하므로 다시 *변수*를 사용한다. 어떤 사건 $E_1, \cdots, E_N$의 비용이 $C_1, \cdots, C_N$이고 관
련 확률이 $P_1, \cdots, P_N$으로 발생하는 경우, 기대 비용은 다음과 같다.

(6.1) $$P_1 C_1 + P_2 C_2 + \cdots + P_N C_N$$

이제 우리는 의료 보험에 관한 질문에 어떻게 답해야 할지 이해한다. 여러
분은 의학적 치료를 요구할 수 있는 가능한 방법을 모두 항목화하고, 그 확률
과 비용을 집계한 다음 기대 비용을 계산해야 한다. 대부분의 의료 보험 제도

에는 1년 가입 플랜이 있으므로 1년 동안의 비용과 확률을 계산하고, 고려 중
인 의료 보험 플랜과 기대 비용을 비교할 것이다. 실제로 의료 보험 플랜에
따라 본인 부담 비용이 달라지기 때문에 우리는 각각의 플랜에 대하여 전체
계산을 완료해야 한다.

> **참고 6.5** 건강을 최우선으로 두기보다 비용을 최소화하는 데 관심이 있거
> 나, 장기적 상황보다 1년 앞만 내다보며 의료 지출에 접근한다면 어리석
> 은 일일 수 있다. 그러나 우리는 어리석은 방식으로 (아마도 경솔하게) 질문
> 을 바라보기로 정했다. 건강 결과를 예상해 모델링하는 것은 어려울 수 있
> 으며, 의료비에 대한 장기적인 모델링은 분명 더 힘들 수 있다. 우리는 기
> 본적으로 편리성을 먼저 추구하고자 한다.   ▲

  이러한 이해를 바탕으로 수학적 모델을 제안했으며, 이제부터 연구 조사
를 시작해야 한다. 현실에서의 문제가 까다로워지는 대목이다. 전국적인 보
험 회사는 방대한 데이터에 접근할 수 있으며, 이를 분석하고자 보험 계리사
를 고용한다. 우리는 한 개인으로서 보험에 가입할지를 선택할 때 경쟁적으
로 불리한 위치에 있다. 그러나 다양한 보험사 중에서 선택하는 것은 여러분
몫이다.

  수학적으로는 의료비에 관한 모든 확률이 서로 독립적이지 않다는 어려움
도 있다. 예를 들어 천식으로 한 번 입원했다면 나중에 다시 입원해야 할 가
능성이 더 크다. 이것은 앞면이 한 번 나와도 다음 번 던지기에 영향을 미치
지 않는 공정한 동전 던지기와는 다르다. 단순함을 위해 그 정도로 정교한 모
델을 만들지 않을 것이다. 전문가와 비교했을 때 우리가 얼마나 간단히 탐구

하고 있는지 보여 주는 또 다른 사례이다![3] 이러한 점에서 어떤 보험 회사도 우리를 보험 계리사로 고용하지 않을 것이다. 그러나 분명하게 명시된 가정을 기반으로 초보적인 모델을 만드는 것은, 그것이 비현실적일지라도 전문가가 하는 일을 이해하고 영업 사원과 광고주에 대항할 수 있는 좋은 방법이다. 그것은 또한 보다 정교하고 현실적인 접근 방식을 구축하기 위한 출발점이 될 수 있다.

라나의 선택

이 모델을 만들기 위해 2015년 코네티컷에 사는 30대 여성의 경우를 고려한다. 그녀를 라나Lana라고 부르자. 우리는 다른 가능성을 고려하거나 미국 전역에서 평범한 사람을 선택할 수도 있었지만, 사실은 코네티컷주에서만 우수한 데이터를 찾을 수 있었다. 주지사에게 감사드린다!

우리의 첫 번째 주요 임무는 의료 보험이 없을 때 의료 기대 비용을 계산하는 것이다(보험이 있는 경우의 비용을 계산하는 것이 더 간단하다). 그러려면 '사고'가 발생할 확률과 그 사건에 해당하는 비용을 알아내야 한다. 먼저 여러 가지 다른 질병에 걸릴 확률과 그에 따른 비용을 찾는 대신, 단순하게 계산하기 위해 질병의 종류와 관계없이 입원이라는 하나의 사건만 고려한다. 나중에 다른 의료 경비를 설명하기 위해 다소 투박한 수정을 할 것이다.

3　더 철저한 분석을 위해서는 최소한 조건부 확률이 필요하다. 부록 7.2를 참조하라.

입원할 확률을 구하려면, 우리가 고려하고 있는 집단에서 몇 명이나 입원
했는지 그리고 집단의 총수는 몇 명인지 알아야 한다. 코호트의 입원 확률은
첫 번째 숫자를 두 번째 숫자로 나눈 값이다.

$$P(\text{입원 중}) = \frac{\text{코호트의 입원 건수}}{\text{코호트의 총수}}$$

입원을 집계한 데이터가 동일한 사람의 반복 입원도 포함할 수 있으므로,
이 식조차도 약간 단순화된 것이다. 우리는 반복 집계가 확률에 미치는 전체
적인 영향은 적다고 가정할 것이다(이는 입원이 독립적인 사건이라고 가정하는 것
과 유사하다).

첫째, 30대 여성이 당해 연도에 몇 명이나 입원하는지 추정한다. 25~44세
사이의 데이터는 우리가 접근할 수 있는 최선의 정보이기 때문에 이 데이터
를 사용할 것이다. 이와 함께 30대 여성에 대한 여러 가지 추정을 하려면 또
다른 가정이 필요하다. 즉 25~44세 연령 범위 내에서 30대 이외의 여성을 차
별화하는 특별히 심각한 입원이나 비용 급증(또는 급감)이 없다는 가정이다.
이와 같은 가정은 데이터의 전체 범위를 살펴보면 정당화되는데, 입원 비용
은 나이에 따라 매우 급격한 변화를 보이지 않는다.

이렇게 가정하더라도 우리가 원하는 데이터가 충분하지 않다. 여기에서 우
리가 가지고 있는 데이터[4]는 입원 이유 상위 10가지에 대한 나이와 성별에
따른 데이터, 성별에 따른 입원 총건수이다. 또한 같은 해(2012년) 코네티컷에

---

4   https://portal.ct.gov/DPH/Health-Information-Systems--Reporting/Population/Annual-State--County-
    Population-with-Demographics

있는 25~44세 여성의 총인구수도 알고 있다.[5]

우리가 원하는 확률을 어떻게 추정할 수 있을까?

답을 생각하고 적어 보자.

이미 분모(코호트의 총수) 데이터를 가지고 있으므로 질문에 답하려면 코호트의 입원 총건수를 추정해야 한다. 이는 다음과 같이 얻을 수 있다. 라나가 속한 코호트의 상위 10가지 입원 건수에 대해 알고 있으므로, 이 코호트의 모든 입원 중 상위 10가지 입원 비율을 안다면, 입원 중인 환자 수를 정할 수 있다. 그러나 우리는 전체 코호트에서 상위 10가지 입원이 차지하는 비율을 알고 있으므로, 동일한 비율을 라나에게 적용한다고 *가정하고* 라나가 속한 코호트의 입원 총건수를 추론한다.[6]

여기에 수치 자료가 있다. 2012년 코네티컷에서 입원한 총 172,117명의 여성 중 139,352명이 상위 10가지 질병으로 입원했으며, 이는 대략 80%이다. 25~44세 범위에 있는 19,047명의 여성이 상위 10가지 질병으로 입원했는데 이것이 전체 입원의 80%를 차지한다고 *가정하면*, 30대 코네티컷 여성의 입원자는 약 24,000명($\approx 19,047/0.8$)으로 추정할 수 있다.

2012년 코네티컷의 25~44세 여성 인구는 약 45,000명이었다. 이는 당해 연도에 이 인구 통계학적 집단의 여성들이 병원에 입원할 가능성이 다음과

5　www.ct.gov/dph/cwp/view.asp?a=3132&q=388152

6　이는 5장에서 미등록 거주자가 많은 10개 주의 교육 데이터를 국가 전체로 확장했던 가정과 유사하다.

같다는 의미이다.[7]

$$\frac{24{,}000}{450{,}000} \approx 0.05 = \frac{1}{20}$$

코네티컷의 평균 입원 비용은 2012년에 $39,000였다. 의료 비용 상승을 반영해 이 수치를 2015년에 맞추도록 한다. 추측하기보다는 유용한 데이터를 검색한다. 미국 질병통제예방센터Centers for Disease Control and prevention, CDC 의 여러 연도 수치에 따르면 의료 비용이 약 3.8%씩 증가했다.

이러한 추세가 계속된다고 가정하고, 2015년의 입원 비용을 추정하자.
답을 생각하고 적어 보자.

매년 비용이 1.038 비율로 증가하므로 3년 후의 비용을 $39,000 × $(1.038)^3 \approx \$43{,}600$로 추정한다.[8]

그러면 30대 코네티컷 여성 한 명의 입원 기대 비용은 다음과 같다.

$$\frac{1}{20} \cdot \$43{,}600 = \$2{,}180$$

---

7   설명을 쉽게 하려고 불필요하게 약간의 오차를 허용했다. 우리는 확률을 간단한 분수로 쓸 수 있도록 유효 숫자 하나만을 남겨 두었다. 이 방식은 확률을 어떻게 사용하고 있는지 그리고 19/20가 입원하지 않을 확률이라는 것을 더 명확하게 보여 준다.

8   일정 비율의 곱으로 증가하는 과정은 3장에서 폭넓게 논의했다.

이제 우리는 입원이 단지 의료비의 한 종류에 불과하다는 사실에 직면한다. 입원 이외의 다른 의료비와 그 발생 확률은 어떻게 될까? 수많은 확률과 비용을 해결할 수 있는 수학적 도구, 즉 앞에서 도출한 아름다운 기댓값 공식(6.1)은 있지만, 정작 이 공식에 대입할 데이터가 없다. 이것은 어느 분야의 연구에서나 공통으로 나타나는 약점이며, 특히 이 경우에는 무보험자에 대한 데이터를 얻기가 너무 어렵다.

그럼에도 평균 입원 비용에 관한 적절한 추정치를 찾았으니, 의료비에서 입원이 차지하는 비율을 알면 총의료비의 추정치를 알 수 있다. 질병통제예방센터의 종합적인 데이터를 이용한 결과, 2012년 미국에서 개인의 의료 서비스 총비용 중 38%가 병원 진료비로 사용됐음을 알 수 있다.[9]

위의 데이터는 대부분 보험에 가입한 개인을 포함하고 있다. 여기서 개인의 행동이 방정식에 반영된다.

- 코네티컷에 사는 30대 여성의 입원 기대 비용 $2,180가 연간 의료비의 38%를 차지한다고 가정하면, 30대 여성에 대해 우리가 추정하는 연간 의료 경비는 $2,180/0.38 ≈ $5,740이다.
- 그러나 이러한 가정은 무보험자에게는 비현실적일 수 있다. 의료 보험이 없는 많은 사람은 입원이 필요하지 않은 한 건강을 위해 지출하지 않기 때문이다. 무보험 여성이 입원 이외의 어떤 의료비도 지출하지 않는다면, 입원은 당해 연도 의료비의 100%를 차지해 총 $2,180이다.

---

9 www.cdc.gov/nchs/data/hus/2014/103.pdf

게다가 무보험자는 엄청난 비용 때문에 응급 치료만 선택하고 입원 치료
를 피할 수도 있다. 이러한 단기적인 결정이 의료 서비스 비용에 장기적
인 영향을 미칠 수 있지만, 앞에서 이미 대상 기간을 1년으로 한정하고
질문을 분석하기로 정했다.

두 추정치 $5,740과 $2,180 사이에는 큰 차이가 있다. 최종적인 답, '예 또
는 아니요'가 이 차이로 정해질 수 있으므로, 답에 *따라서* 다른 방안을 제시
해야 할 수도 있음을 의미한다. 또는 무보험자의 의료 비용에서 입원 치료비
가 차지하는 비율을 추정하려는 노력을 조금 더 할 수 있다.

2008년 데이터는 2015년과 대략 관련이 있고 코네티컷에 대해 어느 정도
유효한 자료이다.[10] 다른 선택의 여지가 없으므로 이 데이터에 따르면, 전국
적으로 무보험자가 입원이나 기타 사유로 병원을 방문하거나 의료 서비스를
전반적으로 이용할 가능성이 작다. 의료 서비스 중에 입원의 경우, 무보험자
비율은 2.9%, 보험 가입자의 비율은 4.6%였다(코네티컷은 5%에 근접한다). 방
문 횟수가 줄어들면 적어도 당해 연도에는 의료 서비스 비용이 절감된다. 비
율 2.9/4.6는 약 0.63이며, 이는 무보험자의 입원 기대 비용이 우리가 앞에
서 계산한 $2,180 값의 63% 또는 $1,370로 모델링할 수 있다는 의미이다.

여기서 찾은 2008년 데이터에 따르면, 무보험자는 보험 가입자보다 다
른 의료 서비스도 덜 이용하는 것으로 나타났는데, 그 비율이 63%와 유사하
다. 즉 무보험자의 20.6%가 병원을 방문했지만, 보험 가입자는 29%가 병원

---

10 www.ncbi.nlm.nih.gov/books/NBK221653/table/ttt00002/?report = objectonly

을 방문해 그 비율은 71%(20.6/29)이다. 무보험자의 62%와 보험 가입자의 89%가 일부 의료 서비스를 이용했으며, 그 비율은 70%(62/89)이다.

그렇다면 무보험자의 연간 의료 비용을 어떻게 추정할 수 있을까?
답을 생각하고 적어 보자.

이는 무보험자가 전반적으로 보험 가입자의 63%만큼 지출해 총 0.63 × $5,740 또는 약 $3,600를 지출한다고 가정할 수 있음을 의미한다. 70% 또는 71%를 사용했다면 숫자가 조금 더 컸을 것이다. 여기서는 입원이 단일 의료 비용으로 가장 큰 값이기 때문에 63%라는 수치를 사용했다. 다른 방법으로도 같은 수치에 도달할 수 있었는데, $2,180 대신 병원 비용 $1,370라는 새로운 수치를 사용하고, 이것이 연간 총의료비의 38%를 차지한다고 가정하면 $1,370/0.38 또는 $3,600가 된다.

마지막으로 우리는 법률로 정해진 내용을 고려해야 한다. 부담적정보험법(Affordable Care Act, 오바마 케어)은 의료 보험을 거부하는 사람에게 벌금을 부과한다.[11] 2015년 우리의 코호트에 있는 독신 혹은 세대주 여성의 경우, 벌금은 연간 소득에서 $10,150를 초과하는 금액의 2% 또는 $325 중에서 더 높은 금액에 해당한다.[12] 만일 우리의 가상 모델 라나가 그녀의 코호트에서 중

---

11 이것은 이 장이 작성된 2015년 법이었고, 2017년 7월 개정될 때까지 그대로 유지됐다. 그러나 부담적정보험법을 변경하자는 이야기가 끊임없이 있었다. 2017년 말에 개별 위임이 폐지되었다. 2018년 12월, 연방 판사는 모든 것을 위헌으로 판결했다. 채널 고정, 계속 지켜보자! 그러나 현행법이 무엇이든, 우리가 개발하는 도구는 다른 보험 관련 질문과 확률적 비용-편익 분석에 사용될 수 있다.

12 www.healthcare.gov/fees-exemptions/fee-for-not-being-covered/

위 소득 계층에 해당한다고 가정하면, 약 $36,700의 소득[13]이 있다는 뜻이며, 이 경우 벌금을 내야 한다.

벌금은 얼마나 될까?
답을 생각하고 적어 보자.

먼저 $10,150를 초과하는 소득의 2%를 계산해야 한다. 이는 $0.02 \times$ ($36,700 - $10,150) = $531로 $325보다 크다. 따라서 라나의 벌금은 $531이고, 그녀의 연간 기대 비용 $3,600에 이 금액을 추가해야 한다.

보험이 없는 라나의 총기대 비용은 유효 숫자 2개를 사용해서 $4,100이다.

참고 6.6 우리의 질문에 대한 답에 나이, 성별, 지역, 결혼 여부, 수입에 따라 얼마나 많은 변수가 있는지 분명하다. 무엇보다도 다양한 의료 비용과 관련된 확률은 여러 가지 생활 방식에 의한 변수에 따라 달라진다. 라나(또는 누구든지)가 음주, 흡연, 운동, 일, 운전 등을 얼마나 할까? 단순함을 유지하고 싶지만, 획일적인 대응은 분명히 불가능하다.   ▲

다음으로, 우리는 라나가 의료 보험에 *가입할* 경우 연간 기대 비용을 알아

---

13 www.bls.gov/news.release/wkyeng.t03.htm 우리는 두 통계 집단 25~34 및 35~44의 중위 소득을 평균화했다. 두 집단의 사람 수는 거의 같았기 때문에 가중 평균은 불필요했다.

봐야 한다. 비용을 비교함으로써 보험 가입이 더 경제적인지 아닌지를 결정할 수 있다.

2015년 코네티컷에 거주하는 30대 여성이 이용할 수 있는 의료 보험 플랜은 여러 가지가 있다. 라나가 1년에 네 번 정기적으로 진료 상담을 받으며 입원할 경우[14] 본인 부담금 전부를 지불한다고 *가정할* 때, 낮은 월 보험료, 높은 본인 부담금이 있는 브론즈 레벨 플랜과 높은 월 보험료, 낮은 본인 부담금이 있는 골드 레벨 플랜을 비교할 것이다.

브론즈 플랜의 월 보험료는 $221.72이고 본인 부담금은 $5,000이다. 의사의 진료 상담 비용은 본인 부담금까지는 전액 본인이 부담하며, 초과하는 금액은 무료이다.[15] 미국에서 일상적인 진료 상담 비용은 약 $200이다.[16] 즉 브론즈 레벨에서 비용은 $12 \times \$221.72 + 4 \times \$200 (\approx \$3,460)$이며 추가 본인 부담금은 그 금액과 관계없이 모두 입원비로 사용된다. 이를 계산하기 위해, 라나가 입원할 경우 입원비(네 번의 진료 상담 후 지불해야 하는 나머지 본인 부담금)가 $4,200보다 높다고 하면, 이 금액을 지불할 확률은 1/20이고, 아무것도 지불하지 않을 확률은 19/20라는 것을 주목해야 한다. 따라서 본인이 부담하는 입원 기대 비용은 $\frac{1}{20} \cdot \$4,200 = \$210$이다. 이것을 추가하면 브론즈 플

---

14 미국 코먼웰스 펀드를 인용한 포브스의 인포그래픽에 따르면 미국인은 1년에 약 네 번 의사를 방문한다.
http://blogs-images.forbes.com/niallmccarthy/files/2014/09/ 20140904_Doctor_Fo.jpg

15 안타깝게도 이 데이터의 출처는 이제 비활성 링크이다.
www.ehealthinsurance.com/resourcecenter/ehealth-price-index
이 웹사이트와 지금은 없어진 다른 웹사이트를 보려면 먼저 https://web.archive.org에 있는 Internet Archive의 Wayback Machine으로 이동한 다음 URL을 입력하시오.

16 www.bluecrossma.com/blue-iq/pdfs/TypicalCosts_89717_042709.pdf

랜의 총기대 비용은 약 $3,700이다.

골드 플랜의 월 보험료는 $341.05이고 본인 부담금은 $750이다. 진료 상담 비용은 1회 방문당 $15이며, 이 비용은 본인 부담금에 적용되지 않는다. 유사한 추정을 사용하면 이 플랜의 총비용은 약 $12 \times \$341.05 + 4 \times \$15 + \frac{1}{20} \times \$750 \approx \$4,200$이다.

우리 모델에 따르면, 브론즈 플랜은 골드 플랜보다 약 $500 저렴하다. $500의 추가 비용을 지불하는 대가로 골드 플랜은 실제로 입원할 경우 갑자기 매우 큰 본인 부담금을 지출할 필요가 없다는 안도감을 준다. 브론즈 플랜에 가입한 사람은 생활 습관을 바꾸고 의사를 방문하는 빈도를 줄임으로써 단기적으로 많은 비용을 절감할 수 있다. 그 대신 발견되지 않았거나 치료되지 않은 건강 문제로 장기적인 비용을 희생해야 할 수도 있다.

결과를 요약해 보자.

보험 상태	기대 비용
무보험, 벌금 없음	$3,600
브론즈	$3,700
무보험, 벌금 있음	$4,100
골드	$4,200

분석 과정에서 발생한 오류가 이 추정치 사이의 차이보다 더 클 수도 있음에 주의하자. 오류 추정에 관해 이야기하려면 더 많은 이론이 필요하지만, 이 결과를 해석하는 것은 교육적으로 도움이 된다. *이 의심스러운 수치들에 따*

르면, 2015년에 사용 가능한 가장 저렴한 옵션은 3,700달러의 브론즈 플랜이다(벌금을 내지 않는 것은 옵션이 아니다). 여기에서 벌금은 보험 가입을 유도하는 효과가 있음을 알 수 있으며, 벌금은 라나에게 의료 보험에 가입하도록 장려하고 있다. 벌금이 없었다면 그녀는 보험을 포기하고 기대 비용을 낮출 수 있었겠지만, 벌금이 보험에 가입하는 쪽으로 기울게 한다.

오류

지금까지 한 분석은 편의상 설정한 여러 가지 가정과 불충분한 데이터, 다소 단순한 모델을 만들고자 하는 우리의 바람 등으로 인해 잠재적인 오류로 가득 차 있다. 숨겨진 또 다른 가정도 있다. 예를 들어, 우리는 평균 입원 비용을 30대 여성에게 적용했지만, 30대 여성은 평균과 매우 다른 입원 비용이 필요할 수도 있다. 어쩌면 출산으로 더 높을 수 있다. 아마 30대 여성은 나이든 집단만큼 심각한 치료가 필요하지 않기 때문에 더 낮을 수도 있다. 우리는 이러한 데이터를 갖고 있지 않다. 게다가 결론은 개인의 소비 패턴, 즉 라나의 지출 중 얼마가 병원과 관련될 것인가에 달려 있으며, 이는 개인의 선택에 따라 달라질 수 있다.

물론 우리는 더 정교하게 분석할 수 있다. 이 작업은 우리 모델의 버전 2.0을 위한 성장의 발판이 될 수도 있다. 아니면 최소한 이 작업으로 우리는 확고한 결정을 내릴 수 있는 좋은 문제인지 판단하는 감각을 익힐 수 있다.

마지막으로 다시 한번 우리는 전적으로 금전적, 미시 경제적 근거로 추동 질문에 답을 했다는 사실을 인식해야 하며, 이는 *여러분* 또는 라나가 부담해야 하는 비용만 고려했다는 의미이다. 더 넓은 관점에서 질문을 바라보면, 다양한 선택이 *사회에* 미치는 편익이나 비용은 무엇인지 물을 수 있다. 여러분이 27세의 건강한 여성이고 의료 보험을 감당할 수 있지만, 의료 보험 가입이 여러분에게 도움이 되지 않는다는 계산을 했다고 가정해 보자. 그러면 현재로서는 보험에 가입하고 싶지 않을 수도 있다. 이제 여러분의 삶에 큰 변화 없이 50년이 지났다고 가정해 보자. 아마도 고정 소득이 있는 77세 여성으로서 보험 혜택을 크게 받을 수 있으므로, 보험 '연합체pool'에 더 많은 사람이 가입해 보험료가 낮아지기를 바랄 수 있다. 그때의 당신은 현재 보험에 가입하기를 원할 수도 있다.

좀 더 복잡한 문제가 있다. 사람들이 의료비를 지불할 여력이 없을 때 남은 빚 중 일부를 정부가 떠안는다. 따라서 어떤 면에서 개인이 지불하는 '비용'은 우리가 계산할 수 있는 것보다 적지만, 지불하지 않을 경우 미치는 영향은 심각할 수 있다. 비록 그 영향이 겉으로는 보이지 않더라도 말이다. 신용 기록에 나쁜 흔적이 생기면 담보 대출을 받거나 다른 목적으로 대출 받기가 어려울 뿐만 아니라 더 높은 이자율로 이어지며, 위험이 더 커짐에 따라 임대 아파트를 승인받거나 심지어 취업하는 데도 어려움을 겪을 수 있다. 또한 정부가 나머지 부채의 일부를 갚기 때문에 한 사람이 의료비를 내지 않으면 다른 납세자에게 더 큰 재정적 부담이 생긴다.

우리 각자는 본인의 재정적 능력뿐만 아니라 시민으로서의 책임을 평가하고, 옳다고 생각하는 일을 한다.

요약

의료 보험의 가격은 근본적으로 확률을 적용한 의료 기대 비용에 의해 결정된다. 적어도 좋은 데이터를 찾을 수 있었던 코네티컷에서는 입원 확률과 비용을 파악함으로써 입원 기대 비용을 계산할 수 있었다. 그런 다음 데이터로부터 보험이 있는 사람과 없는 사람을 대상으로 종합적인 기대 비용을 추론하고 비교했다. 구체적인 수치가 있어서 재정적인 근거로 보험을 선택하는 데 도움이 되었다. 우리의 걱정이나 책임감 같은 다른 고려 사항도 실생활에서 접하는 현실적인 결정에 영향을 미칠 수 있다.

연습 문제

1. 이웃 아이가 $1,000에 당첨될 기회가 있는 복권을 $5에 사달라고 한다. 이 복권이 기회를 잡을 만한 가치가 있는지 판단하려면 어떤 정보가 필요할까? 물론 모금 운동을 지지하고 싶을 수도 있지만, 순전히 금전적 관점에서 볼 때 그만한 가치가 있을까? 필요한 만큼의 복권이 있다고 가정해 보자. 구매 비용 $5를 만회하려면 어떤 상황이 되어야 할까? 즉 손익 분기점은 어떻게 될까?

2. 일부 신용카드는 해당 카드로 차량을 렌트할 때 자동 추가 보험이 제공된다. 특정 신용카드를 선택하고 해당 카드의 정책을 확인해 잠재적인 미래 소비자로서 여러분에게 제공되는 혜택을 추정하시오. **[연구를 포함한 문제]**

3. 여러분은 갤런당 $1에 우유를 살 수 있는 쿠폰을 갖고 있다. 나는 그 쿠폰을 여러분에게 사려고 한다. 공정한 쿠폰 가격은 얼마일까? 이 쿠폰의 가치에 영향을 미칠 수 있는 조건과 제한 사항에 대해 주의 깊게 생각해 보자.
   힌트 답은 우유 1갤런의 가격에 달려 있다. 합리적인 가격대를 선택하라.

4. 녹색 오른쪽 화살표가 있는 빨간색 신호등이라는 가능성이 포함된 세 가지 옵션의 우유 주행 시나리오에서 N은 무엇이며, 방정식 (6.1)의 $E_1, \cdots, E_N$ 및 $C_1, \cdots, C_N$ 그리고 $P_1, \cdots, P_N$는 무엇인가? 이것들은 무엇을 설명하는 것일까?

5. a. 이 장에서 논의한 두 가지 의료 보험 플랜 사이의 최대 비용 차이를 찾는다. 진료 상담이 네 번 있다고 가정한다.

   b. 기대 비용이 $4,200인 골드 플랜이 평균적으로 $3,700인 브론즈 플랜보다 $500 더 비싼 것으로 나타났다. 이 $500는 위와 같이 최대 비용을 절감하여 얻을 수 있는 추가 보장의 가격으로 해석될 수 있다. 최대 비용이 $1 감소할 때마다 지불하는 추가 기대 비용을 계산하시오.
   힌트 답은 $0.18이다.

   c. 세 번째(실버) 의료 보험 플랜은 월 납입액 $301.77에 의사 진료 상담 1회당 $50를 추가하며 본인 부담금이 적용되지 않는다. 최대 비용이 $1 감소할 때마다 동일한 추가 비용을 유지하려면 본인 부담금이 100달러 단위로 얼마여야 할까?

   d. 네 번째 의료 보험 플랜은 월 납입액 및 의사 진료 상담 없이 이용할 수 있지만, 입원에 대한 본인 부담금이 있다고 가정한다. 위의 b와 같이 브론즈 플랜이 최대 비용에서 달러당 $0.18를 절감하려면 본인 부담금은 얼마가 되어야 할까? 이것은 현실적인가?

6. 여러분의 집에 도둑이 들었을 경우 손해액이 얼마인지 가장 적절한 추정치를 제시하라. 주택 소유자 보험, 세입자 보험 또는 기타 관련 요인이 있는지를 반드시 포함하고 확인해 계산하시오. **[연구를 포함한 문제]**

7. 이 6장 질문과 관련된 프로젝트 주제를 생각해 보자.

프로젝트

A. 여러분은 주택 보험으로 사업을 확장하려는 중저가 자동차 보험 회사에서 일하고 있다. 예산 라인은 화재에 대해서만 보장한다. 상관이 정책 가격을 연간 $250로 하라고 요구한다. 비싼 집은 이렇게 낮은 가격으로 보험에 가입할 수 없지만, 가능한 집도 있을 수 있다. 회사가 본인 부담금 없이 이 보험료로 보장할 수 있는 주택의 최고 가치는 얼마일까? 더 높은 가치의 주택에 대해서는 본인 부담금으로 얼마가 필요할까?

B. 여러분은 전미 미식축구연맹National Football League 대표로서 대학을 졸업한 새로운 유망주를 찾고 있다. 고정 급여, 변동 급여, 선지급에 따른 급여를 어떻게 구성하여 거래를 제안할 수 있을까? 급여 지급 유형에 따른 요인, 부상 가능성을 포함해 고려해야 할 다른 요인 및 확률에 대하여도 논의해야 한다. 선수와 팀에 대한 특정 프로필을 만들고 연봉 상한 계약을 포함해 해당 프로필을 기반으로 분석하고 의사 결정을 한다.

07

오염 물질을 재활용할 수 있을까?

부록 대수

개요

이 장에서는 다음과 같은 내용을 공부할 것이다.

1. 우리는 공장의 배출가스로 연료를 만드는 것이 경제적으로 실행 가능한지 묻는 문제를 검토한다.

2. 더 자세히 알기 위해 이 과정과 연관된 기초 화학을 배운다.

3. 연료 방출 미생물을 효율적으로 선택하기 위한 진화 모델을 구축한다.

4. 그런 다음 비즈니스를 위한 매우 기본적인 (비현실적인) 손익 모델을 구축하기로 한다.

5. 질문에 대한 답이 좀 부족하더라도, 이 문제와 관련된 화학과 경제를 이해하게 된다.

질문을 바라보는 방식

*절약, 재사용, 재활용*은 녹색 운동의 좌우명이며, 용도 전환repurposeing은 친환경의 또 다른 화두이다. 우리는 모두 대기 중으로 배출되는 독성 물질을 줄*이는 것이* 가치 있는 일이라고 알고 있다. 하지만 한발 더 나아가 어떻게 배출 자체를 줄이고, 재사용하고, 용도 전환을 할 수 있을까? 이 과감한 질문에 도전하고 있는 회사가 미국 일리노이주 스코키의 오크튼 애비뉴 바로 아래에 있는 에번스턴의 이웃 기업 란자테크LanzaTech이다.

기본 아이디어는 이렇다. 제철소와 정유소는 가스 형태로 오염 물질을 배출한다. 이런 가스 중에는 잠재적인 에너지원인 일산화탄소CO가 있다. 치명적이기도 한 이 에너지를 사용할 수 있을까?

이것은 질적인 질문이다. 먼저 이론적으로 가능한지 물어보고, 실제로 가능한지 물어야 한다. 이 질문에 긍정적으로 대답하려면, 이런 가스 중 일부를 모아서 일산화탄소를 분리하고 어떻게든 연료로 전환할 방법을 찾을 수 있어야 한다. 연료를 한 방울이라도 만들어 낸다면 '예'라는 답, 즉 *개념 증명Proof of Concept*이 될 것이다.

그러나 이것이 *실행 가능한* 연료 공급원인지, 생태학적 또는 경제적 편익을 제공할 수 있을지는 세부 사항에 달려 있다. 이 탄소 포집의 실행 가능성을 조사할 수 있는 다음 질문은 무엇일까?

답을 생각하고 적어 보자.

실행 가능하다는 것은 오염 물질을 용도 전환하려는 회사가 사업적으로 성

공할 수 있다는 의미로 해석할 수 있다. 즉 추동 질문을 다시 해석해 쟁점을
다음과 같이 정리한다.

배출 가스를 포집해 시장성 있는 제품으로 전환하는 것이 경제적으로 실행 가

능할까?

이 질문에 답하려면 어떤 방법으로 접근해야 할까? 먼저 이론적인 수준에
서 관련 공정을 이해하고 설명해야 한다. 그리고 테크놀로지 측면에서 무엇
이 *가능한지* 가늠할 필요가 있다. 마지막으로 우리는 경제적 편익이 비용 대
비 가치가 있는지를 결정하기 위해 물건 가격을 책정하려고 할 것이다. 그래
서 과학적, 기술적, 경제적 관점에서 이 문제를 공부할 것이다. 이것은 매우
복잡한 문제이며, 힘들고 어려운 일이라는 것을 알아두자. 하지만 새로운 일
에 익숙해지기 위한 좋은 방법이다! 결국 여기서는 간단한 문제 몇 개만 선택
해서 다룰 것이며, 많은 과학자, 엔지니어, 금융가 그리고 기업가의 작업에 감
사한 마음을 갖게 될 것이다. 여기서는 규모가 큰 회사를 위해 현실적인 사업
계획을 세우려고 하지 않을 것이다.
　우리의 관점을 경제로 제한하더라도 직접적인 경제적 이득은 단지 타당
성을 위한 한 가지 척도에 불과하다는 것을 강조한다. 국가는 경제적인 면에
서 단기적인 손실이 있더라도 이 과정을 수행하는 것이 가치 있다고 판단할
수 있다. 이러한 국가는 더 건강한 지구, 기후, 인구를 갖는 것이 옳은 일일 뿐
만 아니라, 오염의 악영향으로 생기는 더 많은 낭비를 막을 수 있다는 장기적
인 관점을 채택할 것이다. 간단히 말해서 웰빙이라는 경제적 편익이 있다. 배
출 가스로 인한 기후 변화는 안보와 국제 관계 문제로도 볼 수 있는데, 새로

운 기후 난민과 점점 더 부족한 자원이 지정학적 사건들을 주도하기 때문이다. 그러나 우리는 투자자의 좁은 관점을 채택할 것이다. 즉 이와 같은 테크놀로지에 투자하면 보상이 있을까?[1]

기초 화학

내연 기관용 연료를 만들려면 연소 시 어떤 일이 일어나는지 알아야 한다. 연소는 산소와 결합하는 것을 의미하기 때문에, 연소 과정은 물질이 산소와 결합해 새로운 화합물을 생성하는 화학 반응이다.

원자는 양전하(+)의 핵과 그 주위를 돌고 있는 음전하(−)의 전자로 구성되어 있다는 것을 기억하자. 중심에 있는 핵 자체는 무겁고 조밀하며, 양전하를 띤 양성자와 전기적으로 중성인 중성자로 이루어져 있다. 원자의 보어 모델은 태양계를 닮았다. 태양계는 무거운 태양과 그 중력에 이끌려 궤도를 돌고 있는 행성으로 둘러싸여 있다. 다만 원자에서는 핵과 반대 방향으로 대전된 입자들의 전기적 인력 때문에 전자가 궤도를 유지한다. *원자*는 전체적으로 중성이므로, 핵에 있는 양성자 수만큼 궤도에는 동일한 개수의 전자가 있다. 이 양성자의 개수를 '원자 번호'라고 하며, 원소는 원자 번호 순서대로 주기율표에 나열된다. 수소(Hydrogen, H, 1), 헬륨(Helium, He, 2), 리튬(Lithium, Li,

---

1   나는 란자테크의 최고 과학 책임자를 알고 있다. 이것이 내가 이와 같은 테크놀로지를 알게 된 이유이다. 이 장의 요점은 독자가 투자하도록 설득하는 것이 아니라, 화학과 경제의 정량적 논쟁이 흥미롭게 혼합되어 있음을 현실로 보여 주는 것이다. 나는 그 회사와 아무런 이해관계가 없다.

3), 베릴륨(Beryllium, Be, 4), 붕소(Boron, B, 5), 탄소(Carbon, C, 6), 질소(Nitrogen, N, 7), 산소(Oxygen, O, 8), 불소(Fluorine, F, 9), 네온(Neon, Ne, 10) 등을 예로 들 수 있다. 원자는 서로 결합해 분자를 만들 수 있다. 예를 들어 단일 원자 2개로 구성된 산소 분자 O_2, 수소 원자 2개와 산소 원자 1개의 조합으로 만들어진 물 분자 H_2O는 2개 또는 그 이상의 원자로 구성된다. 이런 분자식에서 아래 첨자가 무엇을 나타내는지 명확히 알아야 한다. 화학 기호의 첫 글자는 대문자로 쓴다(문자가 하나만 있으면 대문자 하나가 된다). CO와 같은 표현을 보면 코발트 Co가 아닌 탄소와 산소를 의미한다는 것을 알 수 있다. 사실 CO는 일산화탄소이고, CO_2는 이산화탄소인데, 이것은 산소 두 개를 가지고 있기 때문이다(영어 접두사 mono는 '하나'를 뜻하고, di는 '둘'을 뜻하므로 일산화탄소는 carbon monoxide, 이산화탄소는 carbon dioxide이다).

화학 문제의 기본은 일부 분자 내의 결합이 깨지고 원자가 교환되며 새로운 화합물이 생성되는 *반응*에 관한 개념이다. 어떤 반응에는 에너지가 필요하고, 어떤 반응은 생성물로 에너지를 방출한다(두 가지 모두 동시에 일어날 수 있다. 발코니에서 난간 위로 공을 던지면, 공을 난간 위로 올리기 위해 약간의 에너지가 필요하지만, 공이 아래로 떨어지는 순간부터 속도가 빨라지면서 더 많은 에너지를 얻는다). 전체적으로 에너지가 방출되면 *발열 반응*이라고 하고, 주위에서 열의 형태로 에너지를 흡수하는 반응은 *흡열 반응*이라고 한다.

예를 들어 보자. 앞에서 언급했듯이, 연소는 산소와 결합하는 것을 의미한다. 일산화탄소를 태우면 어떻게 될까? 입력 가스는 CO와 O_2이다. 이 과정에서 생성물은 이산화탄소로 알려진 CO_2이다. 세 종류의 분자에 있는 원자의 개수를 합하면, $CO + O_2 \rightarrow CO_2$와 같은 반응을 할 수 없다. 왜냐하면 왼쪽에는 산소가 3개 있고(하나는 CO에서, 두 개는 O_2에서), 오른쪽에는 산소가 2개 있기 때문이다. 그러나 이 수치를 약간 조정하면, 제대로 된 반응이 나타난다.**부록 3의 연습 문제 9, 연습 문제 10 참조**

$$2CO + O_2 \rightarrow 2CO_2$$

양쪽 반응 모두에 탄소 원자 2개와 산소 원자 4개가 있어서, 방정식이 *균형*을 이룬다.

제철소와 제련소에서는 치명적인 일산화탄소 가스가 발생하는데, 이는 이산화탄소로 '완전 연소'시킬 만큼 충분한 산소가 주변에 없기 때문이다. 그래서 공장은 남아 있는 CO를 태워버린다. 즉 연소시킨다. 그 결과로 배출되는 이산화탄소는 훨씬 덜 치명적이다. 우리가 숨을 내쉴 때마다 이산화탄소를 배출한다는 것을 기억하자. 하지만 공장에서 대량으로 배출되는 이산화탄소는 지구 온난화에 기여한다.[2]

대부분의 연료는 탄화수소로, 주로 탄소와 수소 원자로 구성되어 있다. 플라스틱도 탄화수소로 만들어진다. 따라서 수소는 풍부하기 때문에(예 물), 투

---

2 온실 효과 뒤에 숨겨진 과학은 복잡하지 않다. 태양은 다양한 주파수(색깔)로 빛을 방출한다. 우리가 보는 태양 빛은 지구의 대기를 통과한 빛이고 노란색으로 보인다. 지구는 태양으로부터 온 빛을 흡수하고, 이 과정에서 빛이 열로 변환된다. 지구 역시 따뜻한 몸이기 때문에 불타는 석탄 조각처럼 빛을 방출한다. 그러나 지구가 방출하는 빛은 흡수된 빛과 주파수가 다르다. 그래서 우주에서 지구는 노란색으로 보이지 않는다(우주 공간에서 지구의 색은 복사된 빛이 아니라 태양의 빛이 반사되어 보이기 때문이다. 복사된 빛의 주파수는 색 스펙트럼의 가시광선 영역에 있지 않다). 그런데 여기에 문제가 있다. 이산화탄소는 태양에서 온 빛의 주파수보다 지구가 복사한 주파수의 빛을 더 많이 흡수한다. 그래서 대기 중에 이산화탄소가 많을수록 지구에서 빠져나갈 수 있는 열이 줄어든다. 열은 대기 중에 '갇히고' 지구는 따뜻해진다. 이 7장에서는 온실 효과가 아니라, 일산화탄소 포집을 공부하고 있어서 온실 효과의 정성적인 측면만 이야기했다. 또한 경고하자면 온실은 온실 효과 때문에 실제로 따뜻해지지 않는다! 자동차 내부가 햇볕에 뜨거워지는 것과 같은 이유로 따뜻해진다. 뜨거운 공기가 닫힌 창문에 갇혀 있기 때문이다.

입된 CO와 물과의 반응으로 탄화수소 연료를 만들 수 있다고 상상할 수 있다. 란자테크 회사는 미생물을 이용한 박테리아 공정을 개발했다. 미생물은 생명 주기의 일부로, 공정에 필요한 화학 반응을 하는 데 CO를 먹고 연료를 뱉는다.

이 공정은 효모가 설탕을 먹고 가스를 생산하는 발효 또는 양조 과정과 약간 비슷하다. 이는 인간이 소비하기 위해 알코올을 만드는 방법이며, 에탄올을 만드는 방법이다. 그러나 에탄올을 연료로 사용할 수 없게 만드는 것은 그 공급원이 이미 높은 가치를 지닌 식물성 *식품*이라는 점이다. 일산화탄소 포집으로 돌아가서, 이 공정은 물에서 미생물과 CO 함유 가스를 결합한 다음, 작은 벌레들이 그들의 일을 하도록 하는 것이다. 다음은 일산화탄소와 수소로부터 생산될 수 있는 몇몇 제품과 상응하는 화학 방정식이다.[3]

제품	화학 반응
에탄올(C_2H_6O)	$2CO + 4H_2 \rightarrow C_2H_6O + H_2O$
아세톤(C_3H_6O)	$3CO + 5H_2 \rightarrow C_3H_6O + 2H_2O$
1-프로페인올(C_3H_8O)	$3CO + 6H_2 \rightarrow C_3H_8O + 2H_2O$

민간 기업체의 생존 가능성은 이러한 반응을 얼마나 효율적으로 수행할 수 있느냐에 달려 있다. 기계를 가동하고 탱크를 펌핑하고 근로자에게 임금을 지급하는 비용이 최종 제품의 가치보다 크다면 비즈니스로 성공할 수 없다.

---

3 이 방정식은 반응 전후의 최종 결과만 나타낸 것이며, 실제 과정은 더 복잡할 수 있다.

따라서 화학 이론을 넘어 효율적인 공정을 만드는 데 필요한 *테크놀로지*를 습득해야 한다. 다음으로 우리는 해당 공정 중에 한 가지 작은 구성 요소만을 탐구할 것이다.

진화 모델

모든 미생물, 심지어 개량된 미생물도 똑같이 행동하는 것은 아니다. 분명한 이유로 좀 더 빨리 번식하는 미생물을 선택하면 탄소 전환 공정에 더 유익할 것이다.

서로 다른 비율로 번식하는 두 종류의 박테리아로 가득 찬 묽은 수프를 상상해 보자. 이 수프가 완두콩 수프처럼 걸쭉해질 때까지 박테리아를 기르고 번식시킨 뒤 물로 희석하는 과정을 반복하면 어떻게 될까? 우리는 이것이 빠른 번식 박테리아를 선호하는 일종의 인위적 선택 공정으로 작용한다는 것을 보여 줄 것이다.

만일 두 생물종 모두 출생률이 일정하다면, 개체 수 P_1과 P_2는 둘 다 시간의 지수 함수가 될 것이다. 이것이 '출생률이 일정하다'라는 *의미이다.* 출생률은 연간 인구 1천 명당 출생아 수로 나타낸다. 따라서 연간 인구 1천 명당 출생아 수가 6명일 때 3천 명인 커뮤니티에서는 6 × 3 = 18이므로, 1년에 18명이 증가한다. 인구가 P인 경우엔 1년 동안 P에 비례하는 숫자인 $\frac{6}{1000}P$만큼 성장할 것이다.

지수 함수는 일정한 시간 동안 일정한 비율로 증가 또는 감소하는 특성이 있다.**부록 6.4 참조** 그리고 이자율이 연속해서 복리화되는 것처럼, 인구 비율도 연속적인 시간 변수에 따라 달라진다. 초기 인구가 P_0이고, 출생률이 β이면, 인구는 $P(t) = P_0 e^{\beta t}$로 성장할 것이다.**부록 6.4 참조** 여기서 출생률은 시간 단위당 인구 1천 명당 출생아 수로 기록된다. 따라서 이 사례에서 출생률은 6이 아니라 $\beta = \frac{6}{1000}$이다. 또한 출생률은 출생 *그리고* 사망을 모두 고려한 '총량net quantity'이라고 가정할 수 있으며, 사망은 부정적인 기여를 한다는 점도 유의해야 한다.

따라서 개체 수 P_1인 첫 번째 생물종은 초기 개체 수가 A이고 성장률이 β_1이며, 개체 수 P_2의 두 번째 생물종은 초기 개체 수가 B이고 성장률이 β_2라고 하자. 그러면 다음과 같이 관계를 설정할 수 있다.

$$P_1(t) = Ae^{\beta_1 t} \qquad P_2(t) = Be^{\beta_2 t}$$

출생률이 더 높은 종을 첫 번째 생물종이라고 부르기로 결정하자. 그래서 $\beta_1 > \beta_2$이고, 물론 우리는 $A > 0$와 $B > 0$를 택한다. 그렇지 않으면 개체 수가 음수이거나 0인데, 이는 무의미하거나 관심의 대상이 아니다.

이러한 데이터를 바탕으로, 첫 번째 생물종으로 대표되는 박테리아의 비율을 적어 보자.

답을 생각하고 적어 보자.

잠시 시간 의존성을 무시하면 문제는 간단하다. 박테리아 총수는 $P_1 + P_2$이므로, 첫 번째 종이 차지하는 비율은 $\frac{P_1}{P_1 + P_2}$이다. 분자와 분모를 P_1로 나누면 $\frac{1}{1 + P_2/P_1}$이다. 이제 지수 함수를 적용하면, $\frac{1}{1 + Be^{\beta_2 t}/Ae^{\beta_1 t}}$로 쓸 수 있다. 대수와 지수 규칙으로 다시 쓰면 다음과 같다.

$$\frac{1}{1 + \frac{B}{A} e^{(\beta_2 - \beta_1)t}}$$

그러나 $\beta_1 > \beta_2$이므로, $\beta_2 - \beta_1$ 값은 *음수이며*, 따라서 $e^{(\beta_2 - \beta_1)t}$ 은 감소하는 지수 함수를 나타낸다. 오랜 시간이 지나면 이 항은 0에 가까워질 것이다. 즉 첫 번째 생물종의 박테리아 비율은 시간이 지남에 따라 $\frac{1}{1+0} = 1$에 가까워지므로, 위의 함수는 1에 접근한다는 것을 보여 준다. 빠르게 번식하는 생물이 전체를 차지하게 된다.

실제로 박테리아는 한정된 수프에서는 먹이가 부족해지므로 영원히 번식할 수 없다. 하지만 시간이 지남에 따라 첫 번째 생물종으로 대표되는 박테리아가 *일정 비율*을 차지하도록 고려하고 있으므로, 이 비율이 변하지 않도록 주기적으로 수프를 희석할 수 있다. 결과적으로 이 과정은 증식이 느린 박테리아를 제거하고 우리가 원하는 대로 빠른 번식을 하는 박테리아만 남긴다.

빠른 성장 박테리아가 있으면 '발효' 과정이 빨라지고, 작업이 더 효율적이고 생산적일 수 있다. 이것은 더 수익성이 있는 비즈니스 모델로 이어질 것이다.

또한 기업가는 공급원의 다양한 농도와 양조 과정에 존재하는 여러 오염 물질에 좀 더 잘 견디는 박테리아 배양 공정을 만들기 위해서 더 나은 테크놀로지를 개발할 것이다.

효율성과 이익에 대한 이러한 주장을 더 *정량화*하려면, 비즈니스 재무 모델을 구축해야 한다. 우리는 경영 대학원이나 실제 비즈니스에서와 같은 엄격한 사례 연구를 다루지 않을 것이다. 대신 간단하면서도 교훈적인 모델에 만족할 것이다.

경제

경제는 수익을 더하고 비용을 빼는 것이다. 차이가 클수록 더 많은 이익을 얻을 수 있다. 따라서 비용을 낮추거나 수익을 높이는 방법(또는 둘의 조합)으로 이익을 늘릴 수 있다. 예를 들어, 위에서 설명한 선택적 번식 공정으로 효율성을 높이면 비용이 절감된다. 수익을 추정하려면 소득과 지출에 관한 신중한 재무 모델을 만들어야 한다.

기초 화학에 대한 이해와 함께 우리가 탄소 포집으로 사업을 할 수 있는지 살펴보겠다. 이때 일산화탄소 가스를 탄화수소로 전환하는 미생물 공정을 포함한 몇 가지 테크놀로지를 사용한다. 경제적 타당성을 확인하기 위한 가장 직접적인 분석 방법은 모든 비용과 잠재적인 수익원을 나열한 다음 비교하는 것이다. 약간의 브레인스토밍이 필요할 수 있다.

세 가지 가능한 비용을 생각하고 적어 보자.

과학과 화려한 경제학 이야기는 모두 뒤로 하고 국수 한 그릇을 팔려고 한다. 국수를 팔려면 재료를 구하고, 국물을 만들고, 시장에서 돈이 있는 배고픈 고객을 찾아야 한다. 이렇게 하려면 여러 가지 비용이 발생한다. 시장에서 자리를 잡아야 하고, 냄비와 칼과 그릇이 필요하며, 스스로 청소도 해야 한다. 도움을 받아야 할 수도 있다. 어떤 비용은 계속 발생하고, 일부는 사업을 시작하고 진행하는 데 드는 일회성 비용이다. 시작하기 전이라도 냄비와 칼이 필요하고, 완벽한 레시피를 개발해야 한다. 간판과 요리사 모자도 필요하다. 이러한 초기 비용 중 일부는 반복적으로 발생한다. 조리 기구를 유지, 교체해야 할 수도 있다. 여러분의 고객이 신장개업한 식당을 찾아 나서기 전에 새로운 국물맛을 연구해야 한다.

탄소 포집 사업으로 돌아가서 가능한 비용을 표로 제시한다.

지출	설명
원료 R	연료로 전환할 재료를 조달해야 한다.
운송 T	재료를 공장에 가져오고, 제품을 구매자에게 전달해야 한다.
운영 비용 O	전기, 물 등이 필요하고, 근로자와 연구원에게 임금을 지급해야 한다.
법적 비용 L	에너지 생산에 관한 법률이 산재해 있다.

여기에 간단한 수익원이 있다.

수익원	설명
제품 판매 S	연료나 다른 물질을 만들어 판매한다.
특허 라이선스 P	다른 회사에 여러분의 공정 사용료를 청구할 수 있다.

'그럴 만한 가치가 있을까?'라는 질문에 양적으로 답변하려면 비용과 수익을 추산하고, 최종적으로 플러스인지 확인해야 한다. 하지만 그렇게 하려면 생산 모델을 만들어야 한다. 제트 연료를 한 통만 만들 것인가, 아니면 호수를 채울 만큼 많이 만들 것인가? 제트 연료 하나만 주력하여 생산할 것인가, 아니면 여러 제품을 생산할 것인가? 모든 비용이 얼마나 들 것이며, 현실적으로 얼마나 벌 수 있을지 예상하는가? 기존 기업도 여러 시나리오로 수익성과 실

행 가능성을 추정해 생산 능력과 제품 변경을 검토한다. 환경은 끊임없이 변화하고 있으며, 기업은 최대 이익이라는 '움직이는 목표'를 달성하고자 한다. 그러려면 투자가 필요하며, 은행이나 벤처 자본가는 시장에 대한 냉정한 분석을 통해 확신이 있어야 투자할 것이다.[4]

수학적 모델 구축

학습이 목적이므로 이 장에서는 자세한 수치를 얻으려 하지 않고 비용 모델을 구축하는 방법에 초점을 둘 것이다. 위의 표와 같이 대문자 R, T, O, L, S, P로 레이블을 지정하면, 이익 $\mathcal{P}$ 는 (P는 이미 특허에서 사용했기 때문에 새 글꼴을 사용해야 한다) 수익에서 비용을 뺀 값으로 다음과 같다.

$$\mathcal{P} = (S + P) - (R + T + O + L)$$

이제 우리의 생산 모델이 두 개의 제품을 각각 다른 양으로 만든다고 가정하자.

제트 연료 x 단위   전기 y 단위

---

4   벤처 자본가는 여러분이 비즈니스를 시작하거나 확장하는 데 도움이 되는 자금을 제공하는 사람으로, 그 대가로 일반적으로 여러분 회사의 소유권 일부를 갖는다.

우리가 선택한 측정 형태가 갤런, 배럴, 기타 등등 무엇이든 상관없다. 확실히 하려면 더 복잡한 모델을 만들 수도 있지만, 이 모델은 이미 몇 가지 특징을 가지고 있다. 예를 들어, 제트 연료를 만들면 운영 비용이 더 많이 들지만 더 많이 판매할 수 있다. 그러나 항상 그런 것은 아니다. 예를 들어 제트 연료 구매자가 한 명뿐이라면, 구매자가 구매하려는 것보다 더 많이 만들고 싶지 않을 것이다.

그래서 각각의 함수 S, P, $\cdots$는 모두 x, y에 종속적이고, 따라서 이익 $\mathcal{P}$는 x와 y의 함수이다. 그래서 우리는 어떻게 x와 y를 선택해야 $\mathcal{P}(x, y)$가 최대화되는지 알아내야 한다.

언제나 그렇지 않지만, 일반적으로 x와 y가 모두 두 배로 증가하면 $\mathcal{P}$는 두 배까지는 아니어도 증가하므로^{223쪽 <규모> 참조} $\mathcal{P}$를 최대한 크게 하려면 둘 다 아주아주 크게 하면 될 것처럼 보인다. 그러나 실제로는 시설과 공급의 한계로, 또는 어느 시점에서 연료의 구매자를 찾지 못할 수 있으므로 무한정 제트 연료와 전기를 생산할 수 없다. 그래서 우리는 단순히 x와 y를 크게 만들어서 $\mathcal{P}$가 커지도록 할 수는 없다. 대신 $x + y$ 또는 둘의 조합에 제한적 한계가 있어서 $x + y \leq \mathrm{M}$가 된다.

이 부등식을 더 구체적으로 표현해 보자. 시설을 24시간 동안 가동할 수 있다고 가정하자. x는 하루당 배럴✚ ^{1배럴은 40갤런이고 약 160리터이다.} 단위로 측정하고, y는 하루당 메가와트시MWh 단위로 측정한다고 가정한다.[5] 제트 연료 1배럴을 만드는 데 4시간, 1메가와트시의 전기를 만드는 데 1시간이 걸리고,

5   이러한 유형의 에너지에 대해 일반적으로 비용이 크기 자릿수 1 이내가 되도록 단위를 선택했다.

제조 공장에서는 주어진 시간에 하나의 제품만 만들 수 있다.

   x와 y의 생산량 한계는 얼마일까?

   답을 생각하고 적어 보자.

   한계는 하루 24시간으로 부과된다. 하루에 제트 연료를 x배럴씩, 전기를 y메가와트시씩 생산할 경우, $4x + y$시간 가동해야 하므로 하루 가동할 수 있는 한계는 $4x + y \leq 24$시간이다. 물론 $x \geq 0$ 그리고 $y \geq 0$이다. 다른 분석을 통해서 우리가 운영할 수 있는 가동 능력이 있고 구매자를 충분히 찾을 수 있어서 수익성이 있다고 판단한다면, 최대 $4x + y = 24$까지 가동하려고 할 것이다. 이 방정식은 쉽게 y에 관한 식으로 바꿀 수 있다.

$$y = 24 - 4x$$

   $y \geq 0$이므로, 위 식은 x가 무한정 클 수 없다는 것을 의미한다. 즉 $24 - 4x \geq 0$ 또는 $x \leq 6$이다. 이익 $\mathcal{P}$가 x만의 함수로 표현될 수 있다는 뜻이다. 그러면 그래프나 다른 방법을 사용해 허용된 범위 $0 \leq x \leq 6$에서 해당 함수 $\mathcal{P}$의 최댓값을 확인할 수 있다.

   완벽한 정보를 얻을 수 있는 비교적 단순한 모델을 사용하더라도 비즈니스 재무가 어떻게 빠르게 복잡해지는지 쉽게 알 수 있다. 보다 현실적으로 접근하면, 더 많은 변수와 더 많은 불확실성 그리고 끊임없이 변화하는 공급 업체와 고객이 있다.

   더 나아가 고객이 여러분에게 원료를 공급하는 공급업체라는 가정을 해 보

자. 즉 여러분은 공장에서 배출되는 가스를 바로 같은 공장의 연료로 전환한
다. 이 경우엔 특허 수익도 없고 법적 비용도 없다. 고객이 공장에서 바로 원
료를 제공하므로 운송 또는 자재 비용도 없다. 간단히 $R = T = L = P = 0$이
라고 하자. 물론 이것은 매우 단순한 가정이지만, 요점은 모델을 보여 주는 것
이다. 현실적으로는 더 많은 구성 요소와 다수의 복잡성이 포함되겠지만, 기
본 전략은 같다.

수익은 단지 판매액, 지출은 운영비만 있는 기본 모델을 사용하면 이익 $\mathcal{P}$
$= S - O$이다. 이것을 매달(30일) 달러 단위로 측정해 보자. 여기서 O가 운영
비용인데, 예를 들어 제트 연료 1배럴을 생산하는 데 \$30, 전기 1MWh를 생
산하는데 \$5가 든다고 하자. 이 수치는 인건비, 시설비, 에너지 그리고 기타
모든 것을 포함한 운영 비용 전체를 나타낸다.

그러면 함수 O는 무엇일까?

답을 생각해 보고 적어 보자.

일일 운영 비용이 $30x + 5y$이므로 월 비용은 일 비용의 30배가 된다.

$$
\begin{aligned}
O(x) &= 30(30x + 5y) \qquad &&y\text{가 }x\text{에 종속된다는 것을 기억하라.}\\
&= 900x + 150y\\
&= 900x + 150(24 - 4x) \qquad &&y = 24 - 4x\text{를 대입한다.}\\
&= 300x + 3600
\end{aligned}
$$

이제 판매 모델을 만들어 보자.[6] 여기서 우리는 전기 수요가 일정해서 가격
을 메가와트당 \$15로 고정할 수 있다고 가정한다. 그래서 하루에 y메가와트

를 만들어서 각각 $15에 팔면, 전기 판매 수익은 하루에 $15\,y$ 달러이고, 한 달 30일이면 다음과 같다.

$$30 \times 15\,y = 450\,y = 450(24 - 4\,x) = 10800 - 1800\,x$$

$y = 24 - 4\,x$ 라는 사실을 다시 사용했다. 이제 제트 연료를 더 많이 만들 수록 제트 연료의 가치가 감소한다고 가정해 보자. 이것은 생산량 x 가 증가 하면 배럴당 평균 가격이 하락한다는 뜻이다. 우리가 얻을 수 있는 가격은 배 럴당 $80 - x$ 달러라고 가정해 보겠다. 제트 연료의 일일 판매액은 $(80 - x)x$ 이며, 월별 판매액은 다음과 같다.

$$30 \times (80 - x)(x) = 2400\,x - 30\,x^2$$

총판매액은 제트 연료와 전기 판매액의 합으로 구성된다.

$$S(x) = (10800 - 1800\,x) + (2400\,x - 30\,x^2) = 10800 + 600\,x - 30\,x^2$$

총이익은 판매액에서 비용을 뺀 값이므로, 다음과 같이 계산할 수 있다.

6　이 가격은 집필 당시 전국 평균과 크게 다르지 않다.

$$\begin{aligned}
\mathcal{P}(x) &= S(x) - O(x) \\
&= (10800 + 600\,x - 30\,x^2) - (300\,x + 3600) \\
&= 7200 + 300\,x - 30\,x^2
\end{aligned}$$

이 함수의 그래프는 아래쪽으로 열린(위로 볼록한) 포물선이다.**부록 6.3 참조** 최 댓값은 $x = 300/(2 \times 30) = 5$이다. 따라서 $x = 5$배럴의 제트 연료를 만들 면 수익성이 가장 크고, 따라서 전기는 $y = 24 - 4\,x = 24 - 4 \times 5 = 4$메가 와트시를 생산한다. $\mathcal{P}(x)$의 식에 $x = 5$를 대입하면 월 이익은 아래와 같이 한 달에 약 \$8,000이다.

$$\mathcal{P}(5) = \$7,950$$

우리는 비즈니스 모델을 만들고 이를 기반으로 이익을 창출할 수 있다고 결론을 지었다. 어떤 의미에서 우리가 제기한 질문에 답을 한 셈이다. 그러나 이 모델에서 이익이 매우 작다는 것에 주목하자! 확실히 이 속도로는 에너지 거물이 되지도 못하고, 이처럼 작은 생산 속도로는 한 국가의 일산화탄소 배 출 가스를 억제하지도 못할 것이다. 이를 성공적인 사업으로 만들고 녹색 임 무를 성공적으로 완수하기 위해서, 시설 용량을 늘려 연료를 더 빨리 생산하 거나 더 많은 시설에서 이 과정을 반복하기를 바랄 수 있다. 그러나 한 달에 단지 \$8,000의 이익을 더 내기 위해서 많은 시간과 에너지 그리고 초기 비용 을 소비해야 한다. 이러한 전망을 실행 가능하게 만드는 것은 생산량이 많을 수록 단위당 수익성이 증가한다는 *규모의 경제*이다.

따라서 이제 공정을 어떻게 '확장'하는지 그 방법으로 관심을 돌려보자.

규모

규모Scale는 비즈니스에서 중요한 개념이다. 돈을 벌 수 있는 믿을 만한 방법이 있다면, 비록 그것이 아주 적은 금액이더라도 돈의 규모를 잘 키우면 많은 돈을 벌 수 있다.

언뜻 보기에 '모든 것을 두 배'로 키우면(공정을 두 번 진행한다고 가정할 때) 두 배로 벌 수 있고, 세 배를 투입하면 세 배를 벌 수 있다고 생각할 수 있다. 물론 모든 비용과 근로자의 수를 두 배로 늘려야 한다면 1인당 이익은 그만큼 작을 수 있다. 그래도 좋지만 만족스럽지는 않다. 규모를 확장하려면 비용이 들 것이고, 그렇게 작은 이득으로 투자자를 유치하는 것은 힘들 것이다.

그러나 일부 공정은 확장성이 뛰어나다. 만일 여러분이 미용실을 운영하는데 매장 내 의자 수를 두 배로 늘릴 수 있는 공간을 갖고 있고 수요가 많다면, 임대료를 1센트도 더 내지 않고 꾸준히 두 배의 수익(설치 초기 비용 제외)을 올릴 수 있다. 그리고 전기, 난방, 관리 비용은 두 배보다 훨씬 적게 든다(헤어 디자이너가 고용인이라면 급여가 인상될 수도 있지만, 의자를 임대하고 헤어 디자이너를 독립 계약자로 대우하면 비용이 증가하지 않을 수도 있다). 이는 비즈니스가 성장함에 따라 이익이 더 빠르게 증가한다는 것을 의미한다.[7]

만일 여러분이 공장을 하루 8시간 3교대로 운영한다면 생산량과 판매를

7　보석상과 같은 비즈니스는 판매할 때마다 많은 돈을 벌지만, 판매량은 그렇게 많지 않다. 식료품점과 같은 비즈니스는 판매할 때마다 매우 적은 돈을 벌지만, 판매가 확실하고 승수 효과로 많은 이익을 얻을 수 있다. 이를 '규모 키우기'라고 한다. 즉 판매량이 많다.✚ 매출 총이익이 발생한다. 백화점 때문에 압박받고 있는 의류 소매점 오너가 사업을 일으키기 위해 세일을 결정한다는 오래된 농담이 있다. 관리자가 불평할 정도로 가격을 낮추어서 관리자가 "하지만 사장님, 이런 가격이면 판매할 때마다 손해를 봅니다."라고 하면, 사장은 "괜찮아, 규모가 커지잖아!"라고 대답한다.✚ 매출 총손실이 발생한다.

3배로 늘릴 수 있고, 재료비를 3배로 늘려야 하더라도 임대료와 같은 고정비는 증가하지 않을 수 있다. 유지 보수는 증가하지만 3배는 되지 않을 수 있다. 공장 근로자 급여가 3배 증가할 수 있으나(야간 근무에 추가 비용을 지불해야 하는 경우 약간 더), 중역과 대부분 관리자에게 주는 급여는 그렇지 않을 것이다.

현실성이 약하지만 구체적인 사례를 생각해 보자. 여러분이 병원용 장비를 만드는 회사를 소유하고 있다. 삐~ 하고 신호음이 나는 기계이다. 병원을 방문해 신호음 기계 설치를 돕도록 영업 사원을 고용한다(영업 사원의 근로 소득 일부는 여러분이 지불하고, 일부는 판매에 따른 일정 비율의 수수료에서 나온다). 필요한 경우 병원을 지원할 직원을 고용한다. 다음은 월별 지출 명세로, 단위는 1천 달러이다.

- ◆ 광고 5
- ◆ 영업 사원 및 직원 급여 20
- ◆ 조립 근로자 50
- ◆ 재료(기계 제작용) 20
- ◆ 관리자 급여 10
- ◆ 임대료 또는 대출금 20
- ◆ 운송 또는 출장(주로 영업 사원 대상) 10
- ◆ 전기, 유지 관리 5

이 모델의 경우, 여러분이 매월 20개의 장비를 판매할 수 있다고 가정한다. 각 장비의 가격은 10(단위는 여전히 1천 달러)이며, 월별 수익은 200이다. 그러면 월별 이익은 다음과 같다.

$$200 - (5 + 20 + 50 + 20 + 10 + 20 + 10 + 5) = 60$$

판매 장비 한 대당 이익은 60/20 = 3천 달러이다.

생산량을 두 배로 늘리고 영업팀을 두 배로 늘린다면 어떨까? 새로운 생산 모델은 다음과 같다.

- 광고 8 (광고 범위가 넓어졌지만, 새 광고를 만들 필요는 없음)
- 영업 사원 및 직원 급여 40 (이것은 두 배)
- 조립 근로자 80 (기계는 두 배로 작동하지만, 작업자는 두 배가 아님)
- 재료 35 (대량 주문에 따라 더 좋은 가격으로 협상)
- 관리자 급여 14 (인상되지만 관리할 새로운 공정이 없음)
- 임대료 또는 대출금 25 (소규모 공장 확장으로 인하여 지출이 약간 더 많아짐)
- 운송 또는 출장 25 (범위가 더 커짐, 기존 비용의 두 배 이상)
- 전기, 유지 관리 8 (난방, 조명은 증가하지만 두 배로 증가하지는 않음)

여러분이 판매 영역을 넓히다 보니, 정상 작동하는 신호음 기계를 주문하려는 병원 몇 군데를 발견했다. 신규 고객을 대상으로 거래를 성사하고 비즈니스 성장에 도움을 주고자 영업팀이 가격 할인을 제안했다. 결과적으로 여러분은 매출을 두 배 올릴 수 있었지만, 기계의 평균 가격을 9.5로 낮추었다.

그래서 매달 두 배, 즉 40대의 장비를 판매했지만, 신규 고객에게 판매하기 위해 어느 정도 타협을 해야 했기 때문에 판매액은 40 × 9.5 = 380에 불과했다. 총이익은 다음과 같다.

$$380 - (8 + 40 + 80 + 35 + 14 + 25 + 25 + 8) = 145$$

현재 장비 한 대당 이익은 $145/40 = 3.625$천 달러이다.

생산을 확대하면 더 낮은 가격에서도 장비 한 대당 더 높은 이익을 낼 수 있다는 점에 주목하자. 이는 규모의 경제를 보여 주는 한 가지 사례이다! (사업에 따라 품목당 이익이 감소하더라도 사업이 성장해 총이익이 증가하는 것이 바람직할 수 있음을 참고하자.)

좀 더 자세히 살펴보면, 자동화된 공정이 수동 공정보다 확장성이 더 좋다는 것을 알 수 있다. 예를 들어, 영업 사원의 노동 시간을 두 배로 늘리려면 비용이 두 배 들지만, 기계에는 적용되지 않는다. 전자상거래가 폭발적으로 증가한 이유를 이해할 수 있다.

균형이 절묘했다는 것에 주목하자. 운송비 증가를 어떤 식으로든 수용할 수 없었다면 회사가 규모 확장을 제대로 하지 못했을 것이다. 따라서 생산과 영업 인력을 계속 확장하더라도 이 회사가 수익성을 한없이 올리지 못할 수 있다.[8]

우리는 가상 버전의 탄소 포집 회사를 운영하기 위해서 이와 같은 분석을 디자인하고 상상할 수 있었다. 매달 $7,950라는 이익은 차고에서 회사를 운영하는 개인에게는 적합하겠지만, 앞에서 암시했듯이 기업가 혹은 투자자, 환경론자들은 이 아이디어를 훨씬 더 발전시키기를 바랄 것이다.

---

8   이를 해결하는 방법은 여러 가지가 있다. 예를 들어 영업 인력이 파견되는 두 번째 홈오피스를 구축하거나 원격 영업 사원이 재택근무를 하게 할 수 있다.

요약

과학적, 기술적, 경제적 근거를 기반으로 오염 물질을 재활용하는 문제에 접근하며, 기초 화학을 배웠다. 일산화탄소는 산업 공정에서 발생하는 독성 가스이며, 화학 반응을 통해 연료로 전환될 수 있다. 우리는 화학 물질이 어떻게 표기되는지, 반응을 하면 어떻게 변하는지, 반응 전후 원자들 개수의 균형을 어떻게 맞추는지도 배웠다. 그런 다음 미생물이 일산화탄소 배출 가스를 탄화수소 연료로 전환하는 구조를 논의했다. 그것은 기초 과학이었다. 이것이 어떻게 실행 가능한지 이해하려고 박테리아를 인위적으로 선택해 빠른 번식 박테리아를 선호하는 과정을 공부했으며, 이것이 공정을 더 효율적으로 만들고 궁극적으로 수익성이 있기를 희망했다. 경제적 근거에 대한 타당성을 분석하고자 생산과 판매에 영향을 미치는 다양한 요인을 사용해 우리가 생각한 비즈니스에 대한 비용-편익 분석을 구축하는 방법을 논의했다. 마지막으로, 회사의 실제 수익성은 모델을 *확장할* 수 있는 능력에 달려 있다고 결론지었고, 기업이 어떻게 수익성 있게 생산을 확장할 수 있는지에 대한 약간의 통찰력을 얻었다.

확실히 탄소 포집을 위한 진지한 노력은 우리가 여기서 시도했던 것보다 훨씬 더 많은 분석뿐만 아니라 훨씬 더 많은 과학과 경제도 필요로 한다. 하지만 우리 목표는 소박했다. 이 문제를 조금이나마 접하고 전 세계 친환경 기업인들의 부단한 노력에 감사하게 되었다.

연습 문제

1. 이 7장에서 설명한 탄소 전환 과정을 한 페이지로 요약하여 작성하시오.

2. 여러분은 메테인의 연소가 대기의 이산화탄소 발생에 기여한다고 들었을 것이다. 메테인 분자의 화학 기호는 CH_4이다. 연소는 산소와 결합하는 것을 의미한다. 그 과정의 결과는 이산화탄소와 물이다.
이러한 모든 요소를 사용하여 화학 방정식을 작성해 보자. (반응 전 입력 항목은 더하기 기호로, 그다음엔 화살표로, 반응 후 출력은 더하기 기호로 구분한다.) 이제 방정식의 균형을 맞추기 위해서 반응 전후(입력과 출력) 양쪽에 있는 각각의 원자의 총숫자가 일치하도록 한다.**부록 3의 연습 9와 연습 문제 10 참조** 이 절차를 화학량론stoichiometry이라고 한다.

3. 2,3-뷰테인다이올($C_4H_{10}O_2$)은 란자테크 공정에서 생산되는 또 다른 화학 물질로, 나일론이나 고무 같은 것을 제조하는 중간 제품이다. 란자테크 박테리아는 수소 가스와 일산화탄소를 소비하고 2,3-뷰테인다이올과 물을 생산한다. 이 공정에 대한 화학 방정식을 작성한 다음 식의 균형을 맞추어 보자.

4. 수소 가스(H_2)와 아이오딘(I_2)은 반응하여 아이오딘화수소(HI)를 만든다. H_2와 I_2가 HI로 변하는 속도는 두 반응 물질의 농도에 비례한다. 이 경우에 과량의 H_2가 있다고 가정하면, 농도가 크게 변하지 않고 상수로 처리될 수 있다.

짧은 시간 후에 I_2의 농도 변화에 대한 방정식을 작성한다. 특별히 I_2의 농도를 $[I_2]$라고 하고, Δt만큼 짧은 시간 후 변화량을 $\Delta[I_2]$로 쓰는데 이를 $[I_2]$ 자체와 비례 상수 k의 항으로 표현한다.

이제 시간의 함수로서 $[I_2]$에 대한 식을 초기 농도 C와 k의 항으로 작성하시오. I_2의 90%가 소진되는 데 얼마나 오래 걸릴까? 답을 k의 항으로 표현하시오.

힌트 3장의 비고 3.1을 참조한다. 지수 함수가 있을 것이다.

5. 여러분은 자동차 왁스 회사의 최고 경영자CEO이며 유명인의 광고주로서 경주용 자동차 운전자를 후원하려고 한다. 유명인의 매력은 때때로 0에서 100 사이의 숫자인 'Q점수'로 평가된다.[9] 여러분의 재무 분석가는 Q점수가 매년 $(1+Q/20)$백만 달러의 추가 판매액을 기대할 수 있다고 판단했다. (예를 들어, 각 운전자는 적어도 100만 달러 이상의 매출을 추가로 올릴 것이다.)

여러분은 마케팅 부사장VP에게 다양한 경주용 자동차 운전자(다양한 Q점수를 소유)를 스카우트하고 그들 중 한 명과 협상하는 데 최대 한 달을 사용하라는 지시를 내린다. 여러분은 부사장에게 줄 수 있는 가용 자금을 해결해야 한다. 즉 광고 홍보 계약으로 지출할 최대 금액을 파악해야 한다. 이는 운전자의 Q점수에 따라 달라진다. 회사에 손실이 되지 않도록 거래하

---

9 Q점수는 유명인(또는 브랜드, 레이블 등)에 대해 들어 본 적이 있는 사람을 대상으로 질문해 특정 유명인을 '내가 좋아하는 사람 중 하나'로 평가한 비율로 측정한다. 또 다른 평가 방식은 '매우 좋음', '좋음', '보통' 또는 '나쁨'을 선택하는 것으로, Q점수가 평균이 아니라는 점에 유의한다. 두 명의 유명인 중에서 한 명은 '나쁨'이 자주 나왔고, 다른 한 명은 '내가 좋아하는 사람 중 하나'라는 응답이 자주 나왔더라도 동일한 Q점수를 받을 수 있다.

려면 이 최대 금액이 최고의 가치가 되도록 선택하여, 이 모험적 사업의 예상 순이익이 0보다 작지 않아야 한다. 이익이 판매액의 40%이고 부사장 연봉이 $240,000라고 가정한다. (부사장이 최대 금액보다 적은 금액으로 거래를 성사하길 원하기 때문에 좋은 거래가 성사되면 보너스가 기다리고 있다고 암시할 수 있다.)

계약에 필요한 지출을 위해서 부사장에게 제시할 수 있는 최대 가용 자금은 얼마일까? (ρ에 따라 다르다는 것을 기억하자.)

6. 여러분은 냉장고를 판매하는 회사 CEO이다. 냉장고 한 대당 $800의 수익이 생긴다. 초기 비용은 100만 달러이며, 제조된 냉장고 한 대당 $100의 고정 비용(재료, 노동, 전기 등)이 발생한다. 냉장고를 더 많이 팔수록 유통 및 운송 서비스를 확대해야 하므로 비용은 $0.1\,x^2$ 달러이다. 여기서 x는 냉장고 판매 대수이다. 이 모든 일이 당해 연도에 일어난다고 가정할 때, 회사가 이익을 내기 위해 한 해에 판매해야 하는 냉장고는 최소 몇 대인가? 회사가 다시 수익성을 잃게 되는 숫자가 있을까? 최대 이익은 얼마인가?

7. 여러분이 알고 있는 지방 자치 단체의 예산에서 연간 운영 지출과 수입을 찾아보자. (미국에서는 이러한 문서가 공개 기록의 일부이므로 열람할 수 있다.) 세 가지 실제 수입원과 이 예산으로 사용하는 세 가지 지출을 인용하시오. **[연구를 포함한 문제]**

8. *배출총량거래Cap and Trade*는 오염 물질을 통제하기 위한 시장 기반 접근 방식이다. 이 경우 정부는 공장에서 배출되는 이산화탄소의 총량을 연간

100톤으로 제한한다. 즉 '상한선$_{cap}$'이 100톤이다. 여러분의 회사가 100톤보다 적게 배출하는 경우, 나머지 배출권을 판매(또는 거래)할 수 있다. 또는 더 많이 배출해야 한다면, 상한선을 통과한 기업으로부터 배출권을 구입해야 한다.

배출총량거래가 시작되기 전에 회사는 120톤의 이산화탄소를 배출하면서 연간 900만 달러의 이익을 냈다고 가정하자. 회사가 오염시키는 양과 이익이 서로 비례한다고 가정할 때, 배출량 상한선 제도가 시행되면 얼마나 많은 이익을 낼 것으로 예상하는가? 20톤을 더 배출할 수 있는 권리를 사기 위해서 최대 얼마까지 지불하겠는가?

이제 오염 물질을 위해 다른 사람에게 돈을 지불하는 것이 미친 짓이라고 생각해 보다 효율적인 생산 모델을 개발하기로 결정했다고 가정해 보자. 이 새로운 기술을 개발하는 데 300만 달러의 비용이 들고, 오염 물질을 25%까지 줄인다. 청정 기술에 투자하고 원금을 회수하려면 몇 년이 걸릴까?

9. 모자와 가방 가게는 모자와 가방 두 가지 제품을 생산한다. 모자 하나당 생산 시간은 2시간, 가방 하나당 1시간이 걸린다(가게는 항상 운영된다). 모자를 생산하는데 $17가 들고 $45에 팔린다. 가방은 생산하는 데 $20가 들지만, 가방 시장이 더 붐비기 때문에 가방은 $50 − b에 팔린다. 여기서 b는 하루에 팔리는 가방 개수이다. 최대 이익을 얻기 위해 매장은 하루에 몇 개의 모자와 가방을 생산해야 하며, 최대 이익은 얼마인가? 생산되는 모자와 가방이 모두 판매된다고 가정한다.

10. 어린이용 레모네이드 가판대를 분석해서 계산해 보자. 수익성이 있을까? 여러분의 판단이 부모로서의 결정에 영향을 미칠까? **(연구를 포함한 문제)**

11. 이 7장에 다룬 진화 모델을 참조해 출생률이 $\beta_1 > \beta_2 > \beta_3$인 세 종류의 박테리아가 있을 때, 첫 번째 생물종 박테리아의 비율이 시간에 따라 어떻게 변하는지 확인하시오. 만약 n개의 생물종이 있다면?

12. 차익 거래란 무엇인가? 왜 우리 모두 싸게 사서 비싸게 팔면 안 되는가? **(연구를 포함한 문제)**

13. 이 7장 질문과 관련된 프로젝트의 주제를 생각해 보자.

프로젝트

A. 종이 또는 비닐, 어느 것이 환경에 덜 해로울까? 모델의 가정 및 한계뿐만 아니라 해로움을 측정하는 방법을 명확히 하시오. 상점으로 차를 몰고 가다가 장바구니를 가져오는 걸 잊었다고 가정해 보자. 그대로 가서 슈퍼마켓 비닐봉지 4개를 사용하거나 다시 집으로 돌아가 장바구니를 챙겨서 추가로 N마일을 더 운전할 수도 있다. N값이 얼마 이상일 때 차를 되돌리지 않고 계속 가는 것이 환경적으로 좋을까?

B. 메테인은 온실 효과를 통해 지구 온난화에 영향을 주는 또 다른 기체이다.

천연가스를 생산할 때, 약간의 메테인이 대기로 방출된다. 현재 수준에서 대기에는 메테인보다 훨씬 더 많은 이산화탄소가 있다. 그러나 메테인을 배출하는 것이 이산화탄소를 배출하는 것보다 상대적으로 지구 온난화에 *더 큰* 영향을 미친다는 것이 밝혀졌다. 그 이유를 알아보고, 천연가스의 생산과 석탄을 비교하되, 상대적인 *환경적* 이익 또는 피해에 대해 분석해 보자. 문제는 복잡한데, 일부 이해 당사자들이 제기할 수 있는 반대 주장을 반드시 고려해야 한다. 어느 정도까지 양적으로 탐색할 수 있는지 그 정도를 찾아 보자.

C. 커피숍을 차리려고 한다. 이 벤처에 대한 비즈니스 모델을 작성하시오. 임대료, 재고품, 급여, 가격, 위치, 고객(그들이 앉아서 채팅만 한다면?), 공과금, 관련될 수 있는 다른 요인에 대해 논의하시오. 일리노이주 에번스턴 또는 여러분이 살고 있는 지역의 자치 단체를 기준으로 현실적인 가격을 사용하시오.

08

밤하늘은 왜 어두울까?

부록 추정, 확률

개요

많은 별이 밝게 빛나는데 밤하늘은 왜 어두울까? 올버스의 가정을 확인하고 역설에 대한 설명을 검토한 다음, 이러한 가정이 왜 잘못됐는지 이해하기 위해서 현대 물리학을 공부한다.

1. 올버스는 무한한 우주에 별들이 고르게 분포되어 있다고 가정한다. 이것이 왜 밝은 하늘로 이어지는지 그의 주장을 검토한다.

2. 이 우주론적인 질문과 관련된 화학과 물리학을 배우고, 어떤 가정이 현재 알려진 과학과 일치하지 않는지 확인한다.

3. 그다음에는 시선의 방향을 정하고, 시야를 방해하는 별이 나타날 예상 거리를 공부한다. 임의로 선택한 거리 안에 있는 별들만 고려하여 하늘이 얼마나 비어 있는지 또는 별이 없는지를 측정한다. 그 과정에서 공허함vacuity이라고 부르는 함수를 공부한다.

4. 음의 이자율과 비슷하게, 공허함이 지수적으로 감소하는 함수라는 것을 알게 된다.

5. 이 함수를 공부하면, 제일 먼저 시야를 방해하는 별까지의 거리가 우주의 크기보다 훨씬 더 커서 하늘은 별로 가득 차지 않고 어두운 상태가 됨을 알 수 있다.

올버스의 역설

한때 칼 세이건Carl Sagan은 TV 쇼 〈노바Nova〉에서 우주에 별이 '억의 억의 억 개'가 있다고 말하면서 우주론을 대중화했다. 닐 디그래스 타이슨Neil deGrasse Tyson이 수십 년 후에 쇼를 부활시켰고, 여전히 별의 개수는 그만큼 많다고 했다. 알다시피 태양은 그 많은 별 가운데 하나일 뿐이고, 태양은 하늘 전체를 밝게 비춘다. 저렇게 많은 별이 있는데 밤하늘은 왜 어두울까?

어떻게 생각하는가?

답을 생각하고 적어 보자.

이 고전적인 질문을 올버스의 역설Olbers's Paradox이라고 부른다.[1] 올버스 (1758~1840)가 제시한 질문의 기본 전제는 우주는 무한하고 정적이며 균일하다고 가정하는 것이다. 이것은 별이 우주에 고정되어 있고, 그 범위가 무한하며, 여기에 있는 수만큼의 별이 평균적으로 어디에나 있다는 것을 의미한다. 좀 더 형식을 갖추어 표현하면, *균일homogeneous*하다는 것은 우주 한 부분에 있는 고정된 크기의 영역에서 별을 여러 개 발견하면, 동일한 크기의 다른 영역에도 같은 개수의 별이 있다는 의미이다. 우주 공간 대신 우유를, 별 대신 초콜릿 가루를 생각하면, 우주는 마치 잘 휘저어진 초콜릿 우유와 같을 것이다. 그래서 어떤 영역이 다른 영역보다 두 배 더 크면 두 배 더 많은 별이 있어

---

1   올버스의 이름이 들어간 것은 잘못이다. 올버스 이전에 많은 과학자가 이 문제를 고민했고(특히 1576년 디거스 (Digges)) 귀중한 공헌을 했다.

야 한다. 즉 별의 밀도는 일정하다. 다시 말하면, 한 영역에 있는 별의 수는 그 부피에 비례한다.

올버스의 주장은 간단했다. 모든 별의 크기는 유한하고 그래서 밤하늘의 유한한 부분을 차지하기 때문에 밤하늘은 밝아야 한다고 그는 말했다. 이와 같은 별들이 무한히 많다면 하늘은 별로 가득 차 있게 된다. 즉 별빛으로 가득하게 된다.

이것으로 설명이 되었을까?

답을 생각하고 적어 보자.

별들이 일렬로 배열돼 서로 뒤에 숨어 있을 수 있으면, 멀리 있는 별빛이 우리에게 도달하기 전에 차단되는 등 그가 언급한 주장은 면밀하게 조사할 필요가 있다. 그렇게 완전한 정렬은 불가능해 보이지만, 이런 경우를 생각해서라도 별들은 우주에 무작위로 흩어져 있다는 또 다른 가정이 필요하다는 사실이 드러났다.[2]

정렬되지 않은 상태에서 하늘을 채우지 못하고 있는 무수한 별들이 있는 경우를 생각해 볼 수 있다. 이런 일이 일어날 수 있는 한 가지 방법은 1광년보다 가까운 별 하나, 1광년과 2광년 사이에 별 하나, 2광년과 3광년 사이에 별 하나가 있는 경우이다(1광년은 빛이 1년 동안 이동한 거리로 약 10조 km

---

[2] 무작위(random)가 무엇을 의미하는지 정확히 설명하지 않겠지만, 멀리 떨어져 있는 별 하나가 다른 별에 의해 방해받을 기회는 적어서(방해받는 공간보다 방해받지 않는 공간이 더 많다), 두 개의 별이 정렬할 기회도 적으며, 세 개의 별이 정렬할 기회는 더 적다는 것이 직관적으로 명확하다. 따라서 대부분의 별들이 정렬하는 확률은 아주 희박하다. 사실 수 세기 동안 별들의 정렬은 매우 드문 사건을 의미하는 개념이었다

이며, 시간의 단위가 아니다). 이러면 무한히 많은 별이 있지만, 멀리 있는 별은 더 작아 보이고 모두 모여도 하늘을 가득 채우지 못한다. 이것은 직관적이지 않을 수 있지만, 기초 수학으로 확인할 수 있다. 분수 삼분의 일은 십진법으로는 0.333…이라고 쓴다. 하지만 0.333…이라는 표현은 문자 그대로 0.3 + 0.03 + 0.003 +…을 의미한다.

$$\frac{3}{10} + \frac{3}{100} + \frac{3}{1000} + \cdots = \frac{1}{3}$$

따라서 양수의 무한 합은 유한할 수 있다. 이 산술 문제는 별에 관한 적합한 계산이 아니지만, 올버스의 역설을 우회적으로 설명할 수 있다. 우주에는 하늘의 유한한 부분을 차지하고 있는 무한수의 별들이 있을 수 있지만, 그런데도 하늘의 큰 영역이 비어 있을 수 있다.

여기서 주의해야 해야 할 점은 이 사례가 균일homogeneity하다는 가정을 위반하고 있다는 것이다. 별이 멀리 있을수록 희박한 우주 영역에 있게 되는데, 이는 100광년에서 101광년 사이의 영역은 2광년에서 3광년 사이의 영역보다 훨씬 더 많은 부피를 가지고 있지만, 두 영역 모두 동일한 개수의 별을 포함하고 있기 때문이다. 다르게 말하면, 플라스틱 탁구공은 같은 두께의 비치볼보다 들어간 재료가 훨씬 적다. 따라서 무한한 우주에 무작위로 흩어져 있는 별의 밀도가 일정하다는 *가정하에* 밤하늘은 밝아야 한다는 올버스의 주장은 여전히 그럴듯해 보인다.

그러나 멀리 있는 별에서 오는 빛은 덜 밝다. 올버스의 가정에서도 밤에 별에서 오는 빛의 총세기가 아주 작아서 밤하늘을 어둡게 만들 수 있을까?

이를 조사하기 위해 지구에서 일정 거리 떨어져 있는 별들이 만드는 밤하늘의 밝기를 계산한 다음, 두 배, 세 배 더 멀리 있는 별들을 고려할 것이다. 우리는 거리에 따라 밤하늘의 밝기에 기여한 정도는 거의 동등*하며* 물론 0이 아님을 알게 될 것이다. 0이 아닌 동일*한* 숫자를 무한히 더하면, 더한 숫자가 점점 더 작아지는 앞의 사례와 다르게 무한히 커진다. 그래서 밤하늘은 어둡지 않을 뿐만 아니라 무한히 밝아야만 한다!

이제 끝났는가?
답을 생각하고 적어 보자.

서로 다른 거리에 있는 별들의 기여도가 동등하다는 주장을 실제로 *증명하지 않았기 때문에* 아직 끝나지 않았다! 우리는 단지 그런 논의를 할 것이라고 말했다.

논의를 마치면 어떤 결론을 내릴 수 있을까?
답을 생각해 보고 적어 보자.

이제는 물리학 질문에 답하기 위해 수학적 모델을 만들 것이다. 그 답이 실제로 관찰되지 않으면 모델 자체가 틀렸다고 할 수 있다. 그래서 우리는 무한한 우주 또는 균일한 우주, 아니면 둘 다라고 한 가정을 거부해야 한다. 아니면 별들이 빛나는 방식을 설명한 우리의 모델을 거부해야 한다.

이 짧은 토론에서 우리는 이 질문을 어떤 방식으로 바라볼지 결정했고, 모델을 구축하기 위해 몇 가지 진전을 이루었다. 지금까지 논의한 요지를 살펴보자.

올버스의 주장

우주가 무한하고 균일하다는 가정부터 시작하자. 그래서 별의 밀도는 일정하고, 공간 영역에 있는 별의 수는 그 부피에 비례해야 한다.

약 10광년 떨어진 별을 관찰한다고 가정해 보자. 정확히 10광년일 필요는 없고 대략 10광년 떨어진 두꺼운 구형 껍질을 상상하면 된다. 테니스공의 고무 부분은 두꺼운 구형 껍질의 좋은 사례이다. 이 껍질의 부피는 표면적에 두께를 곱한 것이다.[3] 만일 20광년 떨어진 구형 껍질에 대해 동일한 작업을 수행하면 동일한 두께를 갖는 공 껍질의 부피는 약 4배가 될 것이다. 왜냐하면 구의 반경을 2배로 늘리면 표면적은 4배가 되고, 두께를 변경하지 않으면 부피도 4배가 된다. 공식을 사용해 보면 구의 표면적은 상수 $4\pi R^2$ 을 곱한 것이므로, 반지름이 2배가 되면, 표면적은 동일한 상수에 $(2R)^2$을 곱해야 하므로 4배만큼 커진다.

$$(2R)^2 = 2R \times 2R = 4R^2$$

---

3   반지름이 R인 구의 부피는 $\frac{4}{3}\pi R^3$이다. 따라서 반지름이 $R + a$인 구의 부피는 $\frac{4}{3}\pi (R + a)^3 = \pi(R^3 + 3R^2 a + 3Ra^2 + a^3)$이며, $(R + a)^3$의 계산은 이항식의 곱셈 전개법인 FOIL(First Outside Inside Last의 첫 글자) 방법을 사용한다.(부록 3 참조) 반지름 R과 $R + a$ 사이의 두께 a의 구형 껍질 부피는 이 두 양의 차이 $\frac{4}{3}\pi(3R^2 a + 3Ra^2 + a^3)$이다. 이 차이는 물론 첫 번째 항 $4\pi R^2 a$보다 크다. 첫 번째 항은 구의 표면적 ($4\pi R^2$)과 두께 a를 곱한 값이다. 그러나 R이 a보다 훨씬 크면 첫 번째 항은 전체에서 매우 큰 부분을 차지하므로, 근사치로 사용해도 좋다. 어쨌든 우리이 모델에서 이 첫 항을 계산 결과로 사용한다면, 먼 별들로부터 오는 실제 밝기를 과소평가하게 될 것이다. 만약 과소평가한 방법으로 계산한 밝기가 무한하다고 결론 내린다면, 제대로 계산하는 경우 더 많은 양이 추가되므로 분명히 무한히 밝을 것이다.

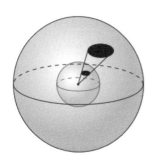

그림 8.1 큰 공은 작은 공보다 중심으로부터의 거리가 3배 멀고 표면적은 9배 넓다. 두 공에 검은색 타원형으로 표시된 지역은 동일한 양의 빛 에너지에 의해 비추어진다. 더 멀리 있는 지역은 9배의 면적을 가지므로 이를 비추는 빛의 세기는 1/9로 감소한다.

두께는 같지만, 반지름이 세 배(30광년)가 되면 $3^2 = 9$이기 때문에 부피가 아홉 배가 되고 별은 아홉 배 더 많게 된다. 그러나 이 별들은 멀리 떨어져 있으므로 각각의 별이 기여하는 밝기는 더 적을 것이다. 얼마나 적을까?

어떤 별이 다른 별보다 세 배 더 멀리 있다면 그 빛은 얼마나 덜 밝을까?

답을 생각하고 적어 보시오.

그림 8.1과 이어지는 후속 논의가 그 답을 보여 준다.

별은 빛 에너지를 방출한다. 일광욕하는 고양이들, 태양광 전지, 또는 금잔화로 천구를 만들어서 별을 완전히 둘러싸면 이 모든 빛 에너지를 붙잡을 수 있다. 이렇게 완벽하게 효율적인 태양광 전지가 충전할 수 있는 전력(일률, power), 즉 단위 시간당 에너지는 빛의 세기와 전지가 차지하고 있는 면적을 곱한 것이다. *빛의 세기intensity*는 단위 면적당 전력을 의미한다. 이로부터 거리가 멀어질수록 빛의 세기가 줄어든다는 것을 알 수 있다.

거리가 멀어질수록 빛의 세기가 줄어든다는 것은 비정량적으로 생각해도 직관적으로 명확하다. 한밤중에 게임하기 위해 야광 프리스비를 충전하고 싶

으면 백열전구에 프리스비를 *더 가까이* 대면 된다. 그러나 우리는 빛의 세기
와 반지름 사이의 정확한 관계에 대하여 정량적으로 서술할 수 있다.

$$빛의 세기 \times 면적 = 총전력(상수)$$

빛의 세기는 단위 면적당 전력이다. 좀 전에 설명한 것처럼 구의 표면적은
반지름의 제곱에 비례하므로 세기는 반지름의 제곱에 반비례한다. 세기 $I =$
상수$/R^2$. 그래서 우리의 질문에 답하기 위해, 거리 R에서 별이 어떤 세기를
가지고 있다면, 좀 더 먼 $3R$에서 세기는 9분의 1이 될 것이다.

그래서 약 30광년 떨어져 있는 별의 개수는 10광년 떨어져 있는 별보다 아
홉 배 더 많고, 빛의 세기는 9분의 1이다. 이 두 효과는 완벽하게 상쇄된다.
결과적으로 반지름 30광년에 있는 껍질의 밝기에 대한 전체적인 기여도는
10광년 떨어진 껍질의 기여도와 동일하다. 그리고 동일한 논리가 40광년,
50광년 등 *무한대*까지 작용한다.

이제 이 개별 껍질로 인한 밝기는 0이 아니며 동일한 양이다. 실제로 별이
존재하기 때문에 그 양은 0이 아니다. 즉 우주에서 별의 밀도는 앞에서 설정
한 가정에 따라 일정하고, 별이 존재한다는 경험적 관찰에 따라 0이 아니다.
따라서 별들이 속한 각각의 구형 껍질은 비록 그 양이 작더라도 우리 하늘을
똑같이 비춘다. 따라서 0이 아닌 동등한 기여도를 갖는 무한한 개수의 개별
껍질이 존재한다. 밤하늘은 무한히 밝아야 한다!

이런 결론은 여러분을 잠들지 못하게 할 수 있다. 하지만 현실은 그렇지 않
다. 밤에는 어둡기 때문에 잠을 잘 수 있다! 따라서 우리의 가정인 우주의 무
한성 또는 밀도의 불변성 중에서 하나를 (또는 둘 다를) 부정하거나, 우리 모델

에서 결함을 찾아야 한다.

올버스는 현대 우주론과 빅뱅 이론에 이르지는 못했지만, 유한 우주를 제안하는 데 일조했다. 올버스의 역설에 대한 현대적인 해결책을 이해하려면 우주 공간, 별, 빛에 대해 조금 더 알 필요가 있다.

우리는 다음 개요를 사용해 정교한 분석을 수행하지는 않을 거라고 미리 말한다. 다만 독자가 자연의 세계를 이해하고자 수백 년 동안 노력한 인류의 문화유산을 읽는 것이 즐겁고 보람되기를 바란다.

우주론, 물리학, 화학

◆ 우리 주변 공간은 삼차원이다. 즉 눈금자를 놓고 두 번째 눈금자를 직각으로 붙인 다음, 세 번째 눈금자를 두 개의 눈금자와 직각이 되도록 놓는다. 우리 공간에서는 세 개보다 많은 눈금자를 놓을 수 없다. 차원의 개념은 눈금자 위의 한 점을 단일 숫자로 표현하고, *평면의 한* 점을 정의하기 위해 두 *개의* 좌표를 사용하고, 공간의 한 점을 표시하기 위해 세 개의 좌표를 사용한다는 사실과 동일하다. 아인슈타인은 시간을 포함하면 사차원을 얻을 수 있으며, 이 새로운 방향은 어떤 면에서는 다르지만 본질적으로 다른 삼차원 공간과 결합되어 있음을 깨달았다.

경고 삼차원 공간에서 눈금자 장치를 회전해 시각화하는 것은 쉽지만, 이 '회전'에 사차원의 시간을 포함하는 것은 난해하다. 아인슈타인 이후 우리는 '우리 우주'가 사차원 *시공간*(시간과 공간을 혼합하여)이라고 생각한다.

◆ 우리 우주가 이차원의 공간과 일차원의 시간으로 구성된다면, 우리 자신
과 별과 은하가 시시각각 변하는 이차원의 풍선 표면에 사는 것으로 생
각할 수 있다. 그러면 우리는 위대한 지배자가 이 풍선을 불고 있다고 상
상할 수 있다. 그래서 여러분과 여러분의 친구들이 어딘가에 서 있다면
여러분 사이의 거리는 모두 멀어질 것이다. 우주는 팽창하고 있다. 이것
은 *실제*로 팽창하고 있는 우리 우주에 대해 생각할 때 사용할 수 있는 훌
륭한 비주얼이다. 그러나 이는 설득력이 없다. 우리 시각에서 풍선은 다
른 공간에 놓여 있지만, 사차원 시공간은 분명히 다른(5차원?) 시공간 안
에 놓여 있지 않기 때문이다. 어쨌든 우리의 뇌가 그것을 쉽게 시각화할
수 없더라도 우리 우주는 팽창하고 있다!

◆ 지금은 우주가 크지만 '먼지'가 모여서 현재 우주에 있는 별과 은하를 형
성하기 시작한 먼 과거에는 우주가 더 작았다. 우리는 지구에 살면서 가
장 가까운 별이자 태양계의 핵심인 태양의 열기를 느낀다. 수천억 개의
은하 중 하나인 우리 은하는 수천억 개의 별로 구성된 전형적인 나선형
은하이며, 태양계는 이 은하의 팔에 있다.

  우주에는 얼마나 많은 개수의 별이 있을까?
  답을 생각하고 적어 보자.

우주에는 최소한 $100,000,000,000 \times 100,000,000,000 = 10^{11} \times 10^{11}$
$= 10^{22}$ 개의 별이 있다!

◆ 우주에 있는 별들은 *빛*을 방출한다. 빛은 가시광선과 마이크로파, 전파,
엑스선, 감마선 그리고 다른 종류의 전자기파를 모두 포함하는 말이다.

소리의 파동이 진동하는 공기에 의해 생성되고 소리의 높낮이 또는 진동 주파수에 의해 측정되는 것처럼, 빛은 전자기장의 진동 주파수에 의해 측정된다(여기에서는 자세히 설명하지 않겠다). 음파와 광파의 유사성은 꽤 유용할 수 있다. 경주용 자동차가 지나갈 때 들리는 익숙한 소리 우우웅 쉬이이잉~을 알고 있을 것이다. 자동차가 멀어질 때 소리의 높이(쉬이이잉 ~ 부분)는 낮아진다. 그 이유는 경주용 자동차가 지나간 후 음파의 연속적인 피크가 여러분에게 도달하는 데 더 오래 걸려서 주파수(1초마다 도달하는 파동수)가 낮아지기 때문이다. 이것을 도플러 효과라고 부른다. 별에서 온 빛이 여러분을 향해 이동할 때 비슷한 일이 일어난다. 별은 우주의 팽창으로 점점 멀어지기 때문에, 별에서 오는 빛의 주파수는 낮아진다. 붉은빛은 파란빛보다 주파수가 낮으므로, 이것을 종종 *적색편이*redshifting라고 부른다. 적색편이는 모든 방향에서 일어난다. 우주가 팽창하고 있어서 별들은 경주용 자동차와 다르게 항상 멀어진다.[4]

♦ 빛과 주파수에 대해 간략히 이야기해 보자. 색깔마다 주파수가 다르다. 태양 광선에 프리즘을 놓으면, 주파수가 다른 빛은 굴절의 정도가 다르므로 분산돼 무지개 패턴을 만든다. 실제로 하늘의 물방울이 프리즘 역할을 해서 무지개를 만든다. 그러나 네온이나 형광등과 같이 순수한 광선에 프리즘을 놓으면, 무지개의 전체 스펙트럼을 볼 수 없고 오히려 특정 색깔만 나타난다. 이것을 이해하면, 멀리 있는 별에서 온 빛의 주파수가 이동했음을 어떻게 찾아내는지 알게 된다. 먼저 별들이 어떻게 빛을

---

4 덧붙여서 단어 race car는 거꾸로 읽어도 똑같은데, 최소한 양방향(가까이 오는 것과 멀어지는 것)의 도플러 효과를 가지고 있다!

내는지 알아보자.

- ♦ 놀이 기구 중에 날아가는 그네를 매단 회전 그네나 동물이 돌아가는 회전목마를 알 것이다. 바깥쪽에 있는 것이 더 빨리 돈다는 것도 알 것이다. 원자 운동도 마찬가지이다. 원자는 가운데에 양성자와 중성자로 구성된 핵이 있고, 전자가 그 주위를 공전한다. 회전목마의 최외각에 있는 그네가 가장 빠른 것처럼, 전자도 최외각에 있는 전자가 더 높은 에너지를 가지고 있다. 만약 원자가 에너지를 얻게 되면 더 많은 전자가 최외각에 있는 그네처럼 될 것이다. 원자가 다시 안정될 때 전자는 에너지가 낮은 내부 궤도로 이동한다. 에너지 보존에 대해 들었을 텐데, 그러면 에너지 차이에 따른 여분의 에너지는 어떻게 될까? 즉 고에너지 외부 궤도와 저에너지 내부 궤도의 차이는 어떻게 될까? 해답은 원자가 빛의 형태로 여분 에너지를 방출한다는 것이다. 즉 광자가 방출된다.

- ♦ 나는 슬쩍 빛을 입자(광자)와 파동(주파수와 진폭)이라고 언급했다. 사실 물질의 이중성은 1800년대 후반에 큰 미스터리였고, 양자역학 이론으로 그 의혹이 해결됐다. 이 해결안의 일부는 각 광자가 특징적인 주파수를 가지고 있고, 광자의 에너지는 주파수에 비례한다는 것을 발견한 것이다. 주파수가 높을수록 에너지가 높다(이때 비례상수를 플랑크 상수라고 한다). 또 다른 해결안은 회전 그네에서 사용할 수 있는 그네의 개수가 불연속적이라는 것이다. 즉 연속적인 에너지 값을 가질 수 없다는 것이다. 이는 결국 여분의 에너지도 불연속적이라는 것을 의미한다.

장난감 모델 가능한 에너지가 (단위를 무시하고) 1, 4, 9, 16, …일 경우에 에너지 *차이*는 3, 5, 7, 8, 12, 15, … 등이 가능하다. 이는 방출된 광자의 가능한 *주파수*가 불연속적임을 의미한다. 이것을 에너지가 *양자화*되었다고 말한다.

♦ 전자가 낮은 에너지 준위로 이동할 때 특정 주파수의 광자를 방출하는 것처럼, 전자가 바로 그 특정 주파수의 광자를 흡수하면 높은 에너지 준위로 이동할 수 있다. 특정한 에너지를 방출 또는 흡수하므로 가능한 에너지 차이를 정리한 목록을 보면, 모든 원자가 고유한 값을 갖는다. 넓은 주파수 범위에서 빛을 방출하는 어떤 별이 그 표면에 한 종류의 원자를 많이 포함하고 있다면, 이 원자들은 고유한 주파수 목록에 있는 광자를 정확하게 흡수할 것이다. 별에서 나오는 빛의 주파수를 분석하면(이를테면 프리즘을 통해 빛을 통과시켜서) 일련의 얇고 어두운 띠가 나타난다. 이 띠의 패턴을 확인해서 별 표면에 있는 원자를 알아낼 수 있다.

♦ 장난감 모델로 돌아가자. 3, 5, 7, 8, 12, 15, …의 대표적인 주파수 목록이 있는데 실제로 2.9, 4.9, 6.9, 7.9, 11.9, 14.9를 관찰했다면 어떨까? 이러한 값을 갖는 또 다른 원자가 없다면, 주파수가 0.1만큼 낮은 쪽으로 이동했다고 결론 내릴 수 있다.

♦ 만일 멀리 있는 별에서 오는 모든 빛이 적색편이가 된다면 모든 별이 멀어지고 있으며 우주가 팽창하고 있다는 결론을 내릴 수 있다. 이 추론을 거꾸로 하면 과거에는 우주가 더 작았다. 추정해 보면, 어느 순간 우주는 매우 작았을 것이며, 이 직관은 계산으로 증명되었다. 우주의 '시작'을 빅뱅(대폭발)이라고 부르며, 대중문화에 잘 알려져 있다. 우주 초기에는 모든 질량이 근접해 있었고, 광자로 이루어진 가상의 수프가 있었다. 그 빛의 수프는 여전히 우주에 퍼져 있지만, 주파수와 세기는 팽창으로 많이 약해졌다. 빛의 수프라는 배경은 현재 절대 온도 약 3도, 즉 섭씨 약 -270도의 온도로 빛난다. 이것을 우주마이크로파배경복사cosmic microwave background radiation, CMBR라고 하며, 하늘을 '밝히는' 일부를 구성하고 있다.

♦ 태양광의 고유 주파수를 분석하면, 태양이 수소와 헬륨을 포함하고 있음을 알게 된다. 사실 이것은 빛 에너지의 방출 뒤에 있는 *융합*이라는 훨씬 더 강력한 메커니즘에 관한 힌트이다. 수소 자체는 모든 원자의 원재료가 되는 양성자와 전자를 포함하고 있다. 양성자와 양성자는 충돌해 중성자와 전자의 반입자(양전자, positron)를 만든다. 일부 수소가 서로 뭉쳐서 새로운 조합을 형성하는 방식으로 결국 2개의 양성자와 2개의 중성자로 이루어진 핵을 갖는 헬륨을 생성한다고 상상할 수 있다. 이것이 바로 태양이 하는 일이며, 우리가 지금 설명하는 것처럼 빛 에너지는 그 과정에서 방출된다.[5]

여기에 문제가 있다. 이러한 반응에 관여한 원료, 수소의 질량을 더하면 반응 후 물질(헬륨)의 질량보다 높다. 사라진 질량은 어떻게 되었을까? *에너지로 방출되었다!* $E = mc^2$ 방정식을 알고 있는가? 여기서 c는 단순한 상수일 뿐이다. 이 방정식의 요지는 단순히 *에너지가 질량이라*는 것이다. 사라진 질량은 빛 에너지로 방출되며, 그 진동수는 사라진 질량의 양에 따라 다르다. 그러나 이 과정에 필요한 수소의 공급은 무한하지 않고, 별의 수명도 무한하지 않다. 결국 빛의 방출은 멈추게 된다.

---

5 인류 역시 이 반응을 만들어 냈지만, 핵융합은 아직 실행 가능한 에너지원이 아니다. 현재 핵융합 과정을 수행하는 장치는 그것이 생성하는 에너지보다 더 많은 에너지를 필요로 한다. 핵분열은 무거운 핵을 쪼개서 질량을 에너지로 바꾸는 과정이다. 이것이 원자로에서 일어나는 일이다.

지금까지 살펴본 내용은 단지 몇 분 안에 완전히 이해하기에 너무 많은 양이다. 더군다나 이 요약된 설명은 전적으로 질적인 것이다. 이런 종류의 물리 법칙을 제안하는 과학자들은 원자의 행동에 대해 양적인 예측을 해야 하며, 이것은 별개의 문제이다. 결코 쉬운 일이 아니다. 그럼에도 물리학과 화학에 관한 이 선별된 이야기는 올버스의 역설을 해결하기 위해 가장 필요한 요소들이 무엇인지 말해 준다. 정리해 보자.

1. 별의 수명은 영원하지 않다.
2. 우주는 유한하다.
3. 우주는 팽창하고 있다. 그래서 우리에게 도달하는 빛은 적색편이 되고 에너지가 더 낮다.
4. 우주마이크로파배경복사

위 네 개 중 밤하늘의 밝기를 감소시키는 것이 아니라 향상시키는 것은 어떤 것일까?
답을 생각하고 적어 보자.

밖을 내다보자!

올버스의 역설을 완전하게 정량적으로 해결하는 방안은 이 책의 범위를 벗어날 뿐만 아니라 과학적으로 말하면 미해결 문제이다. 하지만 위의 몇 가지 요인을 통합해 의미 있는 근사치를 계산할 수 있다. 켈빈 경Lord Kelvin 덕분에

한 가지 작업을 수행할 수 있다.

올버스의 주장을 받아들여서 별에 도달할 때까지 직선으로 얼마나 멀리 가야 하는지 질문했다고 가정해 보자. 그 계산을 어떻게 할 수 있을까?

아이디어가 있는가?

답을 생각하고 적어 보자.

믿을 만한 데이터 없이는 불가능하지만, 어떤 데이터를 찾아야 할까?

답을 하기 위해서, 수학자의 트릭에 관한 책에서 한 페이지를 가져와 훨씬 간단하지만 관련 있는 질문에 대답해 보자. 우주는 일차원 직선이고, 별은 그 선에 있는 점이라고 가정하자. 그러면 직선 우주의 어딘가에 있는 여러분은 오른쪽 혹은 왼쪽만 볼 수 있다. 만약 여러분의 양쪽(이 두 방향의 시선만 존재한다)에 적어도 하나의 별이 있다면, 여러분의 '하늘'은 별들로 '채워질' 것이다. 여기에 여러분이 중심에 있는 것을 간략하게 표현한 그림이 있다.

오직 오른쪽이나 왼쪽만 볼 수 있으므로, 여러분의 눈에 보이는 하늘에는 단지 두 개의 별이 있다. 즉 양쪽에 있는 가장 가까운 두 개의 별이다. 가장 가까운 별까지 거리가 얼마나 될까? 그것은 두 별 사이의 거리와 같다. 우리의 일차원 세계에서 여러분이 별 사이에 위치해야 하는지, 아니면 태양에 위치해야 하는지 논쟁할 수 있지만, 어느 쪽이든 배울 수 있는 핵심 개념이 있다. 우리에게 필요한 것은 이 별들이 얼마나 조밀하게 채워져 있는지, 즉 밀도임을 알 수 있다.

우리는 일차원에 살고 있지 않기 때문에 사용할 수 있는 현실적인 숫자가 없으므로, 필요한 양을 나타내기 위해서 변수를 사용할 것이다. 이는 관심 있는 삼차원 사례를 생각하는 데 가장 도움이 될 것이다. 단위 거리당 ρ개의 별이 있다면, 대략 한 개의 별을 포함하는데 필요한 일차원 공간의 영역이 얼마나 큰지 이해할 수 있다. 별의 수에 1을, 영역의 크기에 D를 넣으면 다음과 같다.

$$\rho = 1/D$$

양변에 역수를 취하면 별 사이의 거리 D는 $1/\rho$이 될 것이다. 여러분이 별과 별 사이 어디엔가 있다면, 여러분과 가장 가까운 별까지의 평균 거리, 또는 '관측 거리lookout distance'는 $D/2$ 또는 $1/(2\rho)$이 될 것이다. 이 간단한 모델은 이미 삼차원 설정의 특징을 가리키고 있다. 관측 거리는 한 개의 별을 찾을 것으로 예상하는 공간의 '부피'에 비례하거나 별의 밀도에 반비례한다(일차원에서 '부피'는 실제로 길이이다). 삼차원에서 새로 추가될 특징은 별이 크기를 가지고 있다는 것이며, 점과 같은 별이 있는 일차원 모델에서는 분명하지 않던 개념이다.

일차원은 이 정도로 마무리하고, 이제 조금 더 확장하자. 만일 우주가 이차원 평면이고 여러분이 원점에 있다고 가정하면, 컴퍼스로 측정된 원만큼의 방향을 볼 수 있다. 우주에 있는 별들은 그 방향의 일부를 가려서 여러분의 시야를 어느 정도 방해할 것이다. 어떻게 별에 방해받는 시야의 비율을 계산할 것인가?

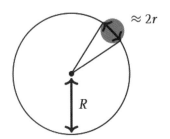

그림 8.2 이차원 평면에 있는 관찰자로부터 거리 R 만큼 떨어진 곳에 반지름이 r 인 별(회색원)이 있다. 이 별이 차지하는 시야의 비율은 대략 별의 지름($2r$)을 반지름 인원의 둘레로 나눈 값, $\frac{2r}{2\pi R} = \frac{r}{\pi R}$ 이다.

이차원 평면에 서서 바라보면, 여러분의 시야는 원이다. 여러분으로부터 R 만큼 떨어진 거리에 반지름 r 크기의 별이 있으면, 그 별은 반지름 R 인 원의 한 부분을 차지한다. 별의 크기는 성간 거리보다 작아서 r 은 R 보다 훨씬 작다. 이 경우에 별은 반지름 R 원을 따라 길이 $2r$(지름)을 포함하는 선분으로 나타낸다. 일리가 있다고 보는가? '선분'을 원의 일부라고 말하는 것은 좀 이상하지만, 매우 큰 원둘레는 거의 직선에 가깝다. 마치 지구와 같이 크고 둥근 물체는 그보다 훨씬 작은 원에 비해 거의 평평하다. 즉 각각의 별들은 우리 시야를 방해하는데, 지름 $2r$ 과 같은 원의 일부분을 원의 둘레 $2\pi R$ 로 나눈 것, 또는 $\frac{2r}{2\pi R} = \frac{r}{\pi R}$ 과 동일한 비율로 방해한다. 그림 8.2 참조

정확히 같은 종류의 질문이 삼차원 경우에도 의미가 있다. 반지름이 r 인 별이 거리 R 에서 빛나고 있으면, 각각의 별은 하늘의 일부를 $\pi r^2 / 4\pi R^2$ 만큼 덮을 것이다. 왜냐하면 별은 반지름이 r 이고 단면적이 πr^2 인 원이고, 구의 전체 표면은 $4\pi R^2$ 이기 때문이다.

이제 삼차원 경우에 집중해 보자. 관측 거리를 추정하는 '빠르고 엉성한' 방법이 있다. 먼저 이를 수행한 다음 나중에 더 자세히 논의하겠다. 우선 일차원 계산에서 이미 언급한 별의 밀도는 단위 부피당 별의 수를 측정하는 것

이다. 즉 $1/\rho$ 은 부피를 별의 수로 나눈 값 또는 별 하나당 부피를 측정한다는 것을 의미한다. 즉 하나의 별이 차지하고 있는 '영역territory'의 평균 부피 $V = 1/\rho$ 을 알아보자. V의 단위는 길이의 단위의 세제곱(세제곱미터)이다. 위에서 관련성이 있는 것으로 보였던 또 다른 양은 단면적이었는데, 단면적 단위는 길이 단위를 제곱(제곱미터)하면 된다. 만일 우리가 σ를 별의 단면적이라고 부른다면, 관측 거리는 V와 σ에 의존할 것이라 예상하며, 길이의 단위를 갖는다. V와 σ의 가장 자연스러운 조합은 V/σ 또는 $1/(\rho\sigma)$이다. 이는 무엇이 답이 될지 *추측해 내*는 매우 단순한 방법이다. 실제로는 일부 계수 또는 동일한 단위를 가진 V와 σ의 다른 조합이 있을 수 있다.[6] 그럼에도 단위를 기반으로 추측을 하는 이 과정은 매우 유용하기 때문에, *차원 분석dimensional analysis*이라고 부른다. 우리의 경우 좀 더 면밀한 분석으로부터 알게 되겠지만, 이 단순한 방법이 잘 들어맞는다.

별과 자동차

만일 우리가 총거리 R 까지만 내다보고 더는 바라보지 않는다면, 밤하늘은 어느 정도 방해를 받지 않고 비어 있을까 질문한다. 이 질문을 함으로써 앞의 사례와 관련이 있을 이 정보를 기호화하는 새로운 *함수*를 만들어 보겠다. 이 함수를 '공허함vacuity'이라고 하고 v로 표시하자. 이 함수는 반지름 R 또는

---

6 예를 들어, σ^2/V도 길이 단위이고, 이런 방법으로 무한히 많은 조합을 생각해 볼 수 있다. 그래서 단순한 추측은 말 그대로 추측일 뿐이다. 하지만 이렇게 해도 좋은 결과를 얻게 된다.

입력 변수 R에 따라 달라진다. 따라서 이 함수는 $\nu(R)$로 쓸 수 있다. 우리의 목표는 함수 $\nu(R)$을 결정하고, 올버스의 주장에 어떤 영향을 미치는지 확인하는 것이다.

수학을 시작하기 전에 이미 $\nu(R)$에 대한 몇 가지 중요한 사항을 알고 있다. R이 0이면 아직 시야를 가리는 별이 없으므로 전체 하늘이 방해를 받지 않는다. 이것은 $\nu(0) = 1$을 의미한다. 또한 R이 커지고 무한대에 가까워짐에 따라 우리의 시선이 전체 무한 우주(우리는 여전히 올버스의 가정을 사용하고 있음)로 향하게 된다는 것을 알고 있으며, 앞에서 언급한 올버스의 주장에 따라 전체 하늘이 가려져 있다. 따라서 방해받지 않은 정도는 0이 된다. 또한 ν는 R이 커질수록 *감소해야* 된다는 것도 알고 있다. 우리의 시야를 가리는 별이 많아져서 공허함을 감소시키기 때문이다. 그래서 R이 0에서 무한대로 증가할 때 $\nu(R)$은 1에서 0으로 감소한다. 그러나 여전히 우리는 정확한 함수 $\nu(R)$이 무엇인지 알지 못한다. 알아내려면 실제 계산을 해야 한다.

3장에서 이미 기간에 따라 복리가 적용되는 이자율을 공부했다. 대출 잔액은 잔액 자체에 비례하는 금액만큼 복리 기간마다 증가한다는 것을 알게 되었다. 이자율이 비례의 척도를 조절했다. 시간이 지나면서 총대출금은 *지수 함수*로 결정되었다. 실제로 **참고 3.1**에서 이자율이 계속해서 복리화되면 대출금은 Pe^{rt}로 증가한다는 것을 발견했다. 여기서 P는 초기 대출금이다(이는 여러분이 은행에 월 상환액을 지불하지 않는 경우이다).[7] 일정 기간 일정한 비율로 *감*

---

7   참고 3.1에서 이자율이 r인 대출금 P에 대해 1년에 n번 이자를 복리화하면 t년 후에는, $P(1 + r/n)^n$의 잔액을 갖게 된다고 설명했다. 지속적인 복리 이자를 위해 n이 무한대에 접근하도록 한다. 산액이 Pe^{rt}이라는 말은 n이 무한대에 가까워지면 수량 $(1 + r/n)^n$은 e^r에 접근한다는 것을 증명하기 위해 극한의 계산법을 요구하는 중요한 항등식에서 비롯된 것이다.

소하는 함수는 지수적 감쇠를 보여 준다.**부록 6.4 참조** 이자율 r이 음수라는 점을 제외하면, 모든 논의는 정확히 동일하다.

이제 우리는 $v(R)$ 함수가 그러한 함수인지 보고자 한다. 공허함 $v(R)$은 R을 조금만 증가시키면 공허함이 R일 때 함숫값에 비례해 감소하는 지수함수가 되는지 그 이유를 살펴보고자 한다. 우리는 공허함의 *변화*가 공허함 그 자체에 비례한다는 성질을 주장할 준비가 충분히 되어 있다.

따라서 거리 R에서 공허함이 v로 측정되며, 이는 비어 있거나 '어두운' 하늘의 비율, 즉 거리 R 내에 있는 별에 방해받지 않는 비율을 표현하는 것이라고 가정하자. 예를 들어, R이 Δ만큼 조금씩 증가하면 새로운 v값은 얼마나 될까? v값은 *새롭게 드러난* 별들에 가려진 하늘의 비율만큼 *감소할* 것이다. 다시 한번 말해 보자. R이 조금씩 증가하면, 이전에 비어 있던 하늘 일부분에 더 많은 별이 나타나서 그들이 덮는 부분만큼 공허함을 감소시킨다. 새로운 별에 가려진 비율은 새롭게 가려진 면적 A를 전체 면적으로 나눈 값이다. 거리 R에서 이는 $A/(4\pi R^2)$를 의미하며, $4\pi R^2$이 반지름 R인 구의 표면적이므로 A를 찾는 것이 중요하다.

너무 추상적이지만 $v = 3/4$이고 반지름 R과 반지름 $R + \Delta$ 사이에 240개의 별이 있다고 가정해 보자.

새로운 방해자로 나타난 별들은 얼마나 될까?

답을 생각하고 적어 보자.

답은 $240v = 180$이다. 우주 공간의 빈 부분에 있는 별들의 v 비율만이 새로운 방해자가 되기 때문이다. 이로부터 R과 $R + \Delta$ 사이에 S개의 별이 있으면, 새롭게 방해하는 별이 Sv만큼 있다는 것을 알 수 있다. 각 별의 단면적이 σ인 경우, 새로운 방해 면적은 σ 곱하기 Sv개의 별 또는 $A = \sigma Sv$이다. 따라서 $4\pi R^2$ 는 $\frac{S\sigma}{4\pi R^2}v$ 양만큼 감소하고, 이 함수가 v에 비례한다는 사실은 이미 v가 지수적으로 감소하는 함수임을 알려 주고 있다!**부록 6.4 참조**

R 과 $R + \Delta$ 사이에 있는 별의 수 $S = 4\pi\rho R^2\Delta$ 는 밀도 ρ에 이 영역의 부피(표면적에 두께를 곱한 것)인 $4\pi R^2\Delta$ 를 곱한 것이다. 따라서 v의 변화량은 표면적 $4\pi R^2$ 이 약분되어 결국 $-\rho\sigma v\Delta$ 와 같이 감소하게 된다.

이자율과 비교하기 위해**다시 참고 3.1을 참조** v를 대출 잔액으로, Δ를 1년의 일부 기간으로 간주하자. 연이자율이 $-\rho\sigma$이면 대출 잔액이 기간 Δ 동안 $-\rho\sigma v\Delta$만큼 변한다는 것을 의미한다. 즉 v는 분수 비율 $-\rho\sigma$만큼 변한다. 따라서 금리의 예로부터 $v(R) = e^{-\sigma\rho R}$ 과 같은 지수적 감쇠로 결론 내릴 수 있다.

사실 이 주장은 v가 이 양에 비례한다는 결론을 내릴 수 있을 뿐이다. 그러나 $R = 0$일 때 $v = 1$이라는 것을 알고 있으므로 작성된 공식은 정확하다.

잘했다! 지금까지 우리는 필요한 정보가 포함된 함수를 찾았지만, 여전히 해당 정보를 수집해야 한다. 함수를 찾는 것은 문제 해결의 디딤돌이었다. 구체적으로 우리는 별에 닿기 전까지 얼마나 멀리 갈 수 있는지 알아내야 한다. 미리 말하자면, 그 거리가 우주 자체보다 훨씬 크다는 것을 알게 될 것이다!

얼마나 멀리 내다볼 수 있는지 알아보기 위해 v가 될 수 있는 몇 가지 다른 함수를 고려해 보자. 예를 들어 10광년 미만의 모든 거리에 대해 v가 1인데 (완전히 방해받지 않음), 10광년에서 0이라면 이것은 무엇을 의미할까?

답을 생각하고 적어 보자.

이는 10광년 거리에 있는 구의 껍질이 별들에 의해 완전히 채워진다는 것을 의미하며, 우리 관점에서 관측 거리는 정확히 10광년이 될 것이다(이 사례는 균일한 우주와 일치하지 않는다). v가 1에서 0으로 매우 빨리 감소하면 관측 거리가 작은 반면, v가 1에서 0으로 천천히 감소하면 관측 거리가 크다는 것을 이해할 수 있다. 따라서 관측 거리는 v가 1에서 0으로 얼마나 빨리 진행되는지 측정하는 척도이다. 지수 함수 $e^{-\sigma\rho R}$의 경우, 관측 거리는 함수가 상당히 감소할 때까지의 거리의 폭을 측정하는 척도이다. 부록에 제시된 **그림 A6**에서 배울 수 있듯이 지수 함수의 경우 폭이 쉽게 결정된다. 즉 여기서는 $1/(\rho\sigma)$이며, 차원 분석에 의한 단순한 추측과 같은 결론에 도달한다.[8]

요약하면 삼차원의 관측 거리는 다음과 같이 계산되었다.

$$관측\ 거리 = \frac{1}{\rho\sigma}$$

여기서 ρ는 우주에 있는 별의 밀도이고 σ는 별의 단면적이다.

그래서 관측 거리는 얼마인가? 알아내려면 데이터가 필요하다. 은하에는 약 1천억(1×10^{11}) 개의 별이 있고, 관측 가능한 은하도 약 1천억(1×10^{11}) 개가 있다. 이 데이터는 매우 대략적이기 때문에 때문에(허블 망원경의 관측을 기반으로 한 추정치) 유효 숫자는 하나뿐이다.**부록 5.3 참조** 또 다른 대략적인 가정은 태양이 전형적인 별이라는 것이다. 태양 반지름은 $R_\odot = 7 \times 10^8$ m이다. 관

8　약간의 미적분학이 필요하지만 정확한 계산이 가능하다. 만일 $v(R)$이 공허함이면 R과 $R + \Delta$ 사이에 새롭게 방해하는 별들이 차지하는 하늘의 비율은 $v(R)$에서 $v(R + \Delta)$를 뺀 값으로 측정된다. 이것을 밖을 내다볼 때 이 범위의 별들로 시야가 가려질 확률이라고 생각할 수 있다. 모든 범위를 고려할 때 예상 방해 거리는 부록7.1과 같이 계산할 수 있다. 결과는 정확히 $1/(\rho\sigma)$이다.

측 가능한 우주의 반지름은 약 500억 광년(ly)이다.[9] 부피는 대략 이 숫자의
입방체(나중에 알게 되겠지만 여기서 정확히 계산할 필요는 없다), 즉 약 1×10^{32} ly^3
이다. 다음과 같은 나눗셈으로 밀도를 구한다.

$$\rho = \frac{\text{별의 개수}}{\text{우주의 부피}} = \frac{10^{22} \text{ 개의 별}}{10^{32} \text{ ly}^3} = \text{세제곱 광년(ly}^3)\text{당 } 10^{-10}$$

태양의 반지름 $R_\odot$ 으로부터 별의 단면적은 $\sigma = \pi R_\odot^2 \approx 2 \times 10^{18}$ m^2 이
다. 1 ly $\approx 10^{16}$ m 이고, 1 m $\approx 10^{-16}$ ly 이므로, $\sigma \approx 2 \times 10^{18} \times 10^{-32}$ ly$^2 =$
2×10^{-14} ly^2 이다.

$$\text{관측 거리 } \lambda = \frac{1}{\rho\sigma} = \frac{1}{10^{-10} \times 2 \times 10^{-14} \text{ ly}^{-1}} \approx 5 \times 10^{23} \text{ ly}$$

이것이 바로 관측 거리이다. 그러나 바로 위에서 관측 가능한 우주의 반경
이 5×10^{10} ly라고 언급했다.

관측 거리는 우주 반경보다 얼마나 더 클까?

답을 생각하고 적어 보자

$\frac{5 \times 10^{23} \text{ ly}}{5 \times 10^{10} \text{ ly}} = 10^{13} = 10{,}000{,}000{,}000{,}000$ 이므로, 관측 거리가 우주 반경보
다 *십조 배 더 크다!* 다시 말해, 우리는 유한한 우주의 가장자리를 쉽게 보고,

---

9   빛의 속도를 위반하지 않는 한 우주의 나이는 140억 년에 불과한데, 어떻게 우주의 반경이 500억 광년 $= 5 \times$
     10^{10} 1y이나 되는지 물어볼 수 있다. 답은 우주 자체가 팽창하고 있다는 사실에서 비롯된다.

별은 볼 수 없을 것으로 기대한다.

따라서 우주의 크기가 유한하다는 것은 올버스의 역설에 대한 하나의 해결책을 제공한다. 전체 우주를 어떤 방향으로 보더라도 별을 볼 가능성은 거의 없다.

또 다른 주장

밝기가 무한할 수 없는 이유를 설명하는 데 도움이 되는 또 다른 주장도 있다.[10] 켈빈은 별에 유한한 양의 에너지가 있으므로 영원히 빛을 낼 수 없다는 것을 지적했다. 방해하는 별이 더는 빛을 내지 않는다면 하늘의 밝기에 기여하지 않을 것이다.

덜 중요한 요인으로는 적색편이가 있다. 주파수가 낮을수록 빛은 에너지를 적게 가지고, 별에서 오는 빛은 붉은색으로 변하기 때문에(멀리 있는 별에서 오는 빛이 더 붉은색이다), 멀리 있는 별에서 나오는 빛의 세기 계산을 조율해야 한다.

이 문제에 대한 자세한 논의는 이 장에서 일부 자료를 인용한 해리슨Harrison의 책을 참조하길 바란다.[11]

---

10 하늘이 어두워서 우주가 유한하다는 '논리'는 수레를 말 앞에 두는 것과 같다. 생명이 우주보다 나중에 탄생했음에도, 우주가 지구상에 생명이 존재하도록 창조됐음에 틀림없다고 말하는 것은 *인간 중심 원리(anthropic principle)*로 알려져 있다. 이 화려한 이름에도 우리가 알고 있는 생명이 그러한 사실과 모순되지 않는다고 주장하는 것은 뻔한 말이다.

11 Edward Harrison, *Cosmology: The Science of the Universe*, Cambridge University Press, 2000

결론

우리는 무엇을 배웠을까? 우선 주어진 거리에 있는 별들로부터 지구에 도달하는 빛의 세기를 계산함으로써 그 역설을 이해했다. 별의 밀도가 일정하다고 가정했을 때, 떨어진 거리와 관계없이 별의 기여도는 어떤 유한한 양이라는 것을 발견했다. 무한한 우주는 무한히 밝은 빛의 세기와 밝은 밤을 유도한다. 이것은 우주가 유한하다는 첫 번째 힌트였다.

이 질문에 새롭게 접근하고, 밤하늘이 왜 어두운지 양적인 관점에서 이해하려고 우주에서 오는 빛이 얼마나 지구를 비추는지 추정해야 했다.

역설을 해결하기 전에, 별에서 생성된 빛이 동적 시공간을 가로질러 이동하는 메커니즘을 이해하기 위해서 물리학 단기 집중 과정을 공부했다. 그리고 가장 관련 있는 요소들을 정리했다. 유한한 우주의 크기와 나이, 제한된 별의 수명, 빛의 적색편이, 우주마이크로파배경복사를 공부했다.

이러한 요소를 모두 다룰 수는 없지만, 유한한 우주를 기반으로 설득력 있는 계산을 할 수 있었다. 올버스의 가정에 따라 우리 시야를 가리는 별들은 알려진 우주의 가장자리보다 훨씬 더 너머에서 왔을 거라고 계산했다. 그렇다면 그 별빛이 이동한 시간은 우주의 나이보다 훨씬 더 크다. 그래서 방해하는 별들은 실제로 빛나기 위해 그곳에 존재하지 않으며 우리의 밤하늘은 어둡다. 우주가 유한하다는 것이 올버스의 역설을 해결한다.

연습 문제

1. 1광년은 빛이 1년 동안 이동하는 거리이다. 빛의 속도는 $3.0 \times 10^8 \text{m/s}$ 이다. 1광년을 미터와 킬로미터로 계산하시오.

2. 천문학에서 '천문단위 AU_{astronomical unit}'는 태양에서 지구까지의 거리이며, 약 9,300만 마일, 즉 1억 5천만 킬로미터이다. 태양계 내에서는 AU가 유용한 측정 단위이지만, 태양계 너머에는 훨씬 더 큰 우리 은하, 우주를 형성하는 다른 은하계와 은하단이 있다. 이러한 방대한 규모를 설명하기 위해 파섹_{parsec, pc}[12] 이라는 거리 단위를 사용한다. 1파섹은 1AU의 길이가 원의 일부인 1초의 호가 되는 거리, 즉 1AU가 1/3600도 호의 길이가 되는 거리이다. 이 정의를 보여 주는 이등변 삼각형을 그리자. 그림을 사용해 다음 설명에 따라서 1파섹이 얼마인지 계산하자. 먼저 360도는 2π 라디안과 같다. 따라서 1라디안은 $(360/2\pi)$도이고 1도는 $(2\pi/360)$라디안이다. 이제 '작은 각도 근사치_{small angle approximation}'를 사용한다. 매우 긴 이등변 삼각형의 경우 꼭지각의 레디안 수는 밑변을 빗변으로 나눈 값이다. 이로부터 1파섹이 AU 단위로 얼마인지 계산하고, 마지막으로 미터로 표시해 보라. 1메가파섹에 대해서도 똑같이 하라.

3. 태양의 반지름은 약 7.0×10^5 km이고, 지구에서 태양까지의 거리는 약

---

12 파섹이라는 명칭은 'parallax second'의 합성어이다. 시차(parallax)는 관찰자가 보는 각거리를 의미한다. 1'분'은 1/60'도', 1'초'는 1/60'분' 또는 1/3600'도'이다.

1.5×10^8 ㎞이다. 태양에 의해 가려지는 하늘의 비율을 계산하시오.

4. 우리는 종종 평균 온도에 관해 말하는데, 이번에는 평균 온도가 무엇을 의미하는지 탐구한다. 우리의 '세계'가 한 변의 길이가 10㎞인 완벽한 이차원 사각형으로 되어 있다고 가정하자. 세계기상서비스는 선택된 시간에 온도를 측정할 수 있도록 프로그래밍할 수 있는 센서 100개를 설치하는 데 충분한 자금을 배정받았다. '평균 온도'를 합리적으로 측정하기 위해서 센서를 어디에 두겠는가? 센서의 위치를 좌표를 사용해 구체적으로 표시하시오. 센서를 설치한 후 정오에 오늘 온도를 동시에 판독할 예정이라면, 수집된 데이터에서 평균 온도를 어떻게 계산할 수 있을까? 모델에 있는 잠재적인 오류 원인은 무엇인가? 평균 온도가 크게 달라야 하지만, 분석에서 비슷한 값이 나오는 두 가지 시나리오를 생각해 볼 수 있을까?

5. 종이를 한 번 접으면 두께가 두 배가 된다. 두 번 접으면 시작할 때보다 네 배 더 두꺼워진다. 여러분이 원하는 만큼 접을 수 있는 정말 큰 종이가 있다고 상상하자. 두께가 지구에서 달까지 거리가 되기 위해서 종이를 몇 번 접어야 할까? (어떻게든 종이 한 장의 두께를 추정해야 한다. 찾아보지 말고 추정해 보도록 한다.)

6. 지구는 유일하게 사람이 거주할 수 있는 행성이라고 알려져 있다. 다른 행성 중 가장 안락한 행성과 가장 황량한 행성은 어디일까? 그 이유를 제시하시오. [연구를 포함한 문제]

7. 아인슈타인의 일반 상대성 이론은 물리학의 가장 심오하고 섬세한 이론 중 하나이다. 하지만 이 이론에는 많은 사람이 매일 즐길 수 있는 실용적인 응용이 있다. 내가 무슨 말을 하고 있는지 알아보고 그것에 대해 몇 마디 적어 보자. **(연구를 포함한 문제)**

8. 이 8장 질문과 관련된 프로젝트의 주제를 생각해 보자.

프로젝트

A. 태양 전지판으로 사하라 사막을 덮으면 세계의 에너지와 환경 문제를 해결할 수 있을까? 사용 가능한 에너지의 양, 스타트업, 물류비용을 상세하게 분석한다. 관련 지정학적 문제에 대한 토론도 포함한다.

B. 1930년 노벨상을 수상한 물리학자 볼프강 파울리Wolfgang Pauli는 훗날 중성 미자(1956년에 발견)라고 불리는 전기적으로 중성인 소립자의 존재를 예언했다. 기본적으로 전하에 반응하지 않기 때문에 다른 입자와 정면으로 충돌할 때만 알 수 있다. 그래서 파울리는 한탄했다. "나는 끔찍한 일을 저질렀다. 나는 검출할 수 없는 입자를 예언했다." 특히 중성 미자의 *평균 자유 경로mean free path*에 대한 철저한 설명을 포함해 중성 미자를 검출하는 어려움을 토의해 보자.

09

별들은 **낮**에 어디로 **사라질까?**

부록 함수

개요

지금까지 해 온 절차에 따라 이 질문에 접근한다. 즉 우리가 양적으로 다룰 수 있는 문제를 식별할 수 있도록 스스로 그 분야에 익숙하도록 한다. 이 경우엔 눈의 민감도가 배경 빛의 세기에 따라 어떻게 영향을 받는지 알아본다.

1. 먼저 이 질문이 천문학이 아니라 생물학에 관한 것이라는 것을 인식한다.

2. 다음으로 우리 눈의 작동 원리에 관해 익숙해진다. 특히 빛의 세기 변화가 매우 클 때 눈이 어떻게 반응할 수 있는지 공부한다.

3. 그런 다음 다양한 빛의 세기에 따라 눈이 어떻게 반응해야 하는지 모델로 만들어 보고, 그 반응이 선형적일 수 없다는 결론을 내린다.

4. 로그 함수 모델이 어떤 배경에서는 의미가 있으며, 한 설정에서 볼 수 있는 특정 항목을 다른 설정에서는 볼 수 없는 이유도 이 모델이 설명한다는 것을 발견한다.

5. 눈의 반응을 모델링하기 위해 사람의 눈으로부터 얻은 실제 데이터를 사용한다. 우리 모델은 확고한데, 놀랍게도 별들이 어떻게 낮에 사라지고 밤에 다시 나타나는지 보여 주고 있다!

생물학과 눈

밤하늘은 별들로 가득하다. 하지만 낮에는 그곳에 있던 별들이 사라진다. 낮에는 우리가 별이 없는 하늘을 바라본다는 의미일까?

답을 생각하고 적어 보자.

사실 별은 항상 그 자리에 있지만, 단순한 일광daylight에 비해 '일광 + 별'의 *대비가* 뚜렷하지 않아서, 즉 별의 밝기가 햇빛의 밝기보다 강하지 않아서 별에서 나오는 빛을 볼 수 없다. 다시 말해서 이 질문은 천문학에 관한 것처럼 보이지만, 그 효과는 실제로 *생물학적*이다.

이번 9장에서 위의 질문을 질적 관점(별은 왜 사라질까?) *그리고* 양적 관점(별이 보이려면 어느 정도 밝아야 할까?)으로 다루기 위해 시각vision에 대해 충분히 이해하려고 노력할 것이다.

이런 방식으로 문제를 해석함으로써 우리는 이미 탐구해야 할 영역을 어느 정도 파악했다. 그래서 다양한 환경에서 눈이 어떻게 작동하고 자극에 반응하는지 조금 공부하고 나면 사라지는 별에 대한 문제를 해결할 수 있을 것이다.

이제 기초부터 시작해서 시각에 관한 단기 집중 과정을 공부하자.[1]

◆ 동물로서 우리는 외부 세계를 인식하고 생각이나 행동으로 반응한다. 생각은 우리가 별을 보는 과정에 아무런 기능을 하지 않으므로, 인지에 관

---

1 주요 출처 D. Purves et al., *Neuroscience*, 4th ed., Sinauer, 2008

한 질문은 무시하고 지각perception에 집중하기로 한다.

♦ 우리는 감각으로 지각하며, 시각, 청각, 미각, 후각, 촉각의 다섯 가지 주요 감각을 지니고 있다. 각각의 감각은 외부 세계로부터 정보를 받는 신체 부위가 관장한다. 우리는 시각에 초점을 맞출 것이다. 즉 눈을 공부한다는 의미이다. 그렇게 해서 나머지 감각을 관장하는 유사한 기전도 상상할 수 있다. 세부 사항은 다르지만, 공통 주제가 제기될 것이다.

♦ 눈은 시각을 담당한다. 눈은 앞부분에 *렌즈*(수정체)가 있는 둥근 모양의 안구이다. 렌즈는 눈을 통과한 빛이 안구 뒷부분에 있는 *망막*에 초점을 맞추고 상이 맺히도록 한다. 망막은 일종의 센서로, 빛을 감지한 후 통로인 신경계(신경)를 통해 뇌로 신호를 전달한다. 빛을 감지하는 광수용체(망막세포)의 최전선에는 특성이 다른 두 종류의 세포, *간상세포*(막대세포)와 *원추세포*(원뿔세포)가 있다.

♦ 간상세포는 빛의 민감도를 담당하고, 원추세포는 선명도를 담당한다.

♦ 이러한 광수용체(간상세포, 원추세포)는 본질적으로 '빛이 여기 있다'라는 신호를 뇌로 전달한다. 우리는 그 신호가 어떻게 전달되는지 알아보고자 한다.

♦ 여러분은 신경이 전기 신호를 전달한다는 말을 들어 본 적이 있을 것이다. 이 말은 약간 오해의 소지가 있다. 이 기전은 전선을 통해 초당 수십만 킬로미터로 이동하며 전파되는 전기와 다르다. 대신에 신경 신호는 초속 20m로 이동하는데, 이것은 인체 크기를 감안하면 매우 *빠른* 것이다. 신호는 전하를 띤 입자(전기적 측면)가 *확산*으로 이동하며 전달된다. 확산은 입자가 많은 곳에서 적은 곳으로 이동하는 것을 의미한다. 주방 오븐에서 피자 냄새가 나는 것은 피자 입자가 더 많은 곳(오븐 근처)에서

적은 곳(코 근처)으로 이동하기 때문이다. 농장에서 문을 열면 방목장에 갇힌 소들이 문으로 나와 넓은 벌판을 이리저리 돌아다닐 것이다. 신경의 경우, *이온이라*는 전하를 띤 입자가 *이온 통로ion channel*를 통해 이동한다. 이때 관문은 세포막에 있는데, 소 몇 마리를 벌판으로 보낼지 결정하는 농부가 바로 세포막이다. 세포막은 전압 차이를 이용하여 전기적 '금지' 표지판을 세운 것이다. 여기서 정전기의 세부 사항에 관해서는 관심을 두지 않겠다. 신경세포막에 전하를 띤 입자들이 응집하면, 더 많은 전하를 띤 이온이 이동할 때 장벽으로 작용할 수 있다고만 말하겠다. 이것으로 충분하다.

✦ 신경 전달 경로를 따라 이온이 지나가는 통로가 여러 개 있다. 관문은 화학적 또는 전압 변화에 의해 자체적으로 작동될 수 있다. 감쇠 신호 dampened signal로부터 전송 손실을 방지하기 위해 신경이 '미엘린myelin'

✚ 수초라 불리는 미엘린은 뇌를 구성하는 신경세포의 축색(또는 축삭) 부위를 겹겹이 둘러싸는 원형 질막으로, 전선의 피복과 비슷하게 절연체로 작용한다. 으로 절연되어 있다. 미엘린이 없는 곳에서 신호는 랑비에 결절nodes of Ranvier이라고 부르는 전압 제어 관문에 의해 증폭된다. 신경계가 제대로 기능하려면, 전송 손실을 예방하는 것이 중요하다. 다발성 경화증은 신체의 면역 체계가 미엘린을 공격하고 그로 인한 흉터 조직이 신호를 왜곡하거나 방해해 특히 감각과 운동 기능에 문제를 일으키는 질환이다. 실제로 눈은 매우 민감한 기관이기 때문에, 시각 장애는 다발성 경화증의 중요한 초기 지표 중 하나이다.

✦ 이제 뉴런(신경세포)을 통해 신호가 전달되는 기전의 일부는 이해했지만, 이 과정에서 뉴런이 어떻게 모양, 색깔, 빛의 세기를 암호화할까? 모양을 암호화하는 것은 간단하다. 광수용체는 본질적으로 망막이라고 하는

스크린에 있는 픽셀이다. 광수용체가 반응하는 곳은 물체의 상이 맺히는 곳이다(뇌는 픽셀 데이터를 정확히 해석하여 상을 똑바로 인식하게 한다). 색깔은 대부분 '원뿔 모양'으로 생긴 원추세포에 의해 인식된다. 서로 다른 빛의 주파수에 민감한 세 가지 형태의 원추세포가 있는데, 이는 많은 디스플레이의 색깔 픽셀이 빨간색, 녹색, 파란색의 하위 픽셀로 구성된다는 사실과 비슷하다. 원추세포의 발화firing는 세 종류 원추세포 근처의 눈 영역에서 감지된 빛의 색깔을 암호화한다. 세기는 광수용체가 활동전위action potential를 생성해 신경 신호를 얼마나 자주 활성화하는지 그 빈도로 측정된다. 발화율은 초당 0에서 약 300회 범위에 있다. 만일 신호가 어깨를 한 번 두드리는 것과 같다면, 반복적으로 빠르게 두드리는 것은 더 긴박함을 나타낼 수 있다. 여기서 긴박함은 세기를 나타낸다.

따라서 빛은 눈의 망막에 있는 간상세포와 원추세포를 자극하고, 눈은 전기적으로 제어되는 관문을 통해 신경을 따라 뇌까지 이동하는 신경 신호를 생성함으로써 반응한다. 이 신경은 망막 스크린의 픽셀을 형성한다. 빛의 색깔은 세 종류의 원추세포로 감지되고, 미세 구조는 간상세포로 감지되며, 빛의 세기는 발화율로 측정한다.

선형 모델과 로그 모델

우리 눈은 엄청난 범위의 세기intensity 또는 휘도luminance 내에서 빛에 반응할 수 있다. 휘도는 일반적으로 제곱미터당 캔들cd/m^2이라는 색다른 단위로 측정된다. 캔들candle 또는 칸델라candela는 일률power의 단위로, 양초candle 한 개에서 나오는 일률과 맞먹는다. 이런 단위로 눈이 감지할 수 있는 세기의 범위는 대략 10^{-6}(야간)부터 10^{-2}(달빛), 10^2(실내 조명), 10^6(밝은 햇살)까지이다.

세기의 범위에서 상단의 빛은 하단보다 얼마나 더 강렬할까?
답을 생각하고 적어 보자.

이 질문에 답하려면, '*얼마나 더*'라는 개념을 가장 적절하게 표현할 방법을 찾아야 한다. 우리는 그 차이를 측정할 수 있지만, 값의 차이는 비율만큼 그 의미를 충분히 전달하지 못한다. 보통 다 자란 나무가 작은 묘목보다 다섯 배나 크다고 말할 수 있는데, 이러한 비교 방식은 정확한 높이를 알지 못하더라도 괜찮은 설명이 된다. 지금 우리는 상단에 있는 빛의 세기 수준이 하단보다 *몇 배 더* 밝은지 알아보고자 한다. 상단을 하단으로 나누면 $10^6 \div 10^{-6} = 10^{12}$ 이므로, 크기 자릿수order of magnitude ✚ 10의 거듭제곱으로 증가하는 양상을 크기 자릿수라 하며, 예를 들어 수 98과 212 모두 100에 가깝기 때문에 이 두 수는 목적에 따라 크기 자릿수 2로 똑같이 취급할 수 있다.로 12만큼 밝다. 상단에 있는 빛은 *1조* 배나 강렬하다!

세기에 대한 민감도 범위를 이해하려면 서로 다른 색깔로 구성된 가시 스펙트럼의 *주파수* 범위와 비교해 보자. 주파수는 헤르츠Hz 단위 또는 1초 동안 진동하는 파동의 횟수로 측정된다. 우리가 보는 가장 붉은빛은 약 400테라헤르츠THz, 즉 400조 헤르츠Hz이다. 반면에 진한 보라색으로 보이는 빛은 800테라헤르츠이다. 따라서 가시 주파수의 높은 쪽과 낮은 쪽 사이에는 겨우 2배만큼(크기 자릿수 2만큼이 이니라 그냥 2) 차이가 있다. 이것은 놀라운 일이 아니며, 색에 대한 선명도가 생존에 필수적이지 않기 때문이다. 많은 사람과 동물이 색맹으로 살아간다.

이 글을 쓰고 있는 나는 폭풍우가 몰아치는 아침에 창밖을 바라보고 있다. 단풍나무 가지가 바람에 흔들린다. 남쪽 가지에 있는 잎들은 나무로 인해 그 늘진 잎보다 더 밝은 색조를 띤다. 불을 켜지 않은 내 방에서 창밖으로 이 광경을 볼 때면 방에 있는 소파 쿠션의 윤곽이 자수 꽃무늬 패턴을 드러낸다. 이 모든 것은 대개 10^{-1} 칸델라 정도의 희미한 빛에서 일어난다. 내가 설명하고 있는 단계적인 변화는 크기 자릿수 2의 범위(100배) 내에서 일어나며, 내 눈은 이 범위의 세기에서 그 차이를 쉽게 구분한다. 이 범위보다 낮으면 생김새가 너무 희미하게 보이고, 높으면 모든 것이 획일적으로 밝게 보인다.

이제 눈은 광수용체에 의해 방출되는 전압 스파이크를 통해 이러한 세기의 변화를 기록하고, 초당 0에서 약 300회 사이의 속도로 발화할 수 있다는 것을 기억하자. 다르게 말하면, 이들 센서는 '방전율discharge rate'를 가지며, 빛의 세기가 클수록 방전율이 더 높다. 따라서 이 방전율은 세기가 클수록 증가하는, 빛의 세기에 따라 변하는 함수로 정의한다.

가시광선의 세기가 제곱미터당 10^{-6}부터 10^{6} 칸델라 범위로 변할 때 0에서 300까지 증가하는 가장 간단한 함수는 선형 함수일 것이다. 잠시 이 경우가 그렇다고 가정하자.

여러분은 10^{-6}일 때 0에서 시작해 10^{6}일 때 300으로 가는 선형 함수를 작성할 수 있을까?

답을 생각하고 적어 보자.

질문에 답하기 위해 선형 함수에 대한 설명은 부록 6.2를 참조 기울기를 계산하면 $\dfrac{300-0}{10^6-10^{-6}}$,

즉 3×10^{-4} 이며 유효 숫자 1개로 계산한다.**부록 5.3 참조** 여기서 초당 신경 발
화로 측정된 방전율을 R이라고 하고, 제곱미터당 칸델라로 측정된 세기를
$I = 10^{-6}$ 라고 하자. 위에서 계산한 대로 R을 기울기가 3×10^{-4}, 변수가
I 인 선형 함수로 표현하려고 한다. '점-기울기 형식'으로 직선의 식을 구할
수 있는데, 알고 있는 점은 $I = 10^{-6}$ 일 때 $R = 0$이다. 따라서 직선의 식은
$R - 0 = 3 \times 10^{-4} (I - 10^{-6})$이다. $I \geq 10^{-5}$ 일 경우 언제나 10^{-6} 항을 무
시할 수 있고, 유효 숫자 1개로 작성하면 다음과 같다.

$$R \approx 3 \times 10^{-4} I$$

그러나 우리는 방전율 또는 반응률response rate R이 연속적으로 변하는 값
이 *아니라*는 것을 인정해야 한다. 반응률은 0, 1, 2, …, 300인 정수다. 따라서
이 선형 함수가 정확할 수는 없다. 엄밀히 말하면, 기울기가 3×10^{-4} 인 연
속적인 반응률 R은 세기가 1 칸델라씩 증가할 때마다 0.0003만큼 증가한다.
우리는 이것을 $0.0003 = \frac{\Delta R}{\Delta I}$ 로 쓸 수 있다. 그러나 0.0003이라는 신경 발화
값은 의미가 없다. 우리가 분명하게 말할 수 있는 0이 아닌 가장 작은 증가량
은 1이다.

1회 이상 발화할 때 칸델라의 변화량은 얼마일까?
답을 생각하고 적어 보자.

$\Delta R = 1$일 때 미지수 ΔI를 알려면 방정식 $0.0003 \times 1/\Delta I$ 를 풀어야 한
다. 따라서 세기가 $1/0.0003 \approx 3300$ 칸델라(유효 숫자 2개) 증가할 때마다 발

화율이 1씩 증가한다. 그러면 발화율 그래프는 실제로 연속적인 기울기가 아니라 계단처럼 보일 것이다. 즉 처음 3,300 칸델라의 경우엔 1, 다음 3,300 칸델라에서는 2 그리고 약 10,000에서는 3이다.

여러분은 이것이 왜 터무니없어 보이는지 알 수 있을까?
답을 생각하고 적어 보자.

앞서 언급했듯이 내가 목격한 아침 장면에서 빛의 세기는 약 10^{-1} 칸델라 기준으로 크기 자릿수 2만큼 해당되어, 약 $10^{-2} = 0.01$에서 $10^0 = 1$ 칸델라 범위에 있다. 그러나 우리의 눈이 10^{-6} 칸델라 밝기에서 발화율 0으로 시작하여 3,300 칸델라마다 발화율을 1만큼씩 증가시킨다면 잎사귀의 아랫면, 쿠션의 윤곽, 나무의 그늘진 부분에서 빛의 세기의 작은 변화를 감지하지 못했을 것이다. 사실 내가 묘사한 장면에서 최고 세기는 3,300보다 훨씬 작은 1 칸델라에 불과했기 때문에 내 광수용체는 반응조차 하지 않았을 것이고, 그 장면은 까맣게 보였을 것이다!

부록 6.5에서 로그 함수가 큰 범위의 변화량을 어떻게 표현하는지 설명하고 있다. 아마 빛의 세기에 대한 방전율의 반응은 로그이며, 이렇게 넓은 입력 범위를 수용할 수 있다. 그래서 빛의 세기가 크기 자릿수 12만큼 증가할 때 0에서 300까지 변하는 함수는 로그 함수로 생각할 수 있다. 우리는 이것이 선형 함수보다 더 나은 모델이라는 것을 차차 알게 되겠지만, 아직은 해결해야 할 문제가 있다. $R(I)$가 로그 함수라고 한다면 상수를 추가해야 한다. 따라서 $R(I) = a + b\log(I)$이다.

선형 모델을 만든 방법과 유사하게 서로 다른 두 점에서 R의 값을 알고 있으므로, 로그 모델에서 찾아야 할 상수 a와 b를 결정할 수 있다. $R(10^{-6}) = 0$을 입력하면 다음과 같다.

$$0 = R(10^{-6}) = a + b\log(10^{-6}) = a - 6b$$

여기서 $\log(10^x) = x$라는 성질을 사용했다. 이제 $R(10^6) = 300$으로 설정하면 다음과 같다.

$$300 = a + 6b$$

첫 번째 방정식에서 $a = 6b$이다. 두 번째 방정식에 이 정보를 사용하면 $300 = 6b + 6b = 12b$이며, $b = 25$이고 $a = 6b = 150$이다. 그러므로 다음과 같다.

$$R(I) = 150 + 25\log(I)$$

이 함수가 맞을까? 질문해 보자.

크기 자릿수가 2만큼인 빛의 세기에 따라 이 함수는 얼마나 변할까?
답을 생각하고 적어 보자.

이 질문에 답하려면 크기 자릿수가 2의 범위에 있을 때 $\log(I)$가 2만큼 변한다는 것을 알아야 한다. 실제로 크기 자릿수 2의 범위는 어떤 수 x에

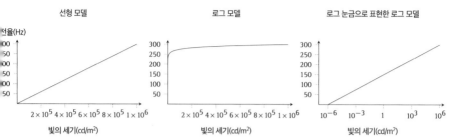

그림 9.1 예상할 수 있는 방전율 함수(초당 신경 발화율, 또는 헤르츠): 선형 모델 (왼쪽), 로그 모델 (가운데), x축을 로그 눈금으로 표현한 모델 (오른쪽)

서 $100\,x$까지의 값이며, 로그 규칙을 사용하면**부록 2.5 참조** $\log(10^2\,x) = \log$ $(10^2) + \log(x) = \log(x) + 2$이므로 로그값이 2만큼 증가한다. 따라서 $R(I)$는 $25 \times 2 = 50$만큼 증가한다.

이 모델이 의미하는 것은, 내가 묘사한 장면처럼 크기 자릿수 2의 범위 내에서 뉴런은 가능한 반응률 300 중에서 50 정도만 사용한 것이다. 이것은 문제에 대한 *가능한* 해결책이지만, 전체 신경 반응의 범위 중 단지 6분의 1만 사용함으로써 민감도를 잃는 것이다. (지금까지 설명한 선형 및 로그 함수는 **그림 9.1**에 나와 있다.)

명순응: 기준선 설정

따라서 이런 선형 함수와 로그 함수는 최적의 모델이 아니며, 사실 자연은 훨씬 더 영리한 해결책을 선호하므로 이런 함수를 허용하지 않는다. 눈은 실제로 명순응light adaptation으로 알려진 일종의 마술을 수행한다. 지하실에서 밝은 햇빛으로 나오면 눈이 배경의 세기 변화에 적응하는 동안 볼 수가 없다. 눈이 적응할 때까지 간상체와 원추체는 발화율을 최대화한다. 다시 실내로 들어가면 어둠 속의 먼지 뭉치를 보기 어렵다. 기준선이 다시 설정될 때까지 센서가 거의 작동하지 않기 때문이다.

사실 이와 같은 조절 후에 반응률은 로그에 근사하지만, 실제로 로그 함수 $R(I)$는 배경 조건(I)에 따라 달라진다. 즉 $R(I)$는 하나의 함수로 나타낼 수 없다. 조절할 때 일어나는 일은 눈 근육이 '미세하게 떨려서' 수용체가 한 지점뿐만 아니라 주변 영역의 휘도를 수집한다. 울타리 반대편에 있는 잔디가 얼마나 푸르른지 이야기하며 이쪽 잔디와 비교할 때, 땅을 여러 조각으로 나누고 각 조각에 있는 다양한 잎에 대해 평균을 취해 푸르름을 판단한다. 여러분의 눈도 비슷한 과정을 거쳐서 빛의 평균 세기가 어느 정도인지 짐작한다(여러 지역에 걸친 평균과 그에 대한 느낌을 알려면 8장의 연습 문제 4를 참조하라). 결과적으로 눈은 배경 수준에서 반응율의 중간값(약 150)을 갖도록 맞추어진 반응 함수response function 또는 방전율 $R(I)$를 생성할 수 있으며, 민감도가 그 주변 휘도에서 최대가 된다. 이런 반응 함수는 이 휘도 값을 중심으로 크기 자릿수 1 이상의 범위에서 로그 함수에 근사하며, 방전율은 약 50에서 250까지 변한다.

예를 들어 $10^1 \, cd/m^2$ 정도의 배경에서, 이 숫자를 중심으로 크기 자릿수 1의 범위는 대략 제곱미터당 $10^{1/2}$ 에서 $10^{3/2}$ 칸델라라고 말한다.

배경의 세기 수준이 $10^1 \, cd/m^2$ 라고 가정하자. $10^{1/2} \leq I \leq 10^{3/2}$ 또는 대략 $3 \leq I \leq 30$일 때 $R(I)$에 관한 로그 모델을 작성하시오.

$\log(I)$를 입력 변수 x로 놓으면, 방전율은 세 점 (1/2, 50), (1, 150), (3/2, 250)을 지나는 x의 *선형* 함수이다.**부록 6.2 참조** 따라서 기울기는 200이며 함수 는 다음과 같다.

$$R(I) = -50 + 200\,x = -50 + 200\,\log(I) \qquad 10^{1/2} \leq I \leq 10^{3/2}$$

이제 우리는 10cd$/$m^2 정도의 세기에 잘 맞는 반응 함수를 찾았다.

그러나 이 함수는 불가능한 방전율 $R(10^0) = -50$을 포함하고 있으므로, 이것은 이야기 전체를 설명하는 모델이 될 수 없다. 따라서 이 로그 함수는 주어진 범위에서 반응률을 잘 설명하는 좋은 모델이 될 수 있지만, 이 범위를 넘어서면 다른 일이 일어나야 한다. 즉 이 범위의 하단을 넘어가면 방전율이 0에 가까워지고 상단을 넘어가면 약 300에서 포화 상태가 되는데, 이는 배경의 세기보다 크기 자릿수가 1만큼 큰 범위에서 일어난다. 이 정도 세기 이상에서는 광수용체가 '한계를 초과해' 모든 빛이 똑같이 밝게 보인다. 일부 방전율 함수가 **그림 9.2**에 제시되어 있다. 이 행동은 어두운 지하실에서 밝은 햇빛으로 나올 때 경험했던 눈부심 효과 뒤에 있는 생리학적, 수학적 이유이다. 즉 배경의 세기가 더 낮을 때 여러분 눈은 더 빨리 최댓값에 도달한다.

만약 배경의 휘도를 변경하면, 즉 조명을 끄고 동굴로 들어간다면 여러분의 눈이 새로운 환경에 적응하는 데 시간이 좀 걸린다. 이 과정은 방전율을 재설정하고, 배경의 세기에서 반응률이 약 150인 새로운 함수 $R(I)$을 생성한다. 먼지 뭉치가 나타난다.

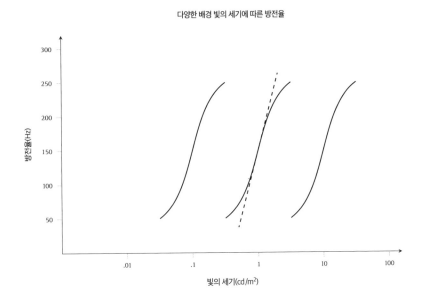

다양한 배경 빛의 세기에 따른 방전율

그림 9.2 서로 다른 세 가지의 배경 수준에 따른 방전율 함수이다. 로그에 근사하는 방전율 행동은 x축의 로그 눈금으로 인해 직선으로 나타나며, 가운데 그래프에 강조해서 표시했다.

수수께끼 풀기

떠오르는 태양을 본 별들이 갑자기 수평선 뒤로 숨지 않는다. 별들은 어디로 사라진 것일까?

이제 우리는 하늘에서 별을 볼 수 있는지 없는지 판단하는 방법을 알게 되었다. 답은 별과 배경에서 오는 빛의 세기에 따라 달라진다. 따라서 별을 보기로 정했다면, 이에 관한 정보를 찾아야 한다. 또한 별을 보기 위해 얼마나 오래, 예를 들어 1초 정도 별을 바라볼지 정해야 한다.

별빛의 세기를 빠르게 검색하면 보통의 별에서 나오는 빛의 휘도가 제곱미터당 약 0.001 칸델라임을 알 수 있다.

어떤 조건에서 이 정도의 광원이 우리에게 보일까?

여러분은 말할 수 있을까?

답을 생각하고 적어 보자.

배경의 세기가 어느 정도 있다고 가정해 보자. 나는 그 세기를 모르기 때문에 변수 I_0라고 지정하며, 입력 변수는 간단히 I라고 한다. 광원이 보이려면 별이 있는 상태에서 추가적인 신경 발화가 필요할 것이다. 우리가 1초 동안 보기로 했기 때문에, 방전율이 배경 발화보다 적어도 초당 1 이상 증가하기를 원한다. 이제 핵심은 다음과 같다.

우리의 방전율이 배경과 추가된 별(0.001단위)의 세기를 구별할 수 있으려면, $R(I + 0.001)$이 $R(I)$보다 적어도 1 이상 커야 한다고 규정한다.

생물학에 대한 충분한 이해가 없었다면 결코 이 수학적 모델을 알아낼 수 없었을 것이다.

질문에 있는 별을 제외하고 본질적으로 균일한 하늘을 올려다본다고 상상하자. 즉 별을 구분하는 세기는 배경의 세기 I_0에 별빛의 세기 0.001을 추가한 $I_0 + 0.001 (\text{cd}/\text{m}^2)$라고 가정한다. 이제 우리가 논의한 대로, 배경의 세기 I_0 근처의 값에 대한 방전율을 로그로 계산할 수 있다.**연습 문제 3 참조** 배경이 I_0인 경우, $R(I) \approx 150 + 200(\log(I) - \log(I_0))$ 또는 동등하게 다음과 같다.

$$R(I) \approx 150 + 200 \log(I / I_0)$$

우리의 눈이 배경과 구별해서 별을 인식하려면, $R(I_0 + 0.001)$이 $R(I_0)$보다 적어도 1 이상 커야 한다고 규정한다. $R(I_0) = 150$이므로 최소 151을 의미한다. 밝기의 값을 방전율 함수에 입력하면 다음과 같다.

$$150 + 200 \log((I_0 + 0.001)/I_0) \geq 151$$

또는 양쪽에서 150을 빼고 200으로 나누면 다음과 같다.

$$\log(1 + 0.001/I_0) \geq 0.005$$

이 부등식에서 배경의 세기 I_0가 얼마인지 알려면 I_0를 분리해야 한다. 로그를 없애기 위해 지수가 로그를 취하는 역과정이라는 사실을 이용한다. 즉 $10^{\log x} = x$ 로그의 성질을 이용해서 양변에 지수를 취하면, $1 + 0.001/I_0 \geq 10^{.005}$ ≈ 1.0116이고, 다시 정리하면 $0.001/I_0 \geq 0.0116$, 또는 $1/I_0 \geq 11.6$ 이다.

$$I_0 \leq 1/11.6 \approx 1 \times 10^{-1}$$

마지막에 유효 숫자는 한 개로 한다.

이것은 무엇을 의미할까? 이 정도 수준의 세기는 달빛에 해당한다고 앞부분에서 말했던 것을 기억하자. 따라서 세기가 달빛 수준이거나 더 어두우면 우리는 별을 볼 수 있어야 한다.

결론

우리의 결론은 달빛이나 달빛보다 더 어두운 곳에서 별을 볼 수 있다는 것이다. 그러나 에번스턴의 하늘이 시카고 도시 불빛에서 나오는 빛으로 물들었을 때, 달빛 위에서 별빛은 배경과 구별되지 않을 수 있으므로 별이 빛나는 하늘을 보려면 숲으로 여행해야 한다.

확실히 낮에는 별이 보이지 않는다. 별들은 문자 그대로 대낮에 숨어 있다!

요약

우리가 어떻게 그 질문에 답을 할 수 있었는지 검토해 보자. 첫째, 우리는 눈이 서로 다른 속도로 발화되는 뉴런에 의해 빛의 세기를 감지한다는 것을 배웠다. 배경 너머에 있는 어떤 별빛을 추가로 감지하려면, 그 차이가 적어도 1회 이상 발화를 유발하는 양이 되어야 했다. 경험적으로 발화율은 배경의 세기 정도에서 로그 함수이며, 배경을 중심으로 세기가 크기 자릿수 1의 범위 내에서 약 200만큼 변한다. 이것은 발화율이 어떻게 변하는지를 결정하며, 우리는 0.001의 휘도로 빛나는 별이 또 다른 발화를 유발하는지 아닌지를 알아낼 수 있다. 그 답은 배경에 따라 다르다. 예상대로 달빛 (또는 그 이하) 정도의 배경 세기에서 별을 볼 수 있다는 것을 확인했다.

연습 문제

1. 낮에 달을 볼 수 있는 시기를 결정하는 여러 요인에 관하여 토론하라.

2. **그림 9.3** 가변 헤르만 격자Hermann Grid에서 착시 현상을 정성적으로 설명하라.

그림 9.3 헤르만 격자. 흰색 교차로 중 하나를 집중해서 보자. 교차로에 회색 점이 있는 것처럼 보이지만, 흰색으로 보여야 한다. 격자 위치에 따라 효과의 강도는 다르다.

3. 10^{-2}에서 10^{-1}까지의 범위에서 정의된 로그 함수(상수까지) $R(I)$을 작성하시오. 함숫값은 50(하한)에서 250(상한)까지 변한다. 과정을 제시하자! 어

떤 밝기 I_0에서, $R(I)$는 이 둘의 평균인 150과 같을까?

이번엔 I_0가 주어졌다고 가정하자. 대략 I_0를 '중심'으로 크기 자릿수 1만큼 범위에서 $R(I)$가 50에서 250까지 변하는 함수 $R(I)$를 작성하라. 여러분은 '중심'이 무엇을 의미하는지 제대로 이해해야 한다.

4. 햇빛(세기는 $I_a = 10^4$ 칸델라/제곱미터) 아래에서 책을 읽은 후, 어두운 지하실(세기는 $I_b = 10^{-2}$ 칸델라/제곱미터)로 들어가면 눈은 배경 세기의 변화에 즉시 적응할 수 없다. 오히려 눈이 감지하는 배경 세기는 10^4에서 점차 감소하여 10^{-2}에 가까워진다. 이 연습 문제를 공부하기 위해 시간 함수로 감지된 배경 세기 $R(I)$를 $I_0(t) = I_b + (I_a - I_b)e^{-10t}$로 모델링할 수 있다고 가정하자. 여기서 t는 분 단위로 측정한다. 연습 문제 3에서처럼 눈이 I_0 주변을 중심으로 크기 자릿수 1의 범위에서 정확하게 빛을 감지할 수 있다고 하면, 어둠 속에서 충분히 잘 볼 수 있을 때까지 얼마나 시간이 걸릴지 확인하시오. 즉 I_0가 감지 범위 내에 들어오기까지 얼마나 오래 걸릴까?

5. 초신성은 보통의 별이 10^9 년 동안 방출하는 것과 같은 양의 에너지를 며칠(10^{-1} 년) 안에 방출한다. 이것은 초신성의 세기가 태양의 10^{10} 배라는 의미로 받아들인다. 초신성이 낮에 보이려면 얼마나 가까이 있어야 할까?

실제로 태양은 약 1.5×10^8 km 떨어져 있다. 푸른 하늘은 제곱미터당 4×10^3 칸델라의 세기를 가지며, 직접 관측된 태양의 세기는 제곱미터당 1.6×10^9 칸델라이다.[2] 빛의 세기는 거리의 제곱에 비례하여 감소한다는 8장의 내용을 기억하자.

6. 용액의 산성도를 측정하는 방법 중 하나는 pH 수치이다. pH는 용액 내 하이드로늄 이온(H_3O^+)의 농도를 측정한다. pH 값은 밑을 10으로 하는 음의 로그 스케일을 따른다. 즉 pH가 5인 물질은 리터당 10^{-5} 몰의 하이드로늄 이온을 가지며, pH가 8인 물질은 리터당 10^{-8} 몰의 하이드로늄 이온이 있다. 리터당 하이드로늄 이온의 몰수에 대한 함수로 pH 값에 대한 공식을 작성하시오.

pH 값은 일반적으로 0에서 14까지이다. 물의 pH는 7이다. 7 미만의 pH 값은 산성으로 간주하고 7보다 큰 값은 염기성으로 간주한다. 농축액으로 레모네이드를 만든다고 가정해 보자. 조리법은 0.5리터 농축액에 물 2리터를 섞으라고 한다. 농축 레모네이드의 pH는 2.3이다. 마시는 레모네이드 용액의 pH는 얼마인가?

7. 이 9장 질문과 관련된 프로젝트 주제를 생각해 보시오.

프로젝트

A. 하늘은 왜 파란색일까? 일몰은 왜 붉을까? 해 질 녘 태양은 얼마나 붉을까?

B. 다양한 빛의 세기에 따라 눈의 적응 속도를 테스트할 실험을 설계하라. 어떤 실험 도구가 필요할까? 어떤 종류의 데이터를 수집할까? 실험 수행 단

---

2   www.npl.co.uk/educate-explore/factsheets/light/light-poster

계를 설명하는 자세한 절차를 작성하라. 이제 실험을 하고 결과를 발표하도록 준비하라. 어떤 결론을 내릴 수 있을까?

C. 핀이 떨어지는 소리를 들을 수 있을까?

D. **그림 9.3**에 제시된 가변 헤르만 격자의 착시 현상을 정량적으로 설명해 보자.

10

두통에 **약**을 먹어야 할까?

부록 확률, 통계

개요

약이 효과적인지 알아보기 위해 모의 임상 시험 데이터를 분석하기로 한다. 그러려면 상당한 확률과 통계가 수반되므로 관련 지식을 보강하는 데 시간을 할애한다. 그런 다음에 약의 비용 대비 효능을 평가할 수 있다.

1. 먼저 이 질문이 우리가 바라는 효과를 얻을 수 있는지 그 가능성을 평가하는 것임을 인식한다.

2. 표본 크기가 커지면 표본 평균의 확률은 정규 분포를 따른다는 내용을 포함해 확률을 조금 더 자세히 공부한다. 정규 분포의 모양이 표준 편차에 의해 결정된다는 것도 상기한다.

3. 다음으로 치료 집단과 위약 집단으로 나누어 임상 시험을 고안하고, 두 집단의 피험자를 대상으로 두통이 사라지는 데 걸리는 시간을 측정한다.

4. 우리는 정규 분포를 사용하여 치료 집단의 두통이 우연히 더 짧은 시간에 사라질 확률을 추정한다. 이 확률이 매우 낮기 때문에 결과가 우연히 발생했다는 귀무가설을 기각하고, 바라던 효과가 약 때문이라고 결론짓는다.

5. 마지막으로 약이 효과적이라는 것을 알더라도 여전히 약의 비용이 두통 시간을 감소한 만큼의 가치가 있는지 스스로 결정할 필요가 있다.

생각할 때 고려해야 하는 것

약을 먹을까 말까? 간단한 질문처럼 보인다. 한 번 먹어 보고 효과가 있는
지 확인하면 된다. 잠깐, 정말로 그냥 입에 털어 넣으려고? 경고 라벨을 확인
도 안 하고? 부작용 중 하나가 즉시 사망이라면? 그래도 약을 먹을까?

물론 길을 건널 때 발생할 수 있는 부작용 중 하나가 즉시 사망이지만, 우
리는 그럴 위험이 적다고 추정하기 때문에 항상 길을 건넌다. 잠재적인 부작
용을 신경 쓰지 않더라도 약은 비용이 든다. 단지 10% 정도의 시간 단축 효
과 때문이라면 차라리 두통을 참는 것이 나을 수도 있다. 경제학자는 통증을
없애는 *보상*과 효과가 없을 수도 있는 일에 돈을 쓰는 *위험*을 저울질해야 한
다고 말할 것이다.

우리는 *이미* 많은 것을 알고 있다. 이 10장의 질문이 의미하는 바를 이해하
고, 바람직하지 않은 결과(계속된 통증 또는 부작용)의 비용과 가능성 그리고 이
와 반대로 바람직한 결과(통증 없음)의 가능성을 평가하려고 한다. 그런 다음
이 분석을 바탕으로 진행 방법을 결정한다.

약을 먹으면 효과가 있을 수도 있고, 아무 효과가 없거나 더 나쁜 결과를
초래할 가능성도 있다. 하지만 단지 두 가지 선택만 있다고 해서 두 사건이
일어날 가능성이 동등하다는 것은 아니다. 이렇게 서로 다른 결과는 무언가
의 *확률*로 발생한다. 따라서 위에서 언급한 문제를 자세히 분석하기 전에, 약
물 임상 시험 방법을 적용하는 것과는 별도로 확률에 대한 몇 가지 문제를 생
각해 볼 필요가 있다. 간단한 예로 시작하는 것이 현명하다. 걷기 전에 기어가
는 법을 배워야 한다.

가능성이란 무엇인가?

확률이나 통계에서 대부분의 문제가 그렇듯이, 동전 던지기를 통해 이 문제의 본질을 미리 알 수 있다. 쉬울 것이다, 먼저 공정한 동전을 던져 보자.

앞면이 나올 가능성은 얼마일까?
답을 생각하고 적어 보자.

*공정하다는 것*은 앞면과 뒷면이 나올 가능성이 동등하다는 것이므로, 둘 다 대체로 절반 정도 나와야 한다는 의미이다. 따라서 확률은 2분의 1 또는 50%이다.
주사위를 굴릴 때는 여러 가지 확률이 있다. 공정한 주사위를 굴려 보자.

4보다 큰 수가 나올 가능성은 얼마나 될까?
답을 생각하고 적어 보자.

답은 3분의 1이다. 동등한 가능성이 있는 여섯 가지 결과 중에서 두 가지 (5와 6)가 4보다 크다. 여섯 가지 중 두 가지는 세 가지 중 한 가지, 즉 1/3이다. 이번에는 주사위 두 개를 굴려서 두 눈의 합이 10 이상이 될 가능성이 얼마나 되는지 생각해 보자.

주사위 두 개를 굴려서 나오는 합은 몇 가지가 있을까?
답을 생각하고 적어 보자.

합이 2, 3, 4, …, 11, 12가 될 수 있으므로, 답은 열한 가지이다.

두 주사위의 합이 10보다 큰 경우는 몇 가지가 있을까?

답을 생각하고 적어 보자.

11과 12만이 10보다 크기 때문에 답은 두 가지이다.

그래서 두 주사위의 합으로 모두 열한 가지가 가능하고, 그중 두 가지가 10보다 크다.

두 개의 주사위를 굴려서 합이 10보다 클 가능성은 얼마나 될까?

답을 생각하고 적어 보자.

만일 2/11이라고 말했다면 그것은 여러분이 그렇게 생각하도록 설정됐기 때문이다. 주사위가 공정하다고 해도 두 개의 주사위를 굴릴 때 나올 수 있는 합은 서로 같은 확률로 발생하지 않는다! 굴려서 합이 12가 나오는 방법은 단 하나, 즉 박스카boxcars라고 하는 '6과 6'뿐이다. 그러나 굴려서 합이 11이 나오는 데는 두 가지 방법이 있다. 두 개의 주사위 중 하나는 빨간색이고 다른 하나는 파란색이라고 상상해 보자. 그러면 '빨간색 6, 파란색 5' 또는 '빨간색 5, 파란색 6'이 나오면 합이 11이 된다. 빨간색 주사위를 굴려서 생기는 각각의 사건은 가능성이 동등하고, 파란색 주사위를 굴려도 동등하므로, 각각의 순서쌍(빨간색 굴림, 파란색 굴림)도 그 가능성이 동등하다. 그래서 6 × 6종류의 순서쌍이 있다. 왜 그럴까? 주사위 눈금의 합을 도표로 만들면 다음과 같다.

6	7	8	9	10	11	12
5	6	7	8	9	10	11
4	5	6	7	8	9	10
3	4	5	6	7	8	9
2	3	4	5	6	7	8
1	2	3	4	5	6	7
	1	2	3	4	5	6

파란색 주사위

빨간색 주사위

우리는 6 × 6 = 36가지 가능성 중에서 합이 2가 되는 가짓수(정확히 한 가지, 즉 뱀의 눈)를 알 수 있다. 합이 3이 되는 가짓수(단 두 가지), 4가 되는 가짓수(세 가지), 5(4), 6(5), 7(6), 8(5), 9(4), 10(3), 11(2), 12(1)가 있다. 서른여섯 가지 가능한 순서쌍 중에서 굴림의 합이 10보다 큰 경우는 세 가지이므로, 그 가능성은 3/36 또는 1/12이다.

약물의 효과 또는 작용 가능성을 확인하기 위해 약물 시험을 진행할 때 많은 피험자를 대상으로 검사한다. 따라서 특정 결과가 연속으로 발생할 가능성이나, 그저 그런 평균 결과가 나올 가능성 등과 같은 과정을 여러 번 반복한 다음에 확률을 고려해야 한다.

주사위 굴리기에서 특정한 순서쌍(빨간색 2, 파란색 3)이 나올 확률은 어떨까? 위 도표에서 해당 순서쌍이 있는 칸은 단 한 칸이므로, 36분의 1이다. 이 확률을 계산하는 또 다른 방법은 빨간색 2가 나올 확률이 6분의 1이고, *빨간색 2가*

나왔을 때 파란색 3이 나올 확률이 6분의 1임을 생각하는 것이다. 다르게 말하면, 전체 주사위 굴리기에서 빨간색 2가 1/6 확률로 나오고, 빨간색 2가 나온 상태에서 파란색 3이 1/6 확률로 나와야 한다. 따라서 전체 굴리기에서 '빨간색 2, 파란색 3'이 나올 확률은 1/6의 1/6 또는 $\frac{1}{6} \times \frac{1}{6} = \frac{1}{36}$ 이다. 각각의 확률을 곱하는 것에 주목하라.

요점은 우리가 빨간색 주사위 굴리기와 파란색 주사위 굴리기, 두 가지 사건이 *독립적이라고* 가정했으며, 빨간색 주사위가 2로 나왔다는 사실은 다음에 파란색 주사위를 굴릴 때 일어나는 사건에 영향을 미치지 않는다는 것이다. 이와 같은 독립성은 연속적인 동전 던지기를 모델링하는 데도 적용된다. 공정한 동전으로 열 번 앞면이 나왔다고 해서 다음 던지기에서 뒷면이 나올 가능성이 더 커지지 않는다. 대부분 도박 빚은 확률의 독립성을 잘못 이해해서 쌓인다. "제발 7 나와라! 이제는 7이 나올 차례야!"

주사위 세 개를 굴려서 합이 6 이하가 될 가능성은 합이 6, 5, 4, 3일 가능성을 더하면 된다. 6부터 시작하자. 세 숫자의 합이 6이 되는 방법을 모두 나열하면 다음과 같다.

$$(1,1,4), (1,2,3), (1,3,2), (1,4,1), (2,1,3), (2,2,2), (2,3,1), (3,1,2), (3,2,1), (4,1,1)$$

총 열 가지 방법이 있으며 가능성은 모두 동등하다. 따라서 주사위 세 개를 굴려서 6이 나올 확률은 주사위를 굴려서 위의 열 가지 목록이 나오는 비율이다. 그러므로 이 10을 주사위 세 개를 굴릴 때 나올 수 있는 총가짓수로 나눈다. 총가짓수는 주사위 두 개를 굴릴 때 나오는 가짓수의 6배 또는 $6 \times 6 \times 6 = 6^3$ 이어야 한다. 따라서 세 개의 합이 6이 되도록 주사위를 굴릴 가능성은 $10/6^3 \approx 0.0463$이다.

5, 4, 3에 대해서도 똑같이 반복하고 계산 결과를 기록하라.

주사위 세 개로 6, 5, 4, 3이 나오는 방법은 통틀어서 $10 + 6 + 3 + 1 = 20$가지이다. 따라서 주사위를 세 개 굴려서 합이 6 이하가 될 확률은 $20/6^3 \approx 0.0926$이다.

지루한 과정임을 인정한다! 이처럼 장황한 단계를 거치지 않고 확률을 얻는 방법을 찾으면 편리할 것이다. 사실 필요하기도 하다. 약물 시험은 수백 명의 참가자를 대상으로 진행되며 참가자의 반응은 주사위 굴리기처럼 제각각이다. 정확한 계산은 시간과 노력의 낭비일 수 있다. 적절한 추정치만 있으면 된다.

이 동전은 공정한가?

임상 실험에 얻은 긍정적인 결과가 단지 우연히 일어난 것인지 아닌지를 판단하기 위해서 확률을 추정할 필요가 있다. 이것을 주사위나 동전으로 모델링하기 위해 동전을 여러 번 던질 수도 있다. 그런데 앞면이 절반 정도 나오지 않았다면 이런 의문이 생긴다. *동전이 공정하지 않고 오히려 무게가 쏠려 있다는 결론을 내릴 수밖에 없지 않을까?*

주사위 사례로 돌아가서, 엄격한 절차를 거치지 않고 정답을 추정하는 방법은 주사위 세 개의 표본 평균이 정규 분포를 따른다고 가정하는 것이다. 우리는 주사위를 세 개씩 여러 번 굴려서 합이 6 이하일 확률을 추정하는 데 이 방법을 사용하려고 한다.

비고 10.1 정규 분포를 잊었거나 전혀 배운 적이 없다면 **부록 8.5**를 보라! ▲

　부록 8.5에 의하면, 한 번에 던지는 표본 크기가 커지면 그 표본 평균은 결국 정규 분포에 가깝다. 우리의 경우는 세 개씩 굴리기이다. 3은 표본으로 크지 않지만, 장난감 모델toy model로 생각할 수 있다. 이 경우 주사위를 세 개씩 굴려서 *합이* 6 이하, 또는 세 개 굴려서 *평균이* 2(6을 3으로 나눈 값은 2) 이하가 될 확률을 측정하려고 한다. 주사위 한 개를 굴릴 때 기댓값 또는 평균값은 3.5이다. 표본 평균의 좋은 점은 평균값이 변하지 않는 것이고, 세 개씩 굴린 표본 평균의 평균값도 여전히 3.5라는 것이다. 그러나 우리는 평균값뿐만 아니라 모든 확률에 관심이 있다.

　이제 미묘하고 어려운 부분은 지나갔다. 주사위 세 개를 한 번에 굴려서 평균(합이 아니라 합을 3으로 나눈 값)을 구한다. 그런 다음 다시 세 개를 굴려서 *세 개의* 평균을 구한다. 이 과정을 여러 번 반복한다. 이런 묶음 평균batch average은 고유의 평균값과 표준 편차를 가지는 확률 분포를 따른다. 평균값은 실제로 같지만, 표준 편차는 작아진다. 즉 표본 크기가 커지면 표본 평균은 평균값을 중심으로 모여드는 경향성이 커진다. 이 점은 **부록 그림 A9**에 나와 있다.

　사실 우리는 표준 편차의 의미를 알고 있다. 주사위 한 개의 표준 편차를 알고 있다면, 주사위 두 개의 평균(합산이 아님)에 대한 표준 편차는 $1/\sqrt{2}$ 배만큼 작아진다. 주사위 세 개 평균에 대한 표준 편차는 $1/\sqrt{3}$ 배만큼 더 작아진다. 이 경우 우리는 **부록 8.4**에서 주사위 한 개를 굴릴 때 표준 편차를

$\sqrt{35/12} \approx 1.7078$로 계산했다. 따라서 주사위 세 개 묶음에 대한 표준 편차는 1.7078을 $\sqrt{3}$ 으로 나눈 0.986이 된다. 표준 편차가 묶음 평균에 대해 더 작아진다는 사실이 중요하다.

우리는 평균값이 3.5인 주사위를 세 개씩 굴려서 평균이 2 이하인 굴림, 즉 평균값보다 1.5 낮은 값을 기록하는 것에 관심이 있다.

평균이 2보다 작으면 표준 편차가 얼마일까?

답을 생각하고 적어 보자.

1 표준 편차가 0.986이므로, 평균값과의 차이 1.5를 표준 편차로 환산하면 $1.5/0.986 \approx 1.52$ 표준 편차만큼 차이가 난다. 이 값은 평균값에서 벗어난 정도를 표준 편차로 환산한 값이며, 통계에서 이 값을 Z 점수Z-score라고 한다. 여기서 값 2는 평균값 3.5보다 *아래에* 있으므로 $Z = -1.52$이다.

정규 분포의 누적 분포 함수 Φ는 어떤 값이 특정 Z 점수 이하에서 측정될 확률을 나타내므로, 위 질문에 대한 답은 간단히 $\Phi(-1.52)$로 나타내며 약 0.0642 정도이다. 이것은 앞에서 계산한 결과인 0.0926과 그다지 비슷하지 않다.

두 값이 서로 다른 이유는 표본 크기가 3으로 크지 않기 때문이다. 표본 크기가 아주 커지면 2와 같은 특정한 평균값을 얻을 확률은 매우 작다(그림 A9에서 검은색 점들은 높이가 낮으며, 동전 던지기 횟수가 많을수록 높이가 낮아짐을 알 수 있다). 따라서 '2보다 작다'와 '2보다 작거나 같다'의 평균을 구할 때 차이는 거의 없다. 하지만 여기서는 표본 크기가 3으로 작으므로, 평균이 정확히 2일 확률은 중요하지 않으며, 평균이 '2보다 작거나 *같다*'를 '2보다 작다'

와 '2 다음으로 큰 값보다 작다'의 중간 정도로 해석하는 것이 좋다. 세 개 주
사위 합이 6(평균 2) 다음으로 큰 경우는 7로, 평균은 $7/3 \approx 2.33$이다. 이 숫
자는 주사위 굴림의 평균값 3.5보다 1.17만큼 낮다. 표준 편차로 환산하면
$1.17/0.986 = 1.19$이고, Z 점수는 -1.19이다. ✚ 3개 주사위 던지기의 합은 {3, 4, 5, 6,
7, 8,…} 가운데 하나이므로, 6 다음으로 가능한 값은 7이다.

따라서 Z 점수를 -1.52와 -1.19의 중간 지점인 -1.35로 택한다. 이
Z 점수에 대한 누적 분포 함수 값을 구하면 $\Phi(-1.35) = 0.0901$이다. 이 결
과는 정확한 값인 0.0926에 꽤 가까운 좋은 근사치[1]이다! ✚ 누적 분포 함숫값은 적
분을 계산해서 얻어야 하는데, 쉽지 않아서 엑셀이나 파이썬, 매트랩 같은 프로그램으로 구해야 한다. 여기서
는 계산 과정보다 해석에 치중한다.

백분율 오차는 얼마인가?
답을 생각하고 적어 보자.

백분율 오차는 2.7%이다. ✚ $(0.0926 - 0.0901)/0.0926 = 2.7\%$ (이론값-측정값)/이론값
다행히 앞으로 알게 되겠지만, 표본 크기가 커지면 어떤 Z 점수와 바로 다음
Z 점수의 차이가 작아지므로 결국 누적 분포 함숫값을 구하기가 더 *쉬워진
다*(독자들은 이 좋은 점을 간과할 수 있다).
우리는 주사위 세 개로도 괜찮은 결과를 얻었지만, 운이 좋았던 것일까? 그

---

1   방금 논리를 만들고 분석했지만, 예측과 관찰 (또는 계산) 사이에 불일치를 발견했다. 굴림 평균 2에 대해 Z 점수
　를 사용한 예측은 완전히 빗나갔다. 그래서 그것에 대한 설명, 즉 <2 와 ≤2 사이의 차이를 찾아내야 했다. 이
　것은 양적 추론을 하는 사람이 무엇을 해야 하는지에 대한 훌륭한 본보기이다. 사실 이 장을 준비할 때 이 미묘
　한 점을 간과했고, 이 차이를 스스로 극복해야만 했다.

럴 수도 있다. 이미 말했듯이 세 개는 통계적 추론을 적용하기에 작은 숫자이다. 이 방법을 좀 더 신뢰하려면 주사위를 좀 더 굴려야 한다. 중심 극한 정리 central limit theorem는 묶음 표본 집단들의 평균 분포가 궁극적으로 정규 분포에 접근한다고 말한다. 주사위 열두 개를 굴려서 합이 30보다 크지 않을 확률은 얼마일까? 그러려면 평균은 $30/12 = 2.5$보다 작거나 같아야 하는데, 이 값은 평균보다 1만큼 작다. 이 경우 표준 편차는 $\sqrt{35/12}/\sqrt{12} \approx 0.493$이고, 평균값 아래로 $1/0.493 \approx 2.0284$ 표준 편차만큼 떨어져 있다. 다음 숫자 31는 평균값보다 1.8593 표준 편차만큼 아래로 떨어져 있다. 이 두 표준 편차의 평균은 1.944이므로, -1.944 표준 편차 아래에 속할 추정 확률은 $\Phi(-1.944) \approx 0.0259$이다. 정확한 답은 $55268357/6^{12} \approx 0.0254$이며 백분율 오차는 2% 미만이다. 꽤 가깝다!

따라서 우리의 통계 방법은 더 많은 결과로 평균을 구할 때 더 신뢰할 수 있다. 이것은 정규 분포를 사용해 좋은 근사치를 얻으려면 얼마나 많은 표본이 필요할지 질문을 제기한다. 통계에서 사용하는 경험 법칙 중 하나는 표본이 최소 서른 개 이상 필요하다는 것이다. 동전 던지기로 예를 들어보겠다. **부록 8.5**에 의하면, 공정한 동전 던지기는 뒷면을 0으로 놓고 앞면을 $+1$로 할 때, 평균값 1/2과 표준 편차 1/2을 갖는다. 따라서 동전을 서른 개씩 여러 번 던지고 평균을 취한다면, 그 결과는 평균값 0.5와 표준 편차 $0.5/\sqrt{30} \approx 0.091287$이 될 것이다. 그러면 동전 서른 개를 던져서 앞면이 12개를 넘지 않을 가능성을 따져 보면 어떨까? 열두 개의 앞면은 열여덟 개의 뒷면을 의미하며 평균 던지기 값은 다음과 같다.

$$\frac{1}{30}(18 \times 0 + 12 \times 1) = 2/5$$

즉 이 던지기 평균은 앞면이 나올 비율이다. 따라서 평균이 $2/5 = 0.4$ 또는 그 이하인 확률을 구하면 된다. 이것은 평균값 0.5보다 아래로 몇 표준 편차만큼 떨어져 있을까? 이는 $(0.4 - 0.5)/0.091287 = (-0.1)/0.091287 \approx -1.0954$이다. 12 다음으로 큰 13은 어떨까? 이는 앞면이 열세 개, 뒷면이 열일곱 개인 경우이니까 던지기 평균은 $13/30 \approx 0.433333$이고, 0.5와의 차이는 -0.06667이다. 13은 평균값보다 $-0.06667/0.091287 = -0.73033$ 표준 편차만큼 아래에 있다. 두 표준 편차의 평균은 $\frac{1}{2}(-1.0954 - 0.7303) \approx -0.91285$이고, $\Phi(-0.91285)$를 찾아보면 0.18066이다. 앞면이 열두 개를 넘지 않을 확률을 직접 계산하면 약 0.18080이다. 근삿값이 $0.00014/0.18080 = 0.00077$ 비율만큼 차이가 있고, 퍼센트로 0.07% 정도만 차이가 있다. 매우 매우 좋다!

우리는 '이 동전은 공정한가 아니면 무게가 쏠려 있을까?'라는 질문에 답하기 위해서 이와 같은 확률들을 계산하고 있다. 공정한 동전이라면 서른 개를 던져서 앞면이 열두 개 이하로 나올 확률이 18%에 불과하다고 바로 앞에서 계산했으므로, 이러한 가능성은 작지만 관찰할 기회가 극히 드물지는 않다. 확실히 게임 위원회에 하소연할 만큼 충분하지 않다. 어떤 식으로든 냉철한 분석을 하려면, 신뢰 수준을 95%(또는 과학적 추론의 경우 더 높은 수준)로 설정해 우리 결론을 더 확신하고자 한다. 따라서 측정한 결과가 우연히 발생할 확률(또는 통계 용어로 p 값)을 가지며(귀무가설), 만일 그 p가 0.05 미만인 것으로 밝혀지면 우연이 아닌 어떤 원인이 있어서 그 결과를 초래했다고 95% 확실하게 주장할 수 있다. 동전 던지기의 경우는 $p = 0.18$로 0.05보다 크므로 귀무가설을 자신 있게 기각할 수 없으며, 동전에 가중치가 있다고 결론을 내릴 수 없다. 이러한 유형의 논증을 가설 검정이라고 한다. 이 부분에 대한 설명은 **부록 8.6**에 있다.연습 문제 5 참조 이제 이 방법을 두통 문제에 적용해 보자.

효과에 관한 통계 모델

이제 약이 두통에 효과가 있는지 평가하는 방법을 알아낼 수 있다. 두통을 앓고 있는 다수의 '무작위' 사람들을 대상으로[2] 시험하고 그 효과를 측정할 것이다.

두통이 사라진다면 우리 약이 좋다는 것일까?
답을 생각하고 적어 보자.

그렇지 않다! 알다시피 치료를 하지 않더라도 어느 순간 두통이 사라진다.
그렇다면 두통약의 역할은 무엇일까? 추측하건대 약이 두통을 더 빨리 가라앉게 할 것이다. 그러면 두통이 사라진 *시점*을 기록하고 약물 투여 후 시간이 *단축되는지* 살펴본다. 따라서 '*이 약이 효과가 있을까?*'라는 질문에 대한 답으로 우리가 의미하는 바를 개선했다. 두통 시간이 확실히 단축된다면 효과

---

2 '무작위'의 의미와 약물 시험 방법에 대해 생각하면 새로운 질문이 많이 떠오른다. 예를 들어, 우리는 표본으로 뇌 손상이 심한 축구 선수들을 원하지 않는다. 왜냐하면 그들은 비표준적인 두통을 앓고 있을 수 있는데, 두통약은 그런 치료를 위해 개발되지 않았기 때문이다. 그리고 어떤 방법으로 피험자들이 두통을 앓도록 하겠는가? 실험실 환경에서는 (인도적인 방식으로) 이런 일을 수행할 수 없으므로 집에서 두통이 있을 때 스스로 약을 먹도록 요청해야 할지도 모른다. 하지만 일부는 데이터를 분실하거나 잘못 기록할 수도 있다. 모든 종류의 일은 잘못될 수 있고 실제로 잘못된다. 약물 시험을 위하여 적절하게 시험 계획을 설계하는 것은 매우 복잡한 작업일 수 있다!

가 있다고 말할 것이다. *신뢰할 수 있도록 정량화하는 것이 골자가 될 것이다.*

환자가 약을 먹은 후 기록한 '기분 좋아지는'(표준 용어가 아니다!) 시간과 약을 *먹지 않은* 상태에서 기분 좋아지는 시간을 비교할 수도 있다. 보다 현실적으로는 약을 복용하거나 의사에게 처방받는 행위가 아니라 약 자체로 초점을 좁히기 위해 테스트 중인 약의 효과를 *가짜* 약 또는 설탕이 든 약과 같은 '위약(플라시보)'의 결과와 비교할 것이다. 환자는 진짜 약을 먹고 있는지 위약을 먹고 있는지 알지 못한다. 이 '블라인드' 실험 설계는 교란 효과를 제거하는 데 도움이 된다. 예를 들어, 위약을 사용하면 단순히 치료를 받는 것처럼 느끼는 사람에게 생길 수 있는 긍정적인 영향을 줄이는 데 도움이 된다. 이런 효과는 두 집단, 치료군과 대조군[3] 모두에 나타날 수 있기 때문이다. 따라서 위약은 테스트 중인 약과 겉보기로 구분할 수 없어야 한다.

우리의 약이 위약보다 더 효과가 있는지 확인하려고 한다.

의사의 태도가 결과에 영향을 미치지 않게 하려면 환자와 의사 모두가 어떤 약이 진짜 약인지 모르도록, 즉 '이중 블라인드' 임상 시험을 설계해야 한다. 우리는 우리 약을 위약과 비교하는 시험을 진행한다고 상상한다.

비용이 매우 많이 들고 기간이 긴 실험을 진행한 후, 약을 투여받은 치료군과 위약을 투여받은 대조군에 대해 '기분 좋아지는' 시간의 범위를 얻는다.

---

3 플라시보 효과는 사실이다. 환자에게 플라시보가 각성제라고 말하면, 일부 환자는 심박수와 혈압이 상승한다. 만약 수면제라는 말을 하면 반대 반응을 보인다. 의도적으로 환자를 오도하는 것은 완전히 비윤리적이지만, 심지어 '가짜 수술'도 긍정적인 영향을 미칠 수 있다.

두 집단 모두 최소 30명 이상이어야 한다.[4]

다음은 무엇일까? 충분히 많은 사람을 표본으로 추출했기 때문에, 측정한 시간 분포는 중심에 평균 시간이 있고 폭은 표준 편차로 설명할 수 있는 표준 종형 곡선standard bell curve 모양의 정규 분포라고 가정할 수 있다.**부록 8.5 참조** 실제로 위약군과 치료군에 관한 곡선이 두 개 있을 것이며, 우리는 약이 위약보다 효과가 있다는 가설을 검정하고 있다. 따라서 치료를 받은 집단에서 기분 좋아지는 시간의 표본 평균이 더 낮은지 확인할 것이다. 하지만 그것만으로는 충분하지 않다. 위약군에서 정말 우연히 더 낮은 측정값을 얻게 되는 확률을 계산해야 한다. 그 가능성(p 값)이 아주 작으면, 약이 효과가 있다는 *대립 가설alternative hypothesis*을 채택하고, 약이 위약보다 효과가 없을 가능성, 즉 *귀무가설을 기각한다*. 이 확률에 대하여 우리가 자체적으로 임계값(*유의 수준*)을 설정한다. 표준적인 유의 수준은 5%와 1%이다. 값이 작을수록 오류 발생 가능성이 작으므로 더 자신 있게 결론을 내릴 수 있다.

여기까지는 전략일 뿐이다. 이를 실천하려면 실제 데이터가 있어야 한다. 우리는 60명을 대상으로 가상 실험을 할 것이다. 정확히 위약군 30명, 약물 치료를 받은 집단 30명이다. 각 집단의 모든 사람을 대상으로 기분이 좋아지는 시간을 측정했다.[5] 즉 두 세트의 데이터를 얻었다. 각 데이터 값은 약을 먹

---

4   표본 크기가 한 모집단이나 두 모집단 모두 작은 경우에는 다른 방식의 분석도 있지만, 약물 시험에 관한 통계적 방법을 소개한다는 의미에서 이 책은 더 호의적인 시나리오를 고려하고 있다.

5   실제 사람들이 있지만 사실 이들은 아니다. 만일 실제 사람들이라면 약을 먹고 몇 시간 후에도 기분이 좋아지지 않을 수도 있다. 그럼 어떻게 할까? 그 데이터 포인트도 포함해야 할까? '비지속적인' 두통을 경험한 사람들로 실험 집단을 제한할 수도 있다. 간단한 가상의 실험을 위해 지속적인 두통이 없거나, 있다 하더라도 제거되었다고 가정할 것이다.

은 다음 '기분 좋아짐'을 느끼는 시간(말하자면 분 단위)이다. 실제 실험에서는 '기분 좋아짐'에 대해 덜 주관적인 기준이 필요할 수도 있다. 이런 기준을 정의하려면 실험 설계에 또 다른 문제가 생긴다. 아마도 그 시간은 환자 자신이 좋아하는 노래를 일정한 고음으로 기꺼이 부를 때까지가 아닐까? 그럴 수도 있다. 하지만 이 문제에 관한 정확한 정의는 각자에게 맡기기로 한다.

우리가 데이터를 확보했고, 위약군에서 기분 좋아지는 시간이 다음과 같다고 가정해 보자.

위약

28	23	18	21	21	24	22	18	21	24	$\bar{x}_p = 22$
13	25	22	19	21	25	21	20	19	19	$\sigma_p = 3.21$
21	23	26	28	25	19	25	24	20	25	

여기서 컴퓨터로 계산하면 쉽겠지만, 평균이 22임을 알아내는 것은 그다지 어렵지 않다. 골프로 비유하는 것이 괜찮다면, 위 데이터를 항상 파 22인 골프 홀에서 나온 점수라고 가정한다. 첫 번째 홀에서 6오버(6), 두 번째 홀은 1오버(1), 세 번째 홀은 4언더(−4), −1, −1, 2, ⋯ 이런 식으로 끝까지 계산하면 합계 파로 마친다. 분산을 계산하려면, 홀별로 파의 위아래 점수(점수 차) 제곱의 평균을 구한다. 첫 번째 홀은 $6^2 = 36$, 두 번째 $1^2 = 1$, 세 번째 $(-4)^2 = 16$, ⋯ 등이다. 따라서 분산은 $\frac{1}{30}(36+1+16+ \cdots) = 10.33$이고, 표준 편차는 이 값의 제곱근인 약 3.12이다. 이 값은 위 데이터의 오른쪽에 있다.

이제 우리는 치료군으로 이동한다.

치료

16	18	18	19	15	24	20	15	18	19	$\bar{x}_p = 18$
20	27	12	21	20	17	16	10	18	20	$\sigma_p = 3.90$
21	24	14	24	16	11	18	16	19	14	

평균값 18은 쉽게 계산할 수 있다. 분산은 약 15.24이고, 표준 편차는 약 3.90이다.

이제 약의 효력을 평가하기 위해서, 치료군에서 나타난 낮은 점수가 틀림없이 우연이었을 가능성을 알아내야 한다. 시간 단축이 단지 요행이었을까? 아니면 통계적으로 유의미한, 즉 치료에 기인한 것이라고 자신 있게 말할 수 있을까? 이에 답하기 위해 우리는 치료군으로부터 중요한 깨달음을 얻었다. 기분 좋아지는 시간의 표본 평균으로 18분이라는 *단일* 관측값에만 관심을 두는 것이다. 그러나 18분은 두통이 사라지는 단 하나의 사례가 아니라 서른 번의 평균이어서 더 큰 가치를 내포하고 있다. 두통이 사라지는 시간 18분은 한 사람(또는 한 번)의 측정값이 아니라 서른 명의 평균이라는 것이며, 이것이 바로 약효를 보여 주는 더 강력한 지표라는 점을 강조하고자 한다. 이렇게 많은 사람에게 요행이 일어날 가능성은 희박하다. 하지만 얼마나 희박할까?

먼저 *단일* 응답에 대한 위약 두통 시간의 예상 분포를 이해한 다음 이를 사용해 30의 묶음이 어떻게 행동하는지 파악할 것이다. 그렇다면 어떻게 한다는 것인가? 까다로운 질문이다. 하지만 여기서 우리는 가정을 단순하게 설정한다. 즉 다른 약을 사용한 수백만 건의 유사한 실험이 전 세계에서 수행됐으며, 그때마다 위약군에 속한 사람들의 두통 지속 시간은 *항상* 우리가 관찰한 표본과 같이 평균값은 22이고, 표준 편차는 3.21인 정규 분포를 따르는 것으로 *밝혀졌다고* 가정하자. 실제로 모집단을 완전한 이해하기란 거의 불가능하므로, 모집단이 우리가 관찰한 대로 행동한다고 가정하거나 그러한 사례를 다루기 위해 더 정교한 통계 도구를 사용할 수도 있다.[6]

이렇게 가정함으로써 우리가 위약군 모집단에 대한 완전한 지식이 있다고 하고 논의를 계속하자.

모집단에 대한 완전한 지식이 있다고 가정하면, 두통 시간(분 단위로 측정)의 표본 평균이 22이고, 표준 편차가 3.21인 정규 분포를 예상할 수 있다. 치료군 서른 명이 있고 표본 평균 시간이 18이라면, 서른 명의 표본 평균에서 무엇을 *예상할 수 있을까?* 동일한 분포에서 선택한 표본 평균의 표준 편차는 표본 수의 제곱근만큼 감소한다는 점을 상기하자. 반면에 평균값은 변하지 않는다.**부록 8.5 A4 참조** 따라서 평균값은 여전히 22이고, 표준 편차가 $3.21/\sqrt{30} \approx 0.586$인 정규 분포를 예상한다.

이제 치료군 서른 명으로부터 얻은 단일 관측값을 살펴보겠다. 즉 기분 좋아지는 시간의 표본 평균은 18이며, 위약군의 평균값 22와의 차이는 4이다. 이 차이는 표준 편차로 얼마인가? 위약군에서 추출한 서른 명 묶음 평균의 표준 편차는 0.586이므로, 18은 평균에서 $4/0.586 \approx 6.83$ 표준 편차만큼 아래쪽에 있다. 따라서 Z 점수는 -6.83이다. 그러면 18 또는 그 *이하의* 평균을 측정할 가능성은 얼마일까? 이 값이 바로 위약군에서 좋은 결과를 얻거나 더 나은 결과를 얻을 가능성이다. $\Phi(-6.83)$은 표준 편차가 1인 정규 분포에서 -6.83 아래에 있는 양을 측정할 확률이다. $\Phi(-6.83)$은 100억분의

---

6 우리의 가정은 논의를 단순하게 만들지만 비현실적이다. 통계를 더 정교하게 사용하면 이 두 데이터 세트가 같은 분포를 이룰 확률을 확인할 수 있다. 그럴 확률이 적다면 치료로 인한 효과가 있어야만 한다.

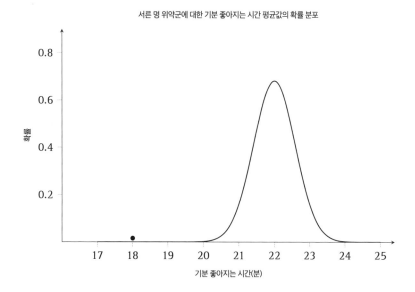

그림 10.1 X축은 분 단위의 두통 시간이다. 왼쪽 점은 치료군 서른 명에서 관찰한 두통 시간의 평균값 18분을 나타내며, 귀무가설로서는 가능성이 매우 낮은 결과이다.

1도 안 되며, *믿을 수 없을 정도로 작다!*[7] **그림 10.1**은 위약군에서 서른 명 집단을 대상으로 구한 두통 시간의 평균값 분포를 나타낸 것이다.

위약군 서른 명의 평균 기분 좋아지는 시간이 18분으로 발생할 확률은 매우 낮으므로, 우리는 치료 효과가 우연히 나타났다는 귀무가설을 기각하고 약이 치료군에 영향을 미쳤다고 결론을 내린다.

서른 명씩 표본을 뽑아 두통 시간 평균을 낸 표본 평균의 분포가 개별 사례의 분포와 다르다는 것을 인식하지 못했다면, 단일 관측값 18을 평균 22에서

---

7 평균값에서 3표준 편차를 벗어나는 경우는 거의 없으며, 그럴 확률은 1% 미만이다. 다만 실생활에서 데이터는 그렇게 정밀하지 않을 수 있음에 주의하자.

−4, 또는 표준 편차 −4/3.21 = 1.246만큼 아래에 있는 것으로 계산했을 것이다. 그러면 $\Phi(-1.246) = 0.11$이고, 예상 확률 p-값이 합리적인 유의 수준(5% 또는 1%)보다 크므로 약에 대한 확실한 결론을 내릴 수 없었을 것이다.

결론

이제 본래 문제로 돌아가자. 우리는 약이 임상 시험에서 기분 좋아지는 시간의 표본 평균을 결정적으로 감소시켰다고 결론지었다. 그러나 그 실험에서도 치료군의 모든 피험자가 위약군의 평균 시간인 22보다 짧은 시간에 효과를 보이지는 않았다. 따라서 약이 두통 시간을 22에서 18로 항상 줄인다는 보장은 없다. 설령 있다고 하더라도 그 정도의 효과가 우리가 원하는 것인지는 주관적으로 결정해야 할 것이다.

질문에 양적으로 답하고자 두통약 열 알의 비용이 $25라고 하고, 두통 시간이 평균 4분 정도 단축될 가능성이 매우 크다고 단순하게 가정해 보자. 그러면 기본적으로 4분간 통증 감소를 위해 한 번에 $2.50 비용이 든다. 여러분은 약을 먹을까? 그것은 현금 유동성, 즉 주머니 사정과 고통에 대한 인내심에 달려 있을 것이다. 정답은 없다. 이는 여러분이 결정해야 하는 개인적인 선택이지만, 우리가 분석한 후 그 선택은 *정보에 근거한* 것이다!

요약

항상 효과가 있는 약은 없다. 두통 환자에게 같은 약을 주더라도, 효과는 서로 다를 것이다. 약을 먹기 전에는 어떤 일이 일어날지 확실히 알 수 없지만, 약물 시험의 증거를 통해 성공 가능성에 대해 말할 수 있다.

확률과 통계를 이용해 가능성과 실험을 분석하고, 동전 던지기와 주사위 등을 고려해 방법을 연마할 수 있다. 모든 결과가 발생할 확률이 동등하다면, 가능한 모든 결과 가운데 어떤 사건이 일어날 횟수를 비율로 계산함으로써 어떤 사건이 발생할 확률을 산정할 수 있다. 우리는 평균average 또는 평균값 mean이 중앙center 어딘가에 있는 확률 분포를 얻기 위해서 여러 가지 확률을 그래프로 나타낼 수 있다. 그 결과로 묶음 평균을 측정하고, 이 측정을 여러 번 시행한다면, 묶음 평균 자체가 모집단과 동일한 평균값을 갖는 분포가 된다. 묶음이 충분히 크다면 이 분포는 좌우 대칭의 종 모양이 되는데, 평균값을 중심으로 표준 편차에 따라 벌어지는 표준 정규 분포를 따르게 된다.

충분히 많은 사람을 대상으로 임상 시험을 할 때 그 결과가 정규 분포를 따른다고 가정할 수 있다. 그런 다음 치료군과 비치료군을 비교해 결과의 차이가 우연에 의한 것인지 아니면 약물 치료로 발생했을 가능성이 훨씬 더 큰지 묻는다.

만일 치료군의 차이(우리의 경우 평균 두통 시간이 4분 감소한 것)가 의미 있고 비치료군의 분포에서 우연히 측정될 가능성이 아주 낮다면, 치료 효과가 있다고 결론을 내린다. 이제 다음과 같은 질문을 양적으로 평가할 수 있는 위치에 있다. 두통의 아픔을 4분 단축하는 것이 약값만큼 가치가 있을까?

연습 문제

1. 알약 한 병을 구매하면[8] 제약회사들이 수행한 실험 자료의 일부를 보여 주는 설명서가 있을 것이다. 실제 정보가 있는 설명서에서 관련 데이터를 인용하자. 데이터의 의미와 약을 먹으면 어떤 영향이 있는지 설명해 보자. **[연구를 포함한 문제]**

2. 임상 시험을 하고 데이터를 수집할 때 일어날 수 있는 몇 가지 위험에 주목했다. 그중 하나는 지속적인 두통이 일어날 가능성이었다. 이것 이외에 제거해야 하는 '나쁜' 데이터 포인트가 있다. 이런 것을 유발할 수 있는 경우는 무엇일까?

3. 강의실까지 가는 데 평균 15분 걸린다. 나는 매일 오전 10시 43분에 11시 수업을 위해 집을 나선다. 그러면 보통 열 개의 강의 가운데 한 개의 강의에 늦는다. 이동 시간을 정규 분포로 가정했을 때 표준 편차는 얼마일까?

4. 생쥐가 미로를 통과하는 데 걸리는 시간을 측정한 결과, 평균값은 42.8초, 표준 편차는 4.3초인 정규 분포를 따르는 것으로 나타났다. 무작위로 선정된 생쥐 여섯 마리가 미로를 통과하는 데 평균 45초 이상이 걸릴 확률은 얼마일까?

---

8 이 정보는 구매하지 않아도 얻을 수 있다.

5. 올해 벼락에 맞을 가능성을 추정해 보자. **(연구를 포함한 문제)**

6. 이 10장 질문과 관련된 프로젝트의 주제를 생각해 보자.

프로젝트

A. 논의 과정 중에 여러 번 임상 시험 설계의 어려움을 언급했다. 설문 조사나 실험을 통해 탐구하고 싶은 가설이나 질문을 생각한 다음, 이를 검정하는 방법을 설명하라. 지금 *실험해 보자!* 너무 번거롭다면 일부 데이터만 수집하고, 마치 전체 실험을 한 것처럼 나머지 데이터를 조작하되, 데이터가 실제인 것처럼 전파하면 안 된다. 데이터를 분석하고, 질문에 대해 데이터가 말하고 있는 내용을 결론으로 도출하라.

B. 확률 요소를 포함하는 게임을 만들자. 게임을 최대한 흥미롭고 재미있게 만들어 보자. 게임에서 발생하는 모든 결과의 이론적 확률을 결정하라. 직접 또는 컴퓨터로 게임에서 발생하는 결과를 많이 추출할 수 있도록 충분히 실행하라. 실험 결과가 이론적 확률과 일치할까?

C. 유방암 검진, 거짓 양성, 거짓 음성 문제를 양적으로 토론하라. 좋은 치료보다 조기 발견으로 생존율이 얼마나 증가할 수 있는지 논의하라. 어떤 이해관계자가 통계를 모호하게 하는 데 관심이 있을까? 이런 문제를 둘러싸고 소용돌이치는 많은 감정과 관점에 민감하되, 대처하는 데 실패하지 말자.

부록

부록에서는 복잡한 개념을 건너뛰고, 필수적인 기본 개념을 간단하게 검토해 보겠다. 다루는 내용 대부분이 집약적이기 때문에, 이런 수학적 주제에 익숙하지 않은 사람은 읽는 동안 연필과 종이를 옆에 두고 직접 계산하면서 *아주* 천천히 읽어야 한다. 내용만 대충 훑어보는 것은 핵심을 건너뛰는 것과 같다.

이제부터 수학을 주제별로 나누어서 설명한다. 왜 수학인가? 우리는 가지고 있는 정보를 평가하고, 신중하게 양적인 방식으로 이야기하려고 한다. 그러려면 숫자가 필요하다. '누가 1976년에 카터나 포드에게 투표했는지'와 같은 정보는 분명히 '숫자'가 아니다. 하지만 '카터에게 투표했으면 1, 포드에게 투표했으면 0'이라고 하면, 정보를 숫자로 바꾸어 나타낼 수 있다. 기온, 인구, 생명 징후, 건강, 행복, 구조적 안정성, 전하, 폭력 성향, 오염 수준, 자산 등의 정보를 숫자로 나타내는 사례는 주변에서 많이 볼 수 있다.

두 사람이 결혼하면 각자의 자산이 하나로 *합쳐져서* 한 가정의 전체 자산으로 바뀐다. 우리는 이러한 실생활의 양을 숫자로 변환한 다음, 덧셈과 같은 산술 규칙을 사용해 처리한다. 이 경우 *여러분의 총자산*을 하나의 숫자로, *내 순자산*을 또 다른 숫자로 나타낼 수 있다. 다루고자 하는 대상 또는 실제 금액을 정확히 지정하지 않은 채 자산 통합과 같은 절차를 설명할 때, 실제 숫자 대신 x, χ, $\aleph$와 같은 변수를 사용하기도 한다. 문자로 표현한 숫자를 다룰 때 대수代數 법칙이라고 하는 가상의 산술을 사용한다. 미래의 사건이나 여러 요인을 포함한 데이터를 숫자로 처리하다 보면 확률과 통계를 만난다.

부록은 이러한 주제와 관련 내용을 다룬다. 우리가 다루려는 수학은 모두 이 책 전체에서 제시하는 기본 질문들과 관련이 있다. 실생활 문제를 해결하기 전에 수학적 기초 능력을 갖추는 것이 중요하기 때문에 수학을 따로 분리해 부록으로 설명하는 것이다.

1 수리 능력

수를 편안하고 손쉽게 다룰 수 있는 기본적인 수리 능력은 오랜 시간과 경험을 통해 개발된다. 하지만 몇 가지 핵심을 알면 숫자가 어떤 역할을 어떻게 하는지 이해하는 데 도움이 된다. 계산기는 계산에 도움이 되지만 결괏값의 크기나 비교에 대한 느낌을 주지는 않으므로 수리 능력이 중요하다.

여러분은 분수를 소수로 표현할 수 있음을 알고 있을 것이다. 사람들 대부분은 소수로 표현한 양을 바로 이해할 수 있으므로 분수보다 소수가 더 편안하다. 예를 들어, 4/7와 7/12을 소수로 표현하면 $4/7 \approx 0.57143$, $7/12 \approx 0.58333$이며, 정확하지 않더라도 4/7가 7/12보다 작다는 것을 쉽게 알 수 있다. 잘 알다시피 분수는 무한 소수로도 나타낼 수도 있다(그러나 분수는 순환하는 소수이다. 반면에 $\sqrt{2}$, π, e와 같은 무리수는 순환하지 않는 무한 소수이다). 따라서 분수를 *정확하게* 소수로 표현하는 것은 한계가 있음을 알고 있어야 하지만,

현실적으로는 거의 문제가 되지 않는다.

　몇 가지 계산을 통해 앞으로 문제를 다루는 방식을 이야기해 보자. 시간당 $30를 받는 정규직으로 일하면 연봉은 얼마나 될까? 주 40시간 근무와 1년 50주 근무를 가정하는 것이 가장 좋다. 대부분 이런 기준으로 일한다. 시간당 $30로 주당 40시간씩 50주를 일하면 30 × 40 × 50달러가 된다. 이 숫자는 끝에 0이 세 개 있으며 앞자리 수는 3 × 4 × 5이다. 앞자리 수는 먼저 4 × 5(= 20)를 계산하고, 거기에 3을 곱하면 60이 된다. 3 × 4 = 12를 먼저 계산하기가 더 쉽다고 생각한다면, 시곗바늘을 상상해 자동으로 12 × 5 = 60을 계산할 수도 있다. 이 방법이 어렵다면 5 × 12는 5 × 10 + 5 × 2와 같으므로, 50 + 10 = 60으로 계산해도 된다. 어쨌든 정규직 사원은 연봉 $60,000를 받는다. 이

계산기 질문

계산기는 78.53 대신 7853으로 입력해 852.7이라는 답이 나와도 소수점이 잘못됐다는 사실을 말해 주지 않는다. 결과에 대한 감각이 있어야 하며, 계산 과정을 이해하고 있어야 이런 실수를 하지 않는다.

계산기는 사용에 제한이 있으며, 다음과 같은 위험성도 있다.

- 수리 능력을 대신할 수 없다.
- 여러분의 이해를 도울 수 없다.
- 항상 시간을 절약하는 것은 아니다.
- 여러분이 틀렸을 때 말해 주지 않는다.

화면에 숫자로 빠르게 표시된 결과는 환자에게 맞지 않는 의족과 같은데, 이 숫자는 여러분이 주제를 이해하고 합리적인 대답이 무엇인지에 대한 감각이 있는 경우에만 정확할 것이다. 계산식을 다 완성해 놓고 *마지막*에 계산기를 꺼내 정확한 수치를 알아내는 것이 바람직하다. 수학 수업에서 계산기가 허용된다고 하더라도 실제로는 도움이 될 것 같지 않다.

리저리 계산하다 보면, 연봉은 시간당 임금을 두 배 한 다음 0을 세 개 붙이면 알 수 있다는 식으로 급여 계산에 관한 규칙을 나름대로 추측할 수도 있다.**단위에 대한 자세한 내용은 섹션 5 참조**

정확한 값을 계산하기가 복잡할 때 어림짐작을 사용하면 문제에 대해 감을 잡을 수 있다. 29 × 31 대신 30 × 30 = 900으로 생각해도 크게 틀리지 않는다. 두 숫자가 모두 30에 가깝기 때문이다. 더 좋은 점은 첫 번째 숫자는 조금 더 작고 두 번째 숫자는 조금 더 크므로 근사치의 오류가 완화된다는 것이다. 정확한 값은 899인데, 직관적으로 계산한 900과 별 차이가 없다. 정확한 답이 필요하지 않은 경우, 29 × 31을 30 × 30으로 추정해도 매우 근사한 결과가 나온다.

1.4 × 7.3은 '7.3 더하기 7.3의 0.4배'가 맞다. 하지만 '7.3 더하기 7.3의 절반보다 약간 작은 값(또는 대략 3)으로 계산할 수도 있다. 이렇게 하면 10.3이라고 추측할 수 있다(실제 답은 10.22). 243 × 552는 어떨까? 우선 대략 200 × 550 + 40 × 550으로 쪼개서 생각한다. 이때 각 항에서 100을 따로 생각하기로 하면 2 × 5.5 × 100 × 100 + 0.4 × 5.5 × 100 × 100인데, 2 × 5.5 = 11이고 0.4 × 5.5 = 2.2이므로, 이처럼 계산하면 13.2 × 100 × 100 또는 더 간단히 130,000 정도로 추산할 수 있다. **실제 답은 134,136이다. 더 구체적인 조작은 부록 5.2 참조**

계산서의 15%를 팁으로 줄 때, 우선 10%를 생각하고 다시 5%(또는 그 값의 절반)를 더하면 된다. 10%는 1/10이다. 따라서 원래 금액에서 소수점을 왼쪽으로 한 칸 더 이동하면 간단하다. 48의 15%는 4.8 더하기 절반(또는 2.4)이므로 7.2이다. 또는 48의 근삿값으로 50을 생각하고 15%를 계산하면 5 더하기 2.5는 7.5이고 여기서 조금 빼면 정확한 값 7.2와 비슷하다. 20% 팁은 더 쉽다. 10%의 두 배이다. 그러면 18%는? 20% 빼기 2%이고 2%는 20%의

1/10이니까, 먼저 20%를 계산하고 거기에서 1/10을 빼면 된다. 77의 18%를 계산해 보자. 7.7을 두 배 하면 15.4이고 이 수의 1/10인 1.54를 빼면 14보다 조금 작은 수가 되므로 13.9 정도로 짐작한다(정확한 값은 13.86).

나누기도 비슷하게 할 수 있다. 1.42/3.7는? 먼저 이것을 14.2/3.7의 1/10로 생각하면, 계산하기 더 쉬운 분수인 142/37와 같아진다. 35의 두 배는 70이고 다시 두 배는 140이므로, 142/37는 4와 크게 다르지 않고 조금 더 작을 것이다. 1/10을 하기로 했으니까 0.4보다 조금 작은 수 0.38이나 0.39이지 않을까? 실제 값은 0.3839이다. 이처럼 계산기가 없어도 좋은 수치 감각을 기를 수 있다.

이러한 요령은 수에 대한 의미와 가치를 *여러분이 이미 알고 있던* 부분과 연결하여 활용하는 데 도움이 되며, 정확한 값을 찾는 데 지나치게 많은 시간을 소모하지 않고도 답에 관한 감을 잡을 수 있다. 예를 들어 회사의 예산 스프레드시트를 다룰 때, 필요한 모든 수치를 입력하는 데 시간을 할애하지 않고도 여러 부서의 상대적 할당량을 빠르게 짐작하고 싶을 수 있다. 또한 이 능력은 숫자를 잘못 입력하거나 소수점을 잊어버려 발생한 계산기 오류를 인식하는 데도 유용하다.

연습 문제

1. 가장 작은 수부터 가장 큰 수까지 나열하라.

 a. $6 + 4$　　　　$6 - 4$　　　　6×4　　　　$6 \div 4$

 b. $10 + (-2)$　　$10 - (-2)$　　$10 \times (-2)$　　$10 \div (-2)$

  c. $5 + 0.1$ $5 - 0.1$ 5×0.1 $5 \div 0.1$

  d. $(2 + 3) \times 4$ $2 + 3 \times 4$ $2 \times 3 + 4$ $2 \times 3 \times 4$

2. 아래 각 수식에서 실제 답에 가장 가까운 숫자를 1/100, 1/10, 1, 10, 100 가운데 골라서 표시하라. 답을 대략 추측하는 것만으로 충분하므로 정확한 계산은 필요하지 않다.

  a. 36×0.4

  b. $889 \div 3.01$

  c. $2997 \div 3600$

  d. $314.1592653589 \times 0.03141592653589$

  e. $(334 + 356) \div 7890$

3. 어떤 수가 더 큰가? 정확한 계산은 필요 없다.

  a. 26.9×3.8 16.1×11.3

  b. $5.1 \div 1.7$ $638 \div 399$

  c. 812의 3%   35의 5%

  d. 100×0.1 $100 \div 0.1$

  e. 15×15 20×10

4. $3 + 0.3 + 0.03 + 0.003 + 0.0003 + 0.00003 + \cdots$는 얼마인가? 분수로 나타내라.

2 산술

산술에 관한 몇 가지 개념이 분명하지 않으면 나중에 대수 부분에서 어려움을 느끼므로, 기초를 튼튼히 다져서 지식을 확고하게 하자.

2.1 분배 법칙

$$2 \times (4 + 5) = 2 \times 9 = 18$$

같은 식을 다르게 표현해 보자.

$$2 \times (4 + 5) = 2 \times 4 + 2 \times 5 = 8 + 10 = 18$$

곱하기 2는 두 개라는 뜻이므로, 위 계산은 다음과 같이 생각할 수 있다.

$$(4 + 5) + (4 + 5) = 4 + 4 + 5 + 5$$

이렇게 하면 '4 두 개' 더하기 '5 두 개'이다.[1] 두 배 대신 세 배를 해도 같은 방식으로, $3 \times (4 + 5) = 3 \times 4 + 3 \times 5$가 된다. 이러한 규칙을 *분배 법칙*이라고 한다. 숫자가 세 개이면 어떤 경우에도 같은 방식으로 계산하므로, 숫자 대신 문자 a, b, c를 사용해 다음과 같이 말할 수 있다.

---

[1] 어떤 방식으로든 합계에서 항을 재배열할 수 있다. 더하기의 교환성과 결합성 때문이다.

$$a(b + c) = ab + ac$$

ab를 밑변이 a이고 높이가 b인 직사각형의 넓이로 생각하면, 이 관계식을 다음 그림처럼 밑변이 a이고 높이가 $(b + c)$인 직사각형의 넓이로 보기 편하게 나타낼 수 있다.

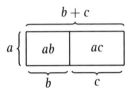

어떤 숫자라도 이 규칙이 적용되므로 나중에 대수에서도 같은 규칙을 사용할 수 있다. 대수에서는 숫자 대신 문자 또는 문자의 조합으로 표현한다. 문자의 이름이 반드시 a, b, c일 필요는 없다.

2.2 분수

$$\frac{1}{2} + \frac{1}{2} \neq \frac{1}{4}$$

분수를 더할 때 그냥 분모끼리 더하면 안 된다. 하지만 분모가 같으면 분자끼리 더해도 된다. 1/2을 두 개 더하면 1이다.

$$\frac{1}{2} + \frac{1}{2} = \frac{1 + 1}{2} = \frac{2}{2} = 1$$

분모가 서로 *다르면* 반드시 공통분모를 찾아야 한다.

$$\frac{2}{5} + \frac{3}{7} = \frac{2 \cdot 7}{5 \cdot 7} + \frac{3 \cdot 5}{7 \cdot 5} = \frac{14 + 15}{35} = \frac{29}{35}$$

$\frac{2}{5}$를 $\frac{2 \cdot 7}{5 \cdot 7}$로 바꿔 쓸 수 있는 이유는 $\frac{7}{7} = 1$을 곱했기 때문이다. 분수의 더하기 규칙은 모든 숫자에 적용되므로, 숫자 대신 문자를 사용하여 나타낼 때도 적용된다.

$$\frac{a}{b} + \frac{c}{d} = \frac{ad}{bd} + \frac{bc}{bd} = \frac{ad + bc}{bd}$$

공통분모를 찾기 위해 더하기 전에 첫 번째 분수에는 $\frac{d}{d}$를 곱하고 두 번째 분수에는 $\frac{b}{b}$를 곱했다.

$2 \times 3 = 6$은 $3 = \frac{6}{2}$을 의미한다. 마찬가지로, $\frac{a}{b} \cdot \frac{b}{a} = \frac{ab}{ab} = 1$이니까 $\frac{b}{a} = \frac{1}{\frac{a}{b}}$ 이다. 그러므로 $\frac{a}{b}$로 나누는 것은 $\frac{b}{a}$를 곱하는 것과 같다.

2.3 지수

$2^3 \cdot 2^5$는 $(2 \cdot 2 \cdot 2) \times (2 \cdot 2 \cdot 2 \cdot 2 \cdot 2)$라는 뜻이다. 첫 번째 항에 인수 2가 3개 있고 두 번째 항에 인수 2가 5개 있어서, 모두 3 + 5 또는 8개의 인수 2가 있으므로[2]

$$2^3 \cdot 2^5 = 2^8$$

이다. 마찬가지로 $2^a \cdot 2^b = 2^{a+b}$이다. 하지만 $2^a \cdot 3^b$은 간단하게 만들 수 없다.

---

2 곱셈을 표시할 때 × 또는 · 를 자유롭게 사용하며, 주로 미학적 이유로 선택한다. 문자가 포함되면 × 나 · 를 생략하여, $2 \cdot a$ 대신 $2a$를 쓴다.

$2^3 \cdot 5^3$ 는 $(2 \cdot 2 \cdot 2) \times (5 \cdot 5 \cdot 5)$인데, $(2 \cdot 5)^3$ 으로 쓸 수 있다. 이 규칙은 $a^x \cdot b^x = (ab)^x$ 으로 정리할 수 있다. 문자들이 어떻게 전개되는지 주의해서 확인해 보라. 혼란스럽다면 앞에서 사용했던 2, 3, 5와 같은 간단한 경우처럼 문자를 숫자로 대체하여 전개해 보고, 다시 일반적인 경우로 돌아가서 똑같은 방식으로 전개하면 된다. 작은 숫자를 사용하는 것이 좋다!

다음으로, $3^a \cdot 3^b = 3^{a+b}$이므로 $3^{\frac{1}{2}} \cdot 3^{\frac{1}{2}} = 3^1 = 3$이다. $3^{\frac{1}{2}}$이 어떤 수인지는 모르더라도 제곱하면 3인 것은 분명하다. 따라서 $3^{\frac{1}{2}}$은 3의 제곱근, 즉 $3^{\frac{1}{2}} = \sqrt{3}$이다. 마찬가지로, $3^{\frac{1}{3}} \cdot 3^{\frac{1}{3}} \cdot 3^{\frac{1}{3}} = 3$이므로 $3^{\frac{1}{3}}$은 3의 세제곱근인 $\sqrt[3]{3}$이다. 한편 $3^4 = 3^{0+4} = 3^0 \times 3^4$ 이니까, $3^0 = 1$이라는 의미이다. 그리고 $3^{-1+1} = 3^{-1} \cdot 3^1 = 3^0 = 1$이므로 $3^{-1} = 1/3$이다. 여기서 3을 a로 바꾸고 정리하면

$$a^0 = 1, \qquad a^{-1} = \frac{1}{a}, \qquad a^{1/n} = \sqrt[n]{a}$$

이다.

그리고 $(a^4)^3$은 $(a \cdot a \cdot a \cdot a) \times (a \cdot a \cdot a \cdot a) \times (a \cdot a \cdot a \cdot a)$, 또는 $a^{4 \cdot 3}$ 이다. 왜냐하면 a 네 개가 세 그룹을 이루고 있기 때문이다. 일반적으로

$$(a^b)^c = a^{bc}$$

이다. 이 법칙으로 위의 세제곱근을 설명할 수도 있다. 예를 들어 $(3^{\frac{1}{n}})^n = 3^{\frac{n}{n}} = 3$이므로 $3^{\frac{1}{n}}$은 3의 n-제곱근이다.

2.4 퍼센트

3퍼센트(3%)는 100개당 3개 또는 3/100 또는 0.03을 의미한다. 모두 같다. $150인 드레스를 15% 할인한 가격으로 판매하려면, $150의 15%가 얼마인지 알아내고 원래 가격에서 빼야 한다. 15%는 0.15를, '의'는 곱하기를 의미하므로, $150의 15%는 0.15 × $150, 즉 $22.50이다(15%는 10% 더하기 10%의 절반이다. $150의 10%는 $15이고 다시 이 값의 절반인 $7.50를 더하면 모두 $22.50이다). 원래 가격에서 이 금액을 빼면 판매 가격은 $127.50이다. 또 다른 방법으로, 15%를 뺀 결과는 원래 수량의 85% 또는 0.85배로 계산할 수도 있다. 직장에서 급여가 7% 인상되면, 새 급여는 이전 급여의 1.07배가 된다.

퍼센트는 어떤 면에서 까다로울 수도 있지만, 분수보다 까다롭지는 않다. 거꾸로 문제를 풀어야 할 때도 있다. 휴대폰 액세서리가 25% 할인된 가격에 판매 중이다. 판매 가격은 $45이다. 원래 가격은 얼마일까? 즉 얼마의 75%가 $45일까? 답을 얻으려면,[3] $45를 75%(= 0.75 = 3/4)로 나눈다. 3/4으로 나누는 것은 4/3를 곱하는 것과 같으니까 $45 × (4/3) = $45 × (1/3) × 4 = $15 × 4 = $60이다(앞서 설명한 분수에 관한 몇 가지 요령을 반복하기 위해 '수작업'으로 계산했다).

또 다른 까다로운 부분은 다음과 같다. 즉 50에서 시작해 20%를 빼고 다시 20%를 더해 보라(생각하지 말고 그냥 계산하라). 얼마인가? 50이 아니다. 50의 20%는 0.20 × 50 = 10을 의미하므로 50에서 20%를 빼면 40이다. 여기에 다시 20%를 추가하려면 새로운 값 40(50이 아님)의 20%를 더해야 한

---

3 또한 원래 가격을 미지수로 나타내는 대수 문제로 바꿀 수도 있다.

다. 다시 추가하는 숫자는 10이 아니며 더 작다. 40의 20%는 $0.2 \times 40 = 8$이
므로 다시 더하면 48이 된다.

2.5 로그

더하기를 원래대로 되돌리려면 빼기를 한다. 곱하기를 되돌리려면 나누기
를 한다. 그리고 지수화를 되돌리려면 로그를 취해야 한다.

따라서 $10^3 = 1,000$이면, $\log(1,000) = 3$이다. 그러면 $\log(1,000,000)$
은 얼마일까? 답은 6이다. 10을 6제곱 하면 1,000,000이다. 1,000,000의 로
그를 취하면 다시 6으로 되돌아온다. 로그는 (10의) 거듭제곱을 나타내는 수
이다. 다시 말하면 다음과 같다.

$$\log(10^x) = x \text{ 그리고 } 10^{\log(x)} = x$$

지수 법칙에 따라 $10^a \cdot 10^b = 10^{a+b}$이므로, $\log(10^a \cdot 10^b) = a + b = \log(10^a) + \log(10^b)$이다. 따라서 곱하기의 로그는 로그의 *더하기*로 바뀐다.

(A1) $$\log(xy) = \log(x) + \log(y)$$

로그가 지수화의 역이므로, 이 방정식은 지수의 더하기가 거듭제곱의 곱하
기라는 법칙의 다른 모습이다. 그리고 $(10^y)^x = 10^{xy}$이므로, 양쪽에 로그를
취하면 $\log((10^y)^x) = xy = x\log(10^y)$이다. 10^y을 어떤 양의 수 a라고 하
면 다음과 같음을 알 수 있다.

$$\log(a^x) = x\log(a)$$

$10^x \cdot 10^1 = 10^x \cdot 10^1 = 10^{x+1}$이므로, 10^x을 10배 하면 그때마다 지수가 1씩 늘어난다. 마찬가지로 $\log(y)$값이 1만큼 커지면 10을 한 번 더 곱한 것과 같다.

10이라는 숫자가 크게 특별한 것은 아니며 어떤 숫자나 사용할 수 있다. 2의 거듭제곱을 되돌리는 것은 함수 $\log_2$ 또는 '밑이 2인 로그'로 계산한다. 따라서 $\log_2(2^5) = 5$이다. $\log_2$도 법칙 (A1)을 따른다.

밑 2 대신 특별한 수 $e = 2.71828\cdots$도 자주 사용하는데, 이 경우의 로그 함수는 '자연로그'라고 하며, $\log_e$ 대신 별도의 기호 $\ln$로 표시한다. 앞의 (A1)에서 $\log$ 대신 자연로그 $\ln$으로 바꾸어 나타내면 다음과 같다.

(A2) $$\ln(xy) = \ln(x) + \ln(y)$$

$$\ln(e^x) = x = e^{\ln x}$$

$(e^y)^x = e^{xy}$ 이므로 양쪽에 $\ln$을 취하면 $\ln(e^y)^x = x\ln(e^y) = xy$이고, e^y를 a라고 하면 다음과 같다.

$$\ln(a^x) = x\ln(a)$$

관련해 몇 가지 더 복잡한 규칙이 있다. 우선 다음 방정식을 보자.

$$\log_a(b)\log_b(c) = \log_a(c)$$

이 방정식이 성립하는 이유를 살펴보기 위해 양변을 a의 지수로 취하면 ($a^{\log_a(c)} = c$이므로) 오른쪽은 c이고, 왼쪽도 $a^{\log_a(b)\log_b(c)} = (a^{\log_a(b)})^{\log_b(c)}$ $= b^{\log_b(c)} = c$이다. 특히 이 식에서 $c = a$라고 하면, $\log_a(b)\log_b(a) = \log_a(a) = 1$이므로, $\log_b(a) = 1/\log_a(b)$이다. 따라서 다음과 같음을 알 수 있다.

$$\log_b(c) = \log_a(c)/\log_a(b)$$

계산기에 밑이 2인 로그가 없더라도, 이 식을 사용하면 $\log_2(x)$를 계산할 수 있다. 그리고 $\log_2(x) = \log_a(x)/\log_a(2)$이고, 이 경우 a는 10이나 e 등 어느 것이든 택할 수 있다. 특히 $\log(x)/\log(2) = \log_2(x) = \ln(x)/\ln(2)$이 다.✚ a = 2, b = 2라고 하면 $\log_2(x) = \log_e(x)/\log_e(2)$이고, a = 10이라고 하면 $\log_2(x) = \log_{10}(x)/\log_{10}(2) = \log(2)$ 이다.

2.6 조합

사물을 세는 데 가장 필수적인 요소는 산술이다. 열 명이 있고 각각 다리가 두 개 있는 경우, 다리의 수는 $10 \times 2 = 20$이다. 발가락이 각각 다섯 개이면 모두 $10 \times 2 \times 5 = 100$개이다. 다이얼식 자물쇠는 각각 아홉 개씩 숫자가 있는 다이얼이 네 개 있으므로, 조합의 총수는 $9 \times 9 \times 9 \times 9 = 9^4 = 6,561$ 이다.

선택의 종류도 셀 수 있다. 샌드위치 체인점에서 주문할 때 빵, 고기, 치즈를 선택한다고 하자.

빵	고기	치즈
화이트	로스트비프(RB)	프로볼로네
호밀	치킨	체다
밀		스위스
		뮌스터

빵 세 가지, 고기 두 가지 그리고 *각각의* 빵과 고기 선택에 따라 치즈 네 가지를 선택할 수 있으므로, 샌드위치 종류는 3 × 2 × 4 = 24 이다.

화이트-RB-프로볼로네, 화이트-RB-체다, 화이트-RB-스위스, 화이트-RB-뮌스터

화이트-치킨-프로볼로네, 화이트-치킨-체다, 화이트-치킨-스위스, 화이트-치킨-뮌스터

호밀-RB-프로볼로네, 호밀-RB-체다, 호밀-RB-스위스, 호밀-RB-뮌스터

호밀-치킨-프로볼로네, 호밀-치킨-체다, 호밀-치킨-스위스, 호밀-치킨-뮌스터

밀-RB-프로볼로네, 밀-RB-체다, 밀-RB-스위스, 밀-RB-뮌스터

밀-치킨-프로볼로네, 밀-치킨-체다, 밀-치킨-스위스, 밀-치킨-뮌스터

이러한 종류의 계산 문제는 아주 간단하다. 곧바로 곱셈을 사용하면 된다. 하지만 다이얼식 자물쇠의 경우, 같은 숫자를 두 번 사용할 수 없다면 어떨까? 그러면 첫 번째 숫자는 선택이 아홉 개지만, 첫 번째 숫자의 각 선택에 대

해 두 번째 문자의 나머지 선택은 여덟 개, 세 번째 숫자는 일곱 개, 네 번째 숫자는 여섯 개로, 모두 $9 \times 8 \times 7 \times 6 = 3,024$개 선택이 있다.

잠깐 다른 문제를 생각해 보자. ABCDE 문자를 배열하는 방법은 몇 가지일까? 앞의 경우와 매우 유사하다. 첫 번째 문자(A, B, C, D 또는 E)는 선택이 다섯 개, 다음 문자는 선택이 네 개 등 모두 $5 \times 4 \times 3 \times 2 \times 1 = 120$개 선택이 있다. 계승 기호 5!는 5부터 하나씩 작아지는 수의 곱을 말한다. 따라서 답은 5!이다.

다이얼식 자물쇠 문제로 돌아가서, 숫자 9개 가운데 반복되지 않는 숫자 4개를 나열하는 방법의 수를 계승 표기법으로 답을 쓰면 다음과 같다.

$$9 \times 8 \times 7 \times 6 = \frac{9 \times 8 \times 7 \times 6 \times 5 \times 4 \times 3 \times 2 \times 1}{5 \times 4 \times 3 \times 2 \times 1} = \frac{9!}{5!} = \frac{9!}{(9-4)!}$$

위 식 마지막 항에서 일반적인 계산에 대한 힌트를 얻을 수 있다.

다이얼식 자물쇠 대신 네 개의 서로 다른 번호로 만드는 '픽 포pick-four' 복권 문제는 더 까다롭다. 이 경우 서로 다른 번호의 순서는 중요하지 않기 때문이다. 예를 들어, 4-순서쌍 (2, 5, 8, 7)과 (8, 2, 5, 7)은 같은 복권 티켓이다. 그래서 자물쇠처럼 9!/5!로 계산하면, 이 순서쌍을 서로 다르게 취급해 중복으로 계산하는 셈이다. 중복 계산은 4-순서쌍의 개수, 즉 서로 다른 숫자 네 개를 나열하는 방법(순열) 수와 같다. 이 수는 4!. 그래서 중복하여 계산한 경우의 수를 이 수로 나누어야 하고, 답은 9!/(5!4!)이다. 보통 $\binom{9}{4}$라고 쓴다. '9개 중 4개 선택'이라고 읽는 이 표기법은 유용하다. 중복되는 경우를 제외한 주사위 두 개 굴리기에서 그 종류를 세고 싶다면, 복권 티켓의 간단한 버전으로 1부터 6에서 고른 서로 다른 숫자의 2-순서쌍을 세면 된다. 즉

$\binom{6}{2} = \frac{6!}{2!4!} = \frac{6 \times 5 \times 4 \times 3 \times 2 \times 1}{(2 \times 1) \cdot (4 \times 3 \times 2 \times 1)} = \frac{6 \times 5}{2 \times 1} = 15$이다. 실제로 나타나는 주사위의 종류를 작은 수 먼저 쓰기로 하고 모두 나타내면 다음과 같다.

$(1,2),(1,3),(1,4),(1,5),(1,6),(2,3),(2,4),(2,5),(2,6),(3,4),(3,5),(3,6),(4,5),(4,6),(5,6)$

일반적으로 n개에서 k개를 선택하는데, 순서를 정하지 않으면, $\binom{n}{k} = \frac{n!}{k!(n-k)!}$ 종류가 있다. 참고로 n개에서 k개를 선택하는 것은, n개에서 $n - k$개를 남기는 것과 같으므로 $\binom{n}{k} = \binom{n}{n-k}$이다.

연습 문제

1. 왼쪽 식과 같은 식을 오른쪽에서 찾아 동그라미로 표시하라.

   a. $27 \times (5 + 13) = 27 \times 5 + 13$ $27 \times 5 + 27 \times 13$ $27 \times 5 + 5 \times 13$

   b. $\frac{1}{2} + \frac{1}{4}$ $=$ $\frac{3}{4}$ $\frac{2}{6}$ $\frac{1}{8}$

   c. $x^a y^b$ $=$ $(xy)^{a+b}$ $(xy)^{ab}$ $x^a y^b$ (더 이상 정리 안 됨)

   d. $\log(\frac{x}{y})$ $=$ $\frac{\log x}{\log y}$ $\log x - \log y$ $\log(\frac{x}{y})$(더 이상 정리 안 됨)

2. 다음 중 벽면에 서로 다른 그림 6개를 한 줄로 전시하는 방법의 수를 나타내는 것은?

   6×6 6^6 $6!$ 6

3. $1/(1/3) = 3$인 이유를 수식이나 숫자를 사용하지 말고 설명하라.

4. 미국 환경보호국EPA에서 사용하는 대기질 측정 기준 가운데 하나는 백만 분율ppm로 측정한 대기 중 일산화탄소 양이다. 예를 들어, 6 ppm은 공기 중 분자 100만 개당 평균 약 여섯 개의 일산화탄소 분자가 있다는 의미이며, 분자당 0.000006 또는 0.0006%이다.

EPA[4]는 16년 동안 일산화탄소 농도가 61% 감소했다고 보고했다. 만일 매년 일산화탄소가 일정한 비율로 감소했다고 가정하면(*해당 연도 시작점을 기준으로 한 고정 비율을 의미*), 그 비율은 얼마인가? 이 순진한 추측이 잘못된 이유는 무엇일까?

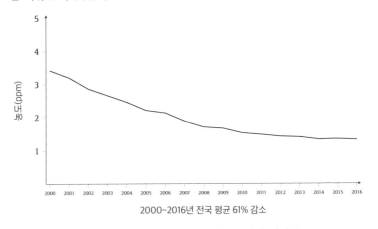

2000~2016년 전국 평균 61% 감소

그림 A1 일산화탄소 질, 2000~2016년 (전국 155개 장소의 평균)

5. 식당에서 식사 비용이 $100이다. 10% 세금이 있고 10% 할인 쿠폰이 있다. 어떤 것을 먼저 계산해야 할까? 이제 방금 한 것과 반대로 세금과 쿠폰을 적용해 계산을 다시 수행해 보라. 결과가 어떤가? 그 이유는?

---

4 www.epa.gov/air-trends/carbon-monoxide-trends#conat

6. 닭 한 마리 반이 하루 반나절 동안 달걀을 한 개 반씩 낳는다면 닭 두 마리가 달걀 열두 개를 낳는 데 얼마나 걸릴까?

7. 당신은 신생 웹사이트인 〈내셔널 뉴스〉 편집자이다. 의료 담당 수석 기자는 의료 보험료에 대한 내부 정보를 가지고 있다. 그 기자의 말에 따르면, 미국인 대부분이 두 개의 주요 의료 서비스 제공자인 유니케어와 아메리케어에 가입되어 있다고 한다. 유니케어는 아메리케어보다 약 3배 많은 가입자를 확보하고 있다. 두 회사는 내년에 보험료를 각각 5%, 1% 인상할 예정이다. 평균 3%라는 인상률은 주요 뉴스 속보가 될 것이다. 왜냐하면 물가 상승률 4%보다 낮기 때문이다. '의료 보험료가 3%만 인상된다. 수십 년 만에 처음으로 인플레이션율보다 낮은 수준'이라고 머리기사를 써도 될까?

8. 여러분은 건설 회사 CEO이다. 신흥 시장 담당 부서에서 워싱턴주에 대단한 성장 가능성이 있다며, 향후 5년 동안 매장 운영비 1달러당 매년 10센트씩 수익을 올릴 것이라고 분석해 보고했다. 하지만 매장을 세우는 데만 1억 달러가 들어간다(그 후에는 돈을 벌기 시작한다). 은행은 5년 동안 연간 5%의 이자로 2억 달러를 대출해 줄 수 있다고 한다. 대출을 받아야 할까? 5% 이자율로 대출을 받는다면 5년 후 대출 상환액은 얼마인가?

   (이자는 은행에서 돈을 빌리기 위해 매년 내야 하는 금액이고, 이자율은 %로 쓴다. 은행은 절대로 이자를 포기하지 않는다!)

9. 1% 우유 한 컵과 4% 우유 두 컵을 섞으면 몇 퍼센트의 우유가 만들어질까?

10. $\log\left[\left(\frac{5}{6} + \frac{2}{3}\right)^2 \cdot \left(\frac{1}{4} + \frac{7}{36}\right)\right] = ?$

11. 직접 만들어 먹는 피자 레스토랑에서, 세 가지 치즈 가운데 하나를 선택하고 네 가지 토핑 중에서 하나를 선택할 수 있다. 몇 종류의 피자를 만들 수 있는가? 페타 치즈를 선택할 때 반드시 시금치 토핑을 얹어야 한다면, 몇 종류의 피자를 만들 수 있을까(반대의 경우는 의무가 아님)? 토핑을 중복해서 올려도 된다면 몇 종류까지 가능할까? 이제 마지막 질문에 치즈와 토핑이 없는 선택도 허용된다면 모두 몇 종류일까?

12. 정수로만 나타낸 좌표 평면에 있는 점 (−4, −4)에서 시작해 오른쪽 또는 위쪽으로 한 번에 1칸씩 이동할 수 있다면, 점 (4, 4)까지 몇 개의 경로가 있을 수 있는가? 점 (1, 0)을 반드시 통과해야 한다면 어떠한가?

3 대수

"이름은 기억나지 않지만, 그 여성은 사교적이야. 바이올린도 연주하더군."
"그럼 리디아가 맞네."
누군지 알 수 없는 사람이 있을 때, 우리는 그 사람이 가지고 있는 특성(사교적, 바이올린 연주)을 바탕으로 누구인지 알아낸다. 수학에서는 관계(방정식)를 기반으로 하는 대수를 사용해 모르는 양이 얼마일지 추론한다.
부록 2에서 문자는 숫자를 대신해 사용할 수 있으며, 숫자와 같은 방식으로 처리할 수 있음을 확인했다. 규칙은 같다. 이것이 대수의 첫 번째 핵심이며 여기서 반복적으로 사용할 것이다. 무엇보다 어떤 양의 값을 알 수 없을 때 숫자 대신 문자를 사용해야 할 필요가 있음을 알고 있어야 한다.

3.1 변수의 필요성, 공식의 가치, 추상화의 경우

초등학교에서 3+□=7과 같은 방정식을 배우며 □를 채우라고 한다. 8+□=13도 풀어 보자. 이런 문제를 몇 개를 풀다 보면, 곧 사각형의 숫자가 오른쪽에 있는 숫자에서 왼쪽에 있는 숫자를 뺀 값이라는 것을 알 수 있다. 3 × □−1=11 또는 2 × □=□+3과 같은 문제는 곧 해결할 수 있지만, 방정식 $3 + x = 7$, $8 + x = 13$, $3x - 1 = 11$, $2x = x + 3$을 만나기까지는 몇 년이 걸린다. 하지만 이것들은 사실 모두 똑같다. □가 x로 바뀌었을 뿐이다. 이러한 문제들은 알고 있는 관계(방정식)를 기반으로 모르는 양 x의 값을 찾는 것이다.

값을 모르는 수량을 나타낼 경우 x와 같은 *문자 변수를 부여하는 것*이 편리하다. 실생활에 응용하는 문제에서는 몇 가지 알고 있는 정보(예: 세금과 20% 팁이 포함된 신용 카드 영수증)를 기반으로 관심이 있는 수량(예: 카푸치노에 대해 청구된 금액)을 결정할 수 있다. 변수(예: x, 어떤 문자라도 사용할 수 있음)는 관심 있는 수량이고, 방정식은 그것이 만족하는 관계를 표현하는 식이다. 대수는 'x를 구할 수 있는' 도구 상자이다.

더 세련되게 말하자면, 사실 학교에서 배우는 모든 문제가 다음과 같은 한 가지 형태이다.

(A3) $$ax + b = cx + d$$

이때 a, b, c, d는 여러 가지 숫자이다. 이러한 방정식을 푸는 *일반적인 방법*

(공식)이 있으므로, 그때마다 *계수들*을 바꾸어서 *하나씩* 해결할 수 있다.

변수는 두 가지 역할을 한다. (1) (예를 들어 위의 $3 + x = 7$과 같은 방정식처럼) 알 수 없는 수량에 대한 임시 보관 '상자'이며 나중에 값을 결정할 수 있다. (2) 분배 법칙 $a(b + c) = ab + ac$와 같이, 문자로 숫자를 대신하면 한 가지 공식으로 모든 경우를 처리할 수 있다.

방정식 (A3)는 $a \neq c$이면 $x = \frac{d-b}{a-c}$라는 공식으로 항상 풀 수 있다. 하지만 $a = c$이면 두 가지 경우로 나누어 생각해야 한다. $b = d$이면 x는 어떤 값이라도 상관없다. $b \neq d$이면 방정식은 해가 없다(또는 풀 수 없다). *해가*

방정식이란 무엇인가?

모든 방정식은 $A = B$ 형태이다.

A, B는 일종의 표현 식이다. 일반적으로 A는 복잡하고 B는 간단하다. 방정식은 문제를 더 쉽게 생각하는 방법을 말해 주기도 한다. 수학이 아닌 예를 들자면, '육체미(pulchritude)＝아름다움(beauty)'이라는 방정식은 어려운 말을 쉬운 단어로 대체할 수 있게 한다. 하지만 '참을성 = ~에 관해'라는 방정식은 아무런 의미가 없다. 하나는 명사이고 다른 하나는 부사이다. '사과 = 오렌지'라고 하면 성립하지 않는 방정식이지만, 적어도 둘 다 과일이다!

방정식의 왼쪽에 어떤 대상이 있고 오른쪽에 어떤 대상이 있는지 이해해야 한다.

$1 + 2 + 3 + \cdots N = N(N + 1)/2$

위 방정식은 양쪽 모두 N에 의해 결정되기 때문에($N = 7$이라면 양쪽 모두 28이다) 둘 다 함수이다.**부록 6 참조** 그리고 왼쪽에서 N은 양의 정수이어야 한다. 그렇지 않으면 관계식은 의미가 없다. 따라서 이 방정식은 A와 B가 양의 정수 N의 함수인, $A = B$ 형태이다.

$N = 200$이면 A는 어렵지만, B는 단순하여 $200(201)/2 = 20,100$이다. 방정식은 이처럼 유용하다.

하나single solution인 일차식일 때의 이 공식은 여러분이 어렸을 때부터 계산한 수많은 문제와 이 강의에서 풀게 될 많은 문제에 그대로 적용할 수 있다! 이것이 공식을 유도하는 가치이다. 약간의 추상화(더 많은 문자)와 정교함(문제의 일반화)을 추가하면 모든 방정식을 풀 수 있다.

우리는 이 책의 본문과 연습 문제에서 어떤 수량(대출 잔액, 파리 마릿수, 방사성 동위 원소의 양, 구운 감자의 온도 등)이 파라미터는 다르더라도 값에 일정한 비율로 비례하여 변화하는 동일한 종류의 관계를 만족하는 열 가지 서로 다른 문제를 다루고 있다. 대수를 사용하면 관심 있는 양*뿐만 아니라* 다른 파라미터(이자율, 출생률, 붕괴율, 열전달 계수 등)도 변수(또는 문자)를 지정해 나타낼 수 있다. 이러한 방식으로 *일반적인* 문제를 해결하고, 다양한 상황에 그 방식을 적용할 수 있다. 나중에 살펴보겠지만, 이러한 시스템의 모든 움직임은 지수 함수로 설명할 수 있다. 지수 함수는 이 모든 시스템의 변수 파라미터 (a, b)를 사용하여 ab^t과 같은 지수 함수로 나타내면, 한 번에 많은 응용 문제를 처리할 수 있다.

참고 A2　수식이나 공식을 읽을 때 문자가 너무 많으면 집중하기가 어렵다. 그럴 때는 일부 문자는 도형으로 그리거나 적당한 숫자로 바꾸어서 생각해 본다. 그런 다음 다시 돌아가서 그 숫자가 실제로 중요한지 확인한다. 예를 들어 $b + x = d$를 풀 때, 일단 3+□=7처럼 적당히 숫자와 도형으로 바꾸고, 양쪽에서 3을 빼서 □=7−3으로 계산해 본다. 그리고 3, 7이 정말 중요한 숫자인지 확인한다. 그런 다음 더 일반적인 문제 $b + x = d$로 돌아가면 해가 $x = d - b$임을 쉽게 이해할 수 있다. ▲

3.2 같은 항 정리

누군가가 가게에서 초콜릿 세 상자를 여러분에게 사주었다고 가정하자. 상자마다 같은 개수로 초콜릿이 들어 있지만 몇 개인지는 모른다. 그 개수를 x라고 하자. 그러면 초콜릿이 모두 $3x$개 있다. 다른 친구가 같은 초콜릿 상자를 두 개 더 가지고 왔다면, 상자는 모두 5개이므로 초콜릿 개수는 $3x + 2x = 5x$개이다. 이렇게 하는 것을 같은 항 정리라고 한다($3x$와 $2x$에 모두 x가 들어 있다). x가 '사과'처럼 같은 종류인 물건의 개수나 '킬로그램'처럼 같은 단위를 사용하는 양일 때 같은 항 정리를 할 수 있다. 킬로그램과 파운드는 하나를 다른 것으로 환산하지 않으면 더할 수 없다.**부록 5 참조** 같은 항 정리는 분배 법칙을 적용해 $3x + 2x = (3 + 2)x = 5x$와 같이 계산한다.

같은 항 정리는 반드시 같은 대상을 나타내는 항끼리 정리해야 한다. $3x + 2y$는 정리할 수 없으나, $3n^2 + 2n^2$은 각 항이 같은 대상 n^2이므로 $5n^2$으로 정리할 수 있다. 예를 들어 초콜릿이 상자에 정사각형으로 배열되어 있고, 정사각형의 한 줄에 놓인 초콜릿 개수가 미지수 n일 때 이 식처럼 계산한다.

3.3 FOIL

$(x+2)(x-3)$을 생각하자. 이 식은 단일항 $(x+2)$에 각각 x와 -3[1]을 곱한 다음 더한 것으로 볼 수 있다. a를 $(x+2)$로, b를 x로, c를 -3으로 설정하고, 분배 법칙 $a(b + c) = ab + ac$를 적용하면 다음과 같이 된다.

---

1    $x + (-3)$으로 쓰는 것은 보기에 좋지 않다. 같은 말이지만 $x - 3$이 더 간단하다.

$$(x + 2)(x - 3) = (x + 2)x + (x + 2)(-3)$$

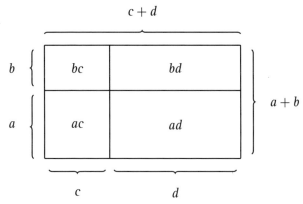

그림 A2 그림으로 보는 FOIL $(a + b)(c + d) = ac + ad + bc + bd$

이제 오른쪽에 있는 두 항에 각각 분배 법칙을 적용하여 전개하면 다음과 같다.

$$(x + 2)x + (x + 2)(-3) = (x^2 + 2x) + (-3x - 6) = x^2 - x - 6$$

마지막에 $(2x - 3x) = -x$로 같은 항 정리를 했음에 유의하라.

위의 예에서 x가 반복적으로 나타나서 가끔 혼동이 발생하기 때문에, 일반적일 경우를 생각하는 것이 간편하다. $(a + b)(c + d)$에 분배 법칙을 적용하여 전개하면 다음과 같다.

$$(a + b)(c + d) = ac + ad + bc + bd$$

이런 전개 방법을 FOILFirsts-Outers-Inners-Lasts이라고 한다.

부록 1에서 29 × 31이 900에 가까운 수라고 했는데, 29 = 30 − 1, 31 = 30 + 1로 고쳐 쓰고, FOIL을 적용하면 29 × 31＝(30 − 1)(30 + 1) = 900 + 30 − 30 + 1 = 900 − 1인 것을 알 수 있다.

예를 들어, $(2x + 3x^2)(4x − 5)$에 FOIL을 적용하면 항이 4개 생겨서 $8x^2 − 10x + 12x^3 − 15x^2$이 되고, '같은 항 정리'를 하여 $−7x^2 − 10x + 12x^3$ 또는 $12x^3 − 7x^2 − 10x$ 가 된다. 이때 가능하면 마지막 다항식처럼 차수가 높은 것부터 쓰는 것이 원칙이다.

$(x + a)^3$ 을 전개해 보자. 이 식은 $(x + a)(x + a)^2$ 과 같은데 마지막 항은 $x^2 + xa + xa + a^2$이고, 정리하면 $x^2 + 2xa + a^2$ 이다. 따라서 $(x + a)(x + a)^2$ ＝$(x + a)[x^2 + (2xa + a^2)]$ 을 계산해야 하는데, FOIL을 적용하면 다음과 같다.

$$x \cdot x^2 + x \cdot (2xa + a^2) + a \cdot x^2 + a \cdot (2xa + a^2)$$

분배 법칙을 두 곳에 적용하고 x에 관하여 내림차순으로 정리하면, $x^3 + 2x^2a + a^2x + ax^2 + 2xa^2 + a^3 ＝ x^3 + 3x^2a + 3xa^2 + a^3$ 이 된다. 일반적인 분배 법칙 $a(b + c + d) = ab + ac + ad$를 먼저 알고 있으면 조금 더 빨리 계산할 수 있다. 이 전개식은 분배 법칙을 두 번 적용하면 $a(b + c + d)$ ＝ $a[b + (c + d)] = ab + a(c + d) = ab + ac + ad$임을 알 수 있다. 이 보다 항이 더 많은 경우도 분배 법칙을 여러 번 적용하면 전개할 수 있다. 어떻게 하면 될까?

사실 $(x + a)^3$는 $(x + a)(x + a)(x + a)$로 생각하면, 첫 번째 괄호에서 하

나, 두 번째 괄호에서 하나, 세 번째 괄호에서 하나를 선택해 곱한 것을 모두 더한 것이다. 따라서 항의 개수는 $2 \times 2 \times 2 = 8$이다. 이것이 전개식의 계수 1, 3, 3, 1을 모두 더하면 8인 이유이다(선택 항목 중 일부가 같은 결과를 보이기 때문에 3이 나타난다. 예를 들면 괄호 3개 가운데 하나는 x를 선택하고 나머지 괄호에서 각각 a를 선택하는 방법은 3종류이고 모두 xa^2이다. 그러면 xa^2의 계수는 3이 된다).

3.4 x 구하기, x와 y 구하기

$3x + 77 = 146$이라는 방정식에서 x값을 구하려면 x만 분리해내야 한다. '$+77$'을 없애려면 더하기 77의 '거꾸로', 즉 빼기 77을 한다. 왼쪽에서만 77을 빼면 안 되고, 양쪽에서 같이 빼야 한다. 양변에서 77을 빼면 $3x + 77 - 77 = 146 - 77$ 또는 $3x = 69$가 된다. 벌써 답을 짐작할 수 있겠지만, 그래도 x를 분리해 내는 과정을 계속해 보겠다. $3x$는 x에 3을 곱한 것이니까, 3으로 나누는 '거꾸로'를 수행해야 한다. 따라서 $3x/3 = 69/3$이고, $x = 23$임을 알 수 있다.

x가 등호($=$)의 양쪽에 있으면, 한쪽으로 모아야 한다.

$2(x + 7) - 15 = 6(x - 4) - 13$	먼저 양쪽을 전개한다.
$2x + 14 - 15 = 6x - 24 - 13$	이제 단순화한다.
$2x - 1 = 6x - 37$	양쪽에 1을 더한다.
$2x = 6x - 36$	양쪽에서 $6x$를 뺀다.
$-4x = -36$	-1을 곱한다(더 보기 좋게 만들기 위해).
$4x = 36$	양쪽을 4로 나눈다.
$x = 9$	

때로는 변수 두 개(예: x와 y)와 방정식 두 개가 있을 때도 있다.

$$3y - x = 4, \quad 2x + 3y = 19$$

첫 번째 방정식의 양쪽에 x를 더하면 $3y = x + 4$가 되고, 양변에서 4를 빼서 x만 남겨 놓으면, $x = 3y - 4$가 된다. 이제 두 번째 방정식에서 x 대신 $3y - 4$를 대입하면 다음과 같다.

$$2(3y - 4) + 3y = 19$$

왼쪽을 전개하면 다음과 같다.

$$6y - 8 + 3y = 19$$

또는 $9y - 8 = 19$인데, 다시 양쪽에 8을 더하면 $9y = 27$이다. 9로 나누면 $y = 3$임을 알 수 있다. 다시 $x = 3y - 4$라는 첫 번째 방정식의 해로 돌아가서, $y = 3$이니까 $x = 3 \cdot 3 - 4 = 5$이다. 따라서 $x = 5$, $y = 3$이다. 마지막으로 이 값들이 원래 방정식을 만족하는지 검사한다!

요약하면 두 개의 변수(예: x와 y)가 있는 두 개의 '연립' 방정식을 풀려면 먼저 변수 중 하나(예: y)가 *상수인 것처럼 생각하고* 첫 번째 방정식을 푼다.

그러면 $x =$ '어떤 값'이 된다. 이제 두 번째 방정식에서 x 대신 '어떤 값'으로 바꾼다. '어떤 값'에 y는 들어 있지만 x가 없으므로, 두 번째 방정식에는 y만 있다. 두 번째 식을 풀면 y를 알 수 있고, $x =$ '어떤 값'에 y를 넣어서 x

값을 알아낸다.

3.5 문장제 문제

대부분 사람에게 대수는 문장제 문제word problem를 의미한다. 이 책은 어떤 의미에서 정말 복잡한 문장제 문제에 관한 것이다. 대부분의 *간단한* 문장제 문제는 몇 가지 기본 단계를 통해 접근할 수 있다.

어떤 데이터는 알고 있고, 일부는 모르며, 모르는 데이터에서 아는 데이터를 찾아내는 데 필요한 정보만 있기도 하다. 때로는 이러한 데이터 조각들이 숫자를 대신하고 있어서, 아직 숫자를 모르기 때문에 신중하게 선택한 문자로 데이터를 나타내기도 한다. 어떨 때는 문자로 추론하는 것이 너무 추상적일 수 있으므로 상수(가능하면 쉬운 숫자로)인 것처럼 위장할 수도 있다. 가끔 나는 숫자 2를 쓰고 문자 R처럼 보일 때까지 약간 다듬어서 쓴다.

그런 다음에 문장의 정보를 방정식으로 분명하게 표현한다. 전체 이야기가 끝날 때까지 각 정보를 수학적 표현으로 변환한다. 즉 주스가 더 안 나올 때까지 오렌지를 계속 짜내는 식이다.

예를 드는 것이 좋겠다.

2014년 12월 28일 뉴욕 타임스는 영화 〈인터뷰〉에 대해 다음과 같이 보도했다.[2]

이 영화는 처음 나흘간 온라인 판매와 대여를 통해 약 $1,500만의 이

---

2 www.nytimes.com/2014/12/29/business/media/the-interview-comes-to-itunes-store.html

익을 얻었다고, 소니 픽처스가 일요일에 밝혔다.

소니는 온라인 판매는 개당 $15이고 디지털 대여는 개당 $6이지만 매출 비율은 밝히지 않았다. 스튜디오는 전체적으로 약 200만 건의 거래가 있었다고 말했다.

기자(이름을 밝히지 않음)는 이것을 대수 문제로 보지 않았다.

우리가 알고 싶은 정보는 무엇인가? 대여와 판매 횟수는 얼마인가이다. 대여 횟수를 R이라고 하고 판매 횟수를 S라고 하자. 총 200만 건의 거래가 있었다는 것이 마지막 문장이다. 이를 수식으로 변환하면 $R + S = 2,000,000$

문장제 문제 해부

일반적인 문장제 문제를 살펴보자.

헨리는 친구들을 치킨 디너에 초대하고 싶어 한다. 닭 다리 20개와 옥수수 12개를 가지고 있는데, 파티 참석자 모두에게 균등하게 나누어 주고 싶다. 헨리가 초대할 수 있는 친구는 최대 몇 명일까?

침착하자! 우리는 이것을 간단한 수학 문제로 변환하는 과정만 거치면 된다. 이 몇 가지 질문은 많은 사례에서도 유효하다. *어떤 종류의 대답을 찾고 있는가?* 이 경우는 숫자 즉 손님의 수이다. *관련된 정보는 무엇인가?* 모든 파티 참석자에게 모든 음식을 균등하게 나누어 주어야 한다. *관련 없는 것은 무엇인가?* 헨리라는 이름, 음식의 종류, 이야기이다. *어떤 수학을 사용해야 할까?* 핵심은 균등하게 나누려면 20과 12를 파티 참석자 수로 나눌 수 있어야 한다는 것이다. 그러한 수 가운데 가장 큰 수를 찾아야 한다.

풀이. 최대 파티 참석자 수는 4명이다. 그리고 헨리 자신도 파티 참석 인원에 포함되므로 세 명까지 친구를 초대할 수 있다. *답: 3*

이다. 엄청나게 큰 수이다. 또 알고 있는 정보는 무엇인가? 온라인 판매와 대여(첫 번째 단락)를 통한 총수익이 $15,000,000였으며, 대여와 판매의 개별 가격(나머지 문장)을 알고 있다. 이 수치들은 처음 나흘간의 정보이다. 스튜디오가 소니 픽처스라는 사실은 우리가 해결해야 하는 질문과는 관련이 없다.

이제 나머지 부분을 수식으로 변환해 보자. 분석을 간단히 하기 위해 대여가 두 개뿐이라고 하면, 대여료로 $12 = 2 \times \$6$를 번다. 이 패턴에 따라 R개를 대여하면 $6R$를 얻는다. 마찬가지로 S개를 판매하면 $15S$를 번다. 따라서 번 돈은 모두 $6R + 15S$로 $15,000,000이다. 요약하면 다음과 같다.

$$R + S = 2,000,000$$
$$6R + 15S = 15,000,000$$

문장제 문제를 앞에서처럼 순전히 대수적 연립 방정식으로 바꾸었다. 첫 번째 방정식은 $R = 2,000,000 - S$로 바꿀 수 있다(아니면 $S = 2,000,000 - R$로 바꾸어도 된다). 두 번째 방정식에 R 값을 대입하면 다음과 같다.

$$6(2,000,000 - S) + 15S = 15,000,000$$

분배 법칙을 사용하고 같은 항을 정리하면 다음과 같이 된다.

$$9S = 3,000,000$$

양변을 9로 나누면 S를 구할 수 있으며, S는 분수값이 된다. 이는 수학적 모델에 불과하다는 것을 알아야 한다. 현실적으로 비디오 판매량이 분수일수는 없다! 아무튼 분수 S를 가장 가까운 정수로 반올림하여 고친다(이 기사에서는 총거래 수가 '약' 2,000,000개이므로 어쨌든 모두 근삿값이다).

$$S = 333,333, \qquad R = 2,000,000 - S = 1,666,667$$

'약'이라고 했으니, 이 값들을 가장 가까운 만 또는 십만 단위로 반올림한다.부록 5 참조 그러나 대수 문제라는 측면에서 계산하는 것은 어렵지 않았다.

문장제 문제를 공략하기 위한 몇 가지 빠른 팁은 '그리고'는 더하기, '의'는 곱하기, '당'은 나누기, '%'는 100으로 나누기이다.

연습 문제

1. 왼쪽 식과 같은 식을 오른쪽 셋 가운데 하나를 골라 동그라미 표시를 하라.

   a. $4x + 7y \quad = \quad 11(x + y)$ $11xy$ 더 정리할 수 없음

   b. $4x \times 7y \quad = \quad 28(x + y)$ $28xy$ 더 정리할 수 없음

   c. $(x + 1)(y + 2) = xy + 2x + y + 2$ $xy + 2$ $x^2 + 3xy + 2$

   d. $(x + 6)(x - 1) = \quad x^2 - 6$ $2x - 5$ $x^2 + 5x - 6$

2. 다음 x와 y의 값에 대해 $x^3 - xy^2 + \frac{2x+y}{x} - 1$의 값을 구하라. 어느 순서쌍이 방정식 $x^3 - xy^2 + \frac{2x+y}{x} - 1 = 0$의 해인가?

   a. $x = 2, \ y = 0$

b. $(x, y) = (1, -1)$

c. $(x, y) = (1, 2)$

d. $(x, y) = (a, 3a)$

3. FOIL을 사용해 $a(b + c) = ab + ac$가 성립함을 보여라.

힌트 a = a + 0

4. $(x + y)(x - y) = x^2 - y^2$ 임을 증명하라.

5. 항이 3개씩이면 어떨까? $(a + b + c)(d + e + f) = ad + ae + af + bd + be + bf + cd + ce + cf$ 임을 증명하라. 그림으로 설명할 수 있겠는가?

6. $(x + a)^4$ 을 전개하라. 모든 항 계수의 합이 16인지 확인하라.

7. $\dfrac{(x^2 y)^3}{x^5 y^{\frac{1}{3}}}$ 을 간단하게 정리하고, $x = 3$, $y = 8$을 대입하여 정리가 제대로 되었는지 확인하라.

8. 2만 마일을 무료로 주고 1달러를 쓸 때마다 3마일이 적립되는 신용 카드를 발급받았다. x달러를 사용하면 몇 마일이 적립될까? 이 결과와 대수를 이용해 다음 문제를 해결하라. 38,000마일이 적립되어 있다면 카드를 얼마나 사용했을까?

9. 프로페인은 깨끗하게 연소하는 가스이다. '가스'는 주위를 떠다니는 분자

들의 무리이다. 프로페인의 화학 기호는 C_3H_8이며, 이는 프로페인 분자에 3개의 탄소 원자와 8개의 수소 원자가 어떻게든 서로 결합돼 있다는 의미이다. '연소'는 산소와의 결합으로 인한 화학 반응이다(대부분 물질은 화학 반응을 일으키려면 열이 필요하다). 프로페인이 산소 가스와 결합할 때(기호 O_2는 산소 원자 두 개가 서로 붙어서 분자가 형성되었다는 뜻), 연소 후 생성되는 물질은 이산화탄소CO_2와 물H_2O이다. 이것이 내가 의미하는 '깨끗함'이다(내가 프로페인, 깨끗함, 연소, 가스 등의 용어를 정의해서 사용했음에 유의하라).

'단일' 반응은 어떤 형태일까? 이런 반응일지도 모른다.

$$C_3H_8 + O_2 \longrightarrow CO_2 + H_2O$$

하지만 옳지 않은 식이다! 탄소 원자가 왼쪽에는 3개 있고 오른쪽에는 하나만 있다. 따라서 오른쪽 CO_2의 분자 수를 약간 조정해야 하는데, 그러면 왼쪽에도 영향을 미친다. 프로페인 분자 a개(탄소 원자는 3a개)와 산소 분자 b개가 이산화탄소 분자 c개와 물 분자 d개를 만들어 낸다고 하고 a, b, c, d를 결정해 보자.

힌트 (1) 각 원소에 대해 하나씩, a, b, c, d에 관한 방정식 3개를 적는다. (2) 이 방정식의 해를 구한다. (3) a, b, c, d가 모두 자연수인 방정식의 최소 해를 구한다.

사후 검사 추측으로 답을 구했는가? 더 체계적으로 할 수 있을까? 더 어려운 문제라면 추측만으로 해결할 수 없었을 것이다(그럼 왜 어려운 문제를 제시하지 않았는가? 음, 여러분의 행복을 위해서). 추측하지 말고 다시 계산해 보라.

10. 포도당$C_6H_{12}O_6$은 프로페인만큼 깨끗하게 연소한다. 가장 기본적인 화학

반응에 관여하는 분자의 수를 결정하기 위해 위와 같은 작업을 수행하라.

11. 피아노가 '조율이 잘 되어 있다'라는 말은 연속해서 반음씩 차이가 있는 건반 음의 진동수가 일정한 배수로 차이 난다는 의미이다. (이것이 무슨 뜻인지 여러분은 이해할 수 있는가? 무엇을 의미할까?) 어떤 두 음이 한 옥타브만큼 차이가 난다면, 즉 한 옥타브에 있는 12개의 음이 반음씩 다르면 진동수는 2배 차이가 난다. 그렇다면 같은 옥타브에서 C(도)와 G(솔)의 주파수 차이는 얼마일까? 어떤 악기에서는 이 차이가 1.5의 배수라고 전제하기도 한다. 피아노는 약간 다르다. 피아노는 이 악기와 몇 퍼센트 차이가 있을까? 어떻게 계산했는가?

12. $(a+b)(c+d)(e+f)$를 계산하라. 결과를 그림으로 설명할 수 있는가?

4 기하학

기본적인 계산에 간단한 기하학이 필요한 경우가 많다. 환경 공학자(또는 여러분)는 지구 성층권에 있는 특정한 오염 물질의 양에 관심이 있을 수 있다. 이런 관점에서 지구 성층권은 확실히 지구 표면적의 일부가 될 것이다. 아주 기본적인 사항을 다시 살펴보자.

기하학에서 기본적인 규칙은 피타고라스 정리이다. 직각 삼각형에서 빗변(긴 변)의 길이를 c라고 하고, 다른 두 변의 길이를 a와 b라고 하면, $c^2 = a^2 + b^2$이다. 다각형을 (직각) 삼각형들로 나누면, 이를 통해 어떤 다각형이라도 둘레를 계산할 수 있다.

둘레가 곡선인 도형은 원부터 시작한다. 먼저 원의 지름은 반지름의 두 배이다. 즉 $d = 2r$. 다음으로 숫자 π는 원의 지름에 대한 원둘레의 비율로 정의되어 있다. 다시 말해서 원둘레는 지름의 π배, 즉 πd 또는 $2\pi r$이다. 그리고 원의 일부인 호의 길이는 중심각에 비례한다. 예를 들어 중심각이 π인 반원의 길이는 $\pi r = \frac{1}{2}(2\pi r)$ 이다. 호의 길이를 각도 단위로 측정할 때는 원의 중심각은 360°를 기준으로 한다.

예를 들어 반경이 30미터인 원을 따라 중심각이 30°인 부채꼴 모양으로 땅에 울타리를 치고 싶다면, 재료가 얼마나 필요한지 계산할 수 있다. 30미터인 직선 울타리 2개와 곡선 울타리 1개가 있다. 호의 길이는 원둘레의 $\frac{30}{360} = \frac{1}{12}$ 이므로 $\frac{1}{12} 2\pi \cdot 30$미터이다. 따라서 전체 울타리 둘레 길이는 $60 + \frac{1}{12} \cdot 2\pi \cdot 30 = 60 + 5\pi \approx 76$미터이다. (유효 숫자 2개까지 **부록 5.3 참조**)

환경 공학자가 연구할 때는 지구 표면(지구는 반지름이 약 6,400 ㎞인 공 모양)에서 높이 10~20 ㎞ 사이의 성층권 부피를 추정해야 할 수도 있다. 그러려면 반지름이 6,420 ㎞인 구의 부피에서 반지름이 6,410 ㎞인 구의 부피를 뺀 값을 계산하면 된다. 반지름이 r인 구의 부피는 $\left(\frac{4}{3}\right)\pi r^3$ 이므로, 성층권의 부피는 $\left(\frac{4}{3}\right)\pi (6,420^3 - 6,410^3) \approx 51.7$억(세제곱킬로미터)이다.

이러한 계산을 2차원과 3차원으로 하려면 면적과 부피에 관한 간단한 공식 목록을 갖는 것이 도움이 된다.

넓이

대상	넓이	설명
사각형	bh	밑변 곱하기 높이
삼각형	$\frac{1}{2}bh$	밑변 곱하기 높이의 절반
사다리꼴	$\frac{1}{2}(b_1 + b_2)h$	아래위 두 변의 평균 곱하기 높이
원	πr^2	π 곱하기 반지름 제곱
구의 표면적	$4\pi r^2$	4π 곱하기 반지름 제곱

부피

대상	넓이	설명
정육면체	l^3	변의 세제곱

대상	넓이	설명
직육면체	lwh	가로 곱하기 세로 곱하기 높이 (또는 '밑넓이' 곱하기 높이)
공(구)	$\frac{4}{3}\pi r^3$	$\frac{4}{3}\pi$ 곱하기 공 반지름의 세제곱
원통(기둥)형	$\pi r^2 h$	밑넓이 곱하기 높이 (밑면의 모양과 관계없이 항상)
원뿔(콘)	$\frac{1}{3}\pi r^2 h$	밑넓이 곱하기 높이의 3분의 1

예를 들어, 깊이가 1.5미터이고 바닥(어떤 모양이든) 면적이 60m^2인 수영장에 채울 수 있는 물의 양을 계산하려면 기둥형 공식을 사용한다. $60\text{m}^2 \times 1.5\text{m} = 90\text{m}^3$.

연습 문제

1. 아이스크림 가게에서 지름 7㎝인 공 모양 스쿠프 또는 윗면까지 평평하게 채운 원뿔(높이 10㎝, 윗면 지름 7㎝) 가운데 선택할 수 있다. 어느 쪽 아이스크림이 더 많을까?

2. 정오에 테니스공이 공중에 떠 있다고 하자. 그림자보다 공의 표면적이 얼마나 더 큰가?

3. 4인 가족이 항공 수하물 요금을 절약하고 싶어서 일주일 여행에 필요한 짐을 기내에 휴대하기로 했다. 액체 용기는 크기 제한이 있어서 100 ml = 100 cm³ 인 치약 튜브 한 개만 가능하다. 양치할 때마다 작은 튜브의 치약을 사용한다고 가정하면(한 번에 사용하는 양은 적당히 선택할 수 있다) 한 개로 충분할까?

5 단위와 과학적 표기법

실생활에서 숫자는 대부분 측정에서 비롯되며, 크든 작든 정확하든 어림이든 양을 나타낸다. 모든 양은 각각의 표현 방식이 정해져 있다.

5.1 단위

*사물*의 양을 나타낼 때 사과 다섯 개, 피아노 네 대처럼 수를 사용한다. 사

과와 피아노를 같은 클래스로 재분류하지 않으면, 이 두 가지는 더할 수는 없다. 하지만 사과와 피아노를 물건이라는 클래스로 분류하면 물건 9개라고 할 수 있다. 그래서 실생활에서는 숫자 뒤에 단위를 붙이며, 같은 단위끼리만 연산할 수 있다. 대수와 유사함에 주목하라! 예를 들어, 나이와 키는 더하지 않는다. 나이가 46살이고 키가 6피트이면 더해서 52살? 나이가 0.46세이고 키는 72인치이니까 72.46? 이렇게 하는 것은 $5x + 4y = 9y$라고 말하는 것만큼이나 잘못되었다. 엉망진창이다. 같은 종류(내 키와 네 키)의 양이라도, 단위가 같지 않으면(피트와 피트, 인치와 인치처럼) 두 개를 서로 더하지 않는다.

6피트에서 72인치로 어떻게 바뀔까? 1피트가 12인치이면 6피트는 $6 \times 12 = 72$인치이다. 좀 더 형식적으로 말하자면 '1피트 = 12인치라는 환산식을 사용하면 된다. 대수적으로는 '1피트 = 12인치에서 양쪽을 1피트로 나누어' 1 = 12인치/피트라고 한다. 왼쪽에 있는 숫자에는 단위가 없다!? 피트 단위인 어떤 수에 12인치/피트를 곱하면 인치 단위로 바뀌지만, 1은 본질적인 양이 그대로라는 의미이다. 6피트에 12인치/피트를 곱하면 어떨까?

$$6피트 = 6피트 \times 1 = 6피트 \times \frac{12인치}{1피트} = 72인치$$

위의 식에서 보듯이 피트 단위가 '없어진다'. 여기서 숫자 12를 '환산 계수 conversion factor'라고도 한다. 인치에서 피트로 환산하려면, 반대로 $\frac{1피트}{12인치}$를 곱해 '인치를 없앤다'. 확실한 방법은 표현할 때 항상 단위를 유지하는 것이다. 단위 유지가 답답할 수 있지만, 제대로 하면 나중에 수고를 덜 수 있다(즉 바느질 아홉 땀을 한 땀으로 줄일 수 있다. 이때 땀은 단위이다).

인치in, 미터m, 피트ft는 길이라는 같은 유형에 대한 서로 다른 단위이다.

초sec와 년yr은 *시간* 단위이다. *질량*은 킬로그램kg과 그램g으로 측정한다. 같은 유형이지만 단위가 다를 때는 환산 계수를 사용한다. 질량, 길이, 시간이 세 가지 기본 유형이며, 여러 가지 단위는 사실 이것들의 조합이다. 예를 들어, 음식 칼로리Cal는 약 $4,184 \, kg \, m^2/s^2$에 해당하는 에너지 측정값이다. $kg \, m^2/s^2$ 조합이 이상하게 보이더라도 걱정하지 마라. 그래서 사람들이 그것을 줄J이라는 다른 이름으로 부르기도 한다. 관계식 $1 Cal = 4,184 J$은 환산에 도움이 된다.

단위가 겹쳐지다 보면 위의 예제처럼 간단하지 않을 수도 있다. 까다로운 예제가 하나 있다. 한국에서는 휘발유 1L로 갈 수 있는 거리 km를 연비로 사용하는데 독일에서는 100 km를 주행하는 데 필요한 휘발유 리터로 연비를 측정한다. 수치가 낮을수록 더 좋다. 미국에서는 갤런당 마일miles per gallon, mpg로 측정한다. 이때는 수치가 높을수록 좋다. 자동차가 100 km를 이동하는데 휘발유 8L가 필요하다고 하자. 100 km당 8L는 $8L/100 \, km$를 의미한다(당(per)은 나눈다는 의미). mpg와 어떻게 비교할 수 있을까? 1갤런 = 3.73L, 1마일 = 1.6 km이다. 따라서 $1 = 3.73 \, L/gal$, $1 = 1.6 \, km/mi$이다. 1의 역수는 1이므로 $1 = \frac{1}{3.73} \frac{gal}{L}$이다. 요컨대 분자와 분모는 같은 종류의 양이어야 한다. 정리하면 다음과 같다.

$$\frac{8}{100} \frac{L}{km} = \frac{8}{100} \frac{L}{km} \times \frac{1}{3.73} \frac{gal}{L} \times \frac{1.6}{1} \frac{km}{mi} = \frac{8 \cdot 1.6}{100 \cdot 3.73} \frac{gal}{mi}$$

마지막 항을 보면 km와 L이 '없어진' 것을 알 수 있다. 환산 계수는 약 0.0343 gal/mi이다. mpg 또는 mi/gal을 찾기 위해 역수를 취하면 약 29 mpg이다.✚ 한국식으로는 100/8km/L=12.5km/L

5.2 과학적 표기법

우리는 일상생활에서 큰 숫자를 자주 만난다. 킬로그램 단위로 표현된 지구의 질량, 풍선 속 원자 수, 인도의 인구수, 국가 부채(달러) 등이 그렇다. 지구의 질량은 약 $5,972,000,000,000,000,000,000,000 \, kg$이다. 정확한 값은 아니지만, 이 이상으로 정밀하게 측정할 수도 없다. 그런데 두 가지 문제가 떠오른다. 첫째, 그 수가 너무 커서 다루기가 어렵다. 둘째, 0이 있는 부분이 명확하지 않다. 첫 번째 문제를 해결하기 위해 $1,000,000,000,000,000,000,000,000 = 10^{24}$ 이라는 사실을 사용하여 다음과 같이 쓸 수 있다.

$$5,972,000,000,000,000,000,000,000 = 5.972 \times 10^{24}$$

*과학적 표기법*이라고 하는 이 형식은 아주 크거나 작은 숫자를 표현하는 데 사용한다. 그때그때 지수를 간단히 변경해 사용한다(예: $10^{-6} = 1/1,000,000$, 백만 분의 1). 이제 두 번째 문제를 해결하자. 정확하게 알 수 없는 부분이 있으면, 그 부분을 지우고 위와 같이 지수로 묶어서 표현한다. 반대로 2 다음 숫자가 0인 것이 *분명하다면* 유효 숫자 5개를 유지하면서 5.9720×10^{24} 으로 쓴다.**부록 5.3 참조**

다른 예로, 2015년 당시 미국 국채는 *대략* 18.6조 달러이지만 정확한 회계는 불가능하다. 게다가 정확한 숫자는 계속 바뀐다! 이럴 때 정확한 계산을 원하지 않거나 필요 없거나 정확할 수 없음을 깨닫는다면, 일부 숫자만 유지하는 것으로 만족해야 한다. 이럴 때 국채 \$18.6조는 $\$1.86 \times 10^{13}$ 으로 표현할 수 있다.

또한 우리는 $\pi = 3.141592653589\cdots$이나 $e = 2.71828182845905\cdots$ 같

이 계산에서 다룰 수 있거나 다루어야 하는 것보다 더 많은 소수점 이하 자릿수를 만나게 된다. 일반적으로 이러한 숫자는 원하는 만큼의 자릿수를 유지하고 나머지는 잘라낸다. 원 면적을 유효 숫자 세 개로 측정할 때는 일반적으로 $\pi = 3.14$로 설정한다. 때로는 반올림 오류의 가능성 때문에 한두 자릿수를 더 유지하지만, 계산하고 난 다음에는 원하는 유효 자릿수만 사용한다. **부록 5.3 참조**

예 A1   실제로 발생하는 아주 크거나 작은 수의 몇 가지 예

- 국내 총생산GDP, 세계 경제 수치
- 화학에서 아보가드로수 또는 수소 1 g의 원자 수
- 슈퍼컴퓨터의 하드 드라이브에 저장되는 바이트 수, 슈퍼컴퓨터가 매일 수행하는 계산 횟수
- 복권에서 1등으로 당첨될 확률
- 쿨롱 단위의 전자 전하
- 미터 단위의 나노 튜브의 길이
- 우주에 있는 별의 개수
- 간에 있는 세포의 개수   ▲

아주 크거나 작은 숫자를 이야기할 때 그 숫자의 자릿수로 자주 말한다. 월급이 작년에 6자리를 기록했다! 0.00000000437과 같은 작은 숫자인 경우는 소수점 이하 몇 번째 자리에서 처음으로 0이 아닌 수가 나오는가로 말한다. 두 경우 모두 기본적으로 가장 가까운 10의 거듭제곱 수나 숫자의 로그값**부록 2.5 참조**을 말하는 셈이다. 예를 들면 $1,000,000 = 10^6$ 과 $0.00001 = 10^{-5}$ 이

그렇다. 여기에 미세 조정으로 숫자를 추가해, 예를 들어 아보가드로수는 약 6.022×10^{23} 으로 나타낸다. 과학적 표기법은 1에서 10 사이의 수에 10의 거듭제곱을 곱한 형태로 숫자를 표현하는 방법이다. 그러면 큰 수의 계산을 더 간단하게 할 수 있고, 숫자에서 가장 관련성이 높은 측면에만 주의를 집중할 수 있다. 즉 얼마나 큰 수인지와 얼마나 정확하게 알고 있는지를 나타낸다.

아보가드로수를 더 정확하게 나타내려면, 예를 들어 6.022140×10^{23} 처럼 첫 번째 요소에 더 많은 숫자를 추가한다. 끝에 있는 0은 7번째 숫자까지 믿을 수 있다는 의미이다.

5.3 지저분한 수와 유효 숫자

정치 집회에 참석한 군중을 바라보면서 얼마나 많은 사람이 있는지 물어본다면, 다음 세 가지 정도 대답이 가능하다. 수천 명 또는 5,000명 또는 5,109명. 어느 것이 가장 좋을까?

답을 생각하고 적어 보자.

대체로 첫 번째 답은 너무 차갑고 마지막 답은 너무 뜨겁고 중간에 있는 답이 적절하다. 즉 수천 명은 너무 모호하다. 정치 집회에서 후보자가 나누어 줄 배지 개수를 예측해 준비하려면 이 답으로는 아무것도 할 수 없다. 반면 5,109는 너무 구체적이다. 5,109 대신 5,108은? 사람들이 들어오고 나가면서 이 수는 시간에 따라 바뀔 수 있다. 중간 숫자가 가장 좋을 것이다. 좀 더 구체적이기를 원한다면 5,000이 아닌 5,100과 같이 처음 두 자릿수가 훨씬 더 유용할 수 있다.

과학적 표기법은 원하는 수의 '유효한' 숫자만 기록하는 방법이다. 군중 수 사례에서 5,000은 유효 숫자 1개만큼 정확하고 5,100은 유효 숫자 2개만큼 정확하다고 말한다. 정밀도의 수준을 강조하려면, 숫자의 전체 크기는 10의 거듭제곱(여기서는 3)으로 표시되므로, 첫 번째 경우에는 5,000 대신 5×10^3 을 쓰고 두 번째 경우에는 5.1×10^3 을 쓴다. 5.109×10^3 은 세어 본 수가 정확하고 신뢰할 때만 쓴다. 사람을 일일이 세었고 들락거린 사람이 몇 명에 불과하다면 5.11×10^3 을 사용할 수도 있다. 과학이나 데이터 기반 분야에서 측정의 정확도는 유효 숫자로 표시한다. 100이라는 수량을 전달하려면 단순하게 100이라고 쓰는 것은 모호하다. 어떤 0까지 정확한가? 과학적 표기법은 이러한 모호성을 제거한다. 수량 100은 각각 $1. \times 10^2$, 1.0×10^2, 1.00×10^3 으로 나타내며, 각각 유효 숫자가 1개, 2개 또는 3개임을 의미한다.

그런데 특히 주의할 부분이 있다. 2.4×10^2 에 3.6×10^3 을 곱하면 결과는 분명히 8.64×10^5 이지만 8.6×10^5 으로 써야 한다. 즉 2개의 유효 숫자로만 나타낸다. 더 주의할 것은 더하기이다. 6.12×10^4 에 7.426×10^{-3} 을 더하면 추가한 항이 이미 무시한 항보다 크지 않기 때문에 결과는 여전히 6.12×10^4 이다! 1.9×10^{-6} 을 더할 경우도 마찬가지이다. 일반적으로 합계를 마치고 결과를 말할 때는 최소한의 유효 숫자로만 나타내야 한다. 6.12×10^4 은 백 단위에서 2가 유효한 수이다. 실제로 집회 참석자가 5,000명이라고 파악했는데, 42명이 방금 버스를 타고 더 왔어도 새로운 집계는 여전히 5천이다.

실제로 계산해야 할 일련의 곱셈이 있고 그중 일부를 다른 것보다 더 높은 정확도로 알고 있다면, 계산을 수행하되 최소로 알고 있는 양과 같은 수준의 정확도로 결과를 말해야 한다.

연습 문제

1. 다음 단위를 환산하는 데 사용하는 환산 계수는 무엇인가?

   a. m에서 km

   b. ft에서 mi

   c. L에서 gal

   d. s(초)에서 wk(주)

   e. kg에서 lbs (지구를 기준)

2. 아래의 숫자 또는 접두사에 해당하는 10의 거듭제곱을 써라. 예를 들어 센티는 10^{-2}이다.

   a. 백만

   b. 조

   c. 밀리-

   d. 킬로-

   e. 마이크로-

   f. 나노-

   g. 메가-

3. 달팽이가 18인치 수족관 벽을 6분 동안 꾸준히 기어간다. 속도를 시간당 마일로 나타내면 얼마인가?

   힌트 1마일은 5,280피트, 1피트는 12인치이다.

4. 1 Cal는 1 kcal 또는 1,000 cal와 같다(식품 라벨을 확인해 보라. 칼로리는 대문자 C로 표기되어 있다). 이것들은 에너지 단위이다. 1 cal는 4.1868 J(줄)이다. 1 kg 물체를 1 m 들어 올리려면 약 9.8 J의 에너지를 소비한다(1 kg은 약 2.2 파운드). 체육관에서 데드리프트를 30번 하는데, 한꺼번에 지면에서 150파운드를 1 m 높이로 들어 올린다면, 필요한 총 에너지는 몇 칼로리$_{Cal}$인가?

5. 다음 양을 계산하되 올바른 유효 숫자 수를 사용하여 과학적 표기법으로 나타내라.

   a. $2.12 \times 10^5 + 0.0782$

   b. $0.0300 \times (2.13 \times 10^{-3})$

   c. 1.234×57.89

   d. $0.00003500 \times (3.211 \times 10^{-13})$

6. 열 살 된 아들은 키가 5피트이고 몸무게가 90파운드이다. 아들은 보통 체격이다. 같은 비율로 키가 6피트까지 자라면 성인이 될 때 몸무게는 얼마나 나갈까? 이것으로부터 어떤 결론을 내리고 싶은 유혹이 있는가?
   힌트 큐브 한 변의 길이가 2배가 되면 부피는 2가 아닌 8배이다. 이제 아들이 작은 큐브로 구성되어 있다고 가정해 보자. 그리고 큐브의 길이를 늘여서 큰 큐브를 만든다고 생각하라. 그런데 문제 풀이가 다 끝나면 아들은 되돌려 놔주기를 바란다!

7. 친구가 사무실에 5년 동안 보관하고 있는 밀폐된 물병을 보여 주었다. 그런데 가득 채웠을 때보다 약 2온스 정도 사라졌다. 병이 밀폐되어 있었지만 어떻게든 물이 스며 나온 것으로 추정된다. 평균적으로 초당 몇 개의

물 분자가 용기에서 빠져나갔는지 계산하라.

8. 물질 A의 분자 한 개와 물질 B의 분자 두 개가 반응해 물질 C의 분자 한 개를 생성하는 화학 반응이 있다. A와 B의 원자 질량이 다를 수 있으므로 물질 A 1g이 반드시 물질 B 2g과 반응하지는 않는다. 계산을 간편하게 하려고 화학자들은 기본 입자(원자, 분자, 이온 등)의 (질량이 아닌) 개수를 추적하는 몰mole이라는 측정 단위를 개발했다. 물질 1몰에는 약 6.022×10^{23}개(아보가드로수)의 입자가 있다. 따라서 A 분자 한 개가 B 분자 두 개와 반응하는 것처럼, A 1몰도 B 2몰과 반응한다. 용액의 몰 농도molarity는 전체 용액 1리터당 용질(용해 물질)의 몰수이다. 즉 용액 1리터당 0.75몰의 설탕이 녹아 있을 때, 그 설탕 용액의 몰 농도는 0.75몰(0.75M로 표시)이다.

이와 같은 몰과 몰 농도 정의를 사용하기로 하자. 0.75몰 농도인 용액이 2.0리터 있으면 용액에 설탕 분자가 모두 몇 개 있을까?

9. 설탕$C_6H_{12}O_6$ 270g을 물에 녹여 설탕물이 6리터가 되도록 했다. 설탕 1몰의 질량은 180g이다. 이 설탕물의 몰 농도는 얼마인가?

6 함수

우리는 현실적인 문제에서 시스템, 사건, 변환, 절차 등과 같이 어떤 일이 *발생하는* 프로세스를 연구한다. 어떤 일이 발생하면 변화가 있으며, 그 프로세스가 종료될 때의 상태는 시작점의 상태와 다를 수 있다.

$$시작 \rightsquigarrow \rightarrow \boxed{\text{어떤 일이 발생}} \rightsquigarrow \rightarrow 종료$$

몇 가지 데이터로 시스템의 시작과 종료 상태를 모델링할 수 있다. 예를 들어, 모든 물건의 이름과 위치가 정해져 있는 방을 시스템이라고 하고, 동생이 30분 동안 그 방에 들어왔다 나간 것을 '어떤 일이 발생'한 프로세스라고 하자. 프로세스가 종료되면 방의 상태가 매우 다를 수 있다. 시스템의 시작과 종료 상태를 수치로 나타낼 수 있으면 그 '프로세스'를 *함수*로 모델링할 수 있다. 예를 들어, 은행 계좌를 개설할 때의 입금액이 초기 상태이고, 이자 발생이라는 '사건'이 일어난 다음의 계좌 잔액을 최종 상태라고 하자. 잔액의 2%를 이자로 받는다면 이 사건을 모델링하는 함수는 '곱하기 1.02'이다.**부록 2.4 참조** 이 과정에서 시작 상태의 잔액을 모른다고 하면, x라고 하는 입력 *변수*를 사용해 이 프로세스를 다음과 같이 모델링할 수 있다.

$$x \rightsquigarrow \rightarrow \boxed{\text{곱하기 1.02}} \rightsquigarrow \rightarrow 1.02x$$

변수는 어떤 문자를 사용해도 상관없다. 단지 x가 편리해서이다.
'제곱하기' 함수로 모델링할 수 있는 프로세스도 있다.

$$x \rightsquigarrow \rightarrow \boxed{\text{제곱하기}} \rightsquigarrow \rightarrow x^2$$

다음은 함수로 모델링되는 입력과 출력에 관한 몇 가지 사례이다.

입력	출력
나이	키
체중	올해 심장 질환으로 사망할 확률
사각형 변 길이	사각형 넓이
월	원-달러 환율
원자 수	원자 질량
날짜	국가 인구수
유전자 지표	비만 확률
유권자	1976년 대통령 선거 투표자 수
자유 낙하 시간(초)	자유 낙하 거리(m)
숫자	그 수의 제곱 곱하기 5

따라서 함수는 입력 숫자가 주어지면 출력 숫자를 만들어 내는 일종의 규칙이다. 함수 f에 x를 입력하면 $f(x)$가 출력된다.

$$x \rightsquigarrow \boxed{\quad f \quad} \rightsquigarrow f(x)$$

f가 '제곱하기' 함수라면 $f(x) = x^2$이다. 예를 들어 $f(3) = 3^2 = 9$이다. 다른 예로, 은행 계좌를 개설한 이후의 날짜 수가 t이고, t일이 지난 후의 잔액을 출력 $B(t)$라고 하면(달러로), 1주일 후의 잔액은 $B(7)$이다. 8일부터 14일까지의 *평균* 잔액은 잔액 합계의 7분의 1이 되어 $\frac{1}{7}(B(8) + B(9) + \cdots + B(14))$로 계산하면 된다.

입력값이 여러 개일 때도 있다. 직사각형 면적은 밑변에 높이를 곱한 값이다. 직사각형의 정보인 밑변 b와 높이 h를 가져와 전체 넓이를 만들어 내는 과정을 모델링해 보자. 면적을 모델링하는 함수를 A라고 쓰면 $A(b,h) = bh$가 된다(익숙한 표현으로 $A = bh$를 자주 쓴다). 입력값이 두 개인 함수를 *2-변수 함수*라고 한다. 더 많은 변수를 가지는 함수도 있다. 앞으로 다룰 함수들은 양적 추론에서 다루는 방대한 내용을 적용하여 모델링하는 데 없어서는 안 되는 것들이다.

6.1 그래프

함수를 그림으로 어떻게 그릴까? 함수 f가 있으면 각각의 입력값 x에 대해 출력값 $f(x)$를 얻는다. 입력값과 출력값의 숫자 쌍은 평면에 점으로 그릴 수 있으며, 이러한 모든 쌍을 표시하면 *함수의 그래프*가 된다. 다르게 말하면 그래프의 모든 점은 (x,y) 형태이며, x가 입력값이고 y가 출력값이다. 즉 $y = f(x)$이다.

'제곱하기' 함수, $f(x) = x^2$을 생각하자. $y = f(x)$의 그래프에 있는 점들은 방정식 $y = x^2$을 만족하는 (x,y)이다. 다르게 표현하자면 모든 점은 (x, x^2) 형태이다. 몇 가지 순서쌍을 도표로 나타내면 다음과 같다.

x	$y = x^2$
-3	9
-2	4
-1	1
0	0
1	1
2	4
3	9

그림 A3에 위의 점(동그라미 기호)들과 그 밖의 많은 점(곡선)을 표시하였다.

면적이 8인 정사각형의 변 길이를 알고 싶다면 그래프를 사용하여 답을 추정할 수 있다. y축을 따라 $y = 8$인 지점까지 올라간 다음 수평선을 그린다. 그러면 두 점에서 그래프와 만난다. 이 지점에서 다시 수직으로 내려와 x값을 찾는다. 약 ± 2.8이다. 길이는 양수여야 하므로 이들 가운데 하나만 선택한다. 따라서 다음과 같은 근삿값을 얻을 수 있다.

$$\sqrt{8} \approx 2.8$$

물론 이 근삿값을 그래프로 구하는 대신 계산기를 사용했다면, 그래프 해석에 관해 아무것도 배우지 못했을 것이다. 이 근삿값이 얼마나 괜찮을까? 계산기를 사용해 보라(또는 직접 계산해 보라). $2.8 \times 2.8 = 7.84$. 그리 나쁘지 않다.

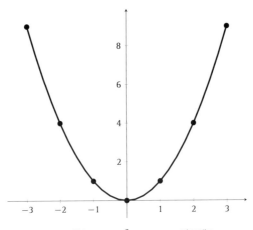

그림 A3 함수 $f(x) = x^2,\ -3 \le x \le 3$의 그래프

그래프 표현

때때로 함수는 특정한 x값에서만 정의되기도 한다. 예를 들어 누군가의 혈중 산소 농도를 한 시간 간격으로 측정하면 {81, 90, 83, 82, 85, 88, 87, 92, 90, 94, 97}과 같은 데이터를 얻을 수 있고, 막대그래프나 선 그래프로 나타낼 수 있다.

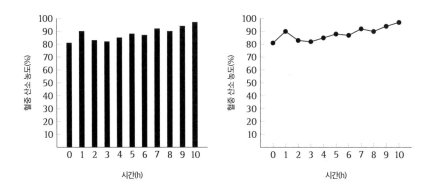

오른쪽 선 그래프에서 검은 점이 실제 데이터이다.

먼저 그래프의 한 점을 들여다보고 그것에 대해 모든 것을 잘 알게 되었는지 확인하면 그래프를 잘 이해할 수 있다. 측정값 가운데 83이라는 데이터를 살펴보자. 이것은 단지 숫자 83이 아니라, 세 번째 측정한 값으로 혈중 산소 농도를 세 번째로 기록한 것에 해당한다. 첫 번째 기록은 '시간 0'에서 시작하니까, 세 번째 수치는 데이터 포인트 (2, 83)에 해당한다. 따라서 전체 데이터 집합은 (0, 81), (1, 90), (2, 83), …인 점들이다. 그리고 (2, 83)의 '2'는 처음 측정한 후 두 시간을 의미한다. 이 중요한 정보가 없으면 데이터를 해석할 좋은 방법이 없다. 또한 83이 무엇을 의미하는지 정확하게 이해해야 한다. 이 값은 전체 헤모글로빈에 대해 산소를 운반하는 헤모글로빈의 백분율이며,

헤모글로빈은 혈류에서 산소를 운반하는 핵심적인 단백질이다(혈액에 있는 산소를 비율로 나타내지 않는다. 산소 비율이 100이라면 어떤 의미일지 생각해 보라!?). 그래프에서는 중요하지 않아도 그 해석에는 중요한 '정상적인 범위'가 무엇인지도 알아야 한다(여기서는 95~100이고 90 미만은 낮은 것으로 간주한다). 이제 점 (2, 83)을 이해했으니까, (5, 88)이나 다른 모든 데이터 점도 이해할 수 있다!

선 그래프로 나타내면 실제 데이터가 아닌 값도 표시된다. 이 값은 측정 시간 사이의 산소 농도로 생각할 수 있다. 선 그래프는 측정 사이에 무슨 일이

어떤 그래프가 좋을까?

정부 예산, 여러 도시의 원룸 아파트 임대 가격, 시카고의 날짜별 평균 기온 등을 나타내는 데이터가 있다. 이 정보를 어떻게 표현하는 것이 좋을까? 데이터를 가공하지 않은 채 그냥 숫자로 표기하는 것보다 그래프가 훨씬 나은 선택이지만, 어떤 유형의 그래프를 만들고 어떻게 그려야 할까?

데이터가 부분(예: 예산, 선거 투표 또는 인구 통계)으로 나뉘어 전체를 이루고 있다면, 상대적인 크기와 전체 비율을 멋지게 시각적으로 표현하는 원형 파이 그래프가 좋다. 각 부분을 나타내는 파이 조각에 비율을 표시하는 숫자를 쓸 수도 있다. 마지막으로 전체 양과 단위를 설명하는 레이블을 추가한다.

여러 도시의 아파트 가격처럼 데이터 입력값이 적으면, 막대그래프가 가장 나은 선택일 수 있다. 가로축에 도시를 나열하고 세로축을 따라 임대 가격(달러/월)을 표시한다.

마지막으로 가로축의 값이 온도처럼 숫자인 경우, 값 사이에 중간값이 있을 수 있는지에 따라 꺾은선이나 모든 값을 표시한 점그래프로 그릴 수 있다. 반면에 뉴올리언스와 뉴욕의 임대료는 꺾은선 그래프로 그리지 않는데, 두 도시의 중간값이 그 사이에 있는 애팔래치아 지역의 임대료를 의미하지 않기 때문이다.

일어났을지 시각화하는 데 도움을 주기도 하지만, 혼란을 줄 수도 있다. 특히 사실과 허구를 모호하게 만들어 발표하면, 듣는 사람이 혼란스럽다. 그리고 두 그래프 모두에서 측정 결과가 80에서 100 사이로 나타나기 때문에 0에서 100까지의 전체 범위를 나타내는 것은 불필요하다. 그렇다고 80부터 100까지만 나타내는 것도 문제이다. 가장 낮은 값 80을 보고 '0'이라고 착각할 수도 있다. 또한 범위를 압축한 그래프는, 예를 들어 의도적으로 효과를 축소하는 경우, 기만적으로 사용될 수도 있다 (분기별 보고서의 과장된 판매액도 그렇다).

그래프를 보면 평균 기록을 시각적으로 대략 알 수 있다(여기에서는 80이 넘는 것으로 보인다). 물론 정확한 평균값 88.1을 알기는 어렵다. 하지만 그래프에서 가장 높은 상승 지점(첫 번째 시간), 가장 가파른 하락 지점(두 번째 시간)이나, 추세(증가)가 어떤지, 최댓값(10번째 시간) 또는 최솟값(0시간)이 언제 기록되었는지 빠르게 알 수 있다. 데이터 해석에 대한 자세한 내용은 **부록 8**을 참조하라.

그래프를 만들 때 보는 이를 답답하게 하지 마라. 모든 데이터를 제공하라. 각 축에 이름을 정하고, 눈금을 설정하고, 숫자들의 범위를 명확하게 하라.

6.2 선형 함수

어떤 양이 일정한 시간에 따라 일정한 비율로 증가하면 선형 함수로 모델링할 수 있다.

여러분이 시급제로 일하고 있다면, 일정한 시간 동안 일정한 금액만큼 소득이 증가한다. 예를 들어 시간당 $17로 일한다고 하자. 기본급 $400로 하루를 시작하면 t시간 이후의 수입은 400에 $17t$의 수입을 더한 금액이다.

$$I(t) = 400 + 17t$$

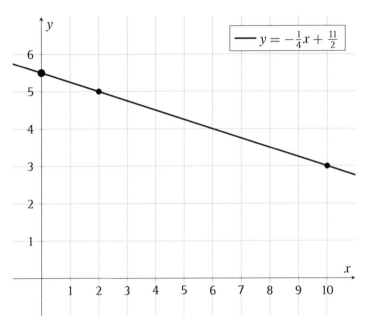

그림 A4 선형 함수 $f(x) = -\frac{1}{4}x + \frac{11}{2}$ 의 그래프. 기울기는 $-\frac{1}{4}$이고 y-절편(큰 점)은 $\frac{11}{2}$이다. 주어진 두 점은 작은 점으로 표시했다.

더 일반적으로, 기본급이 I_0달러(아래 첨자는 시작하는 시간 0을 나타냄)이고 시급이 r일 때, t시간 일하면 급여는 $I_0 + rt$이며 이는 선형 함수의 일반적인 형태이다. 시급은 전체 급여가 얼마나 빨리 증가하는가와 관련이 있다. 소득, 시급, 시간에 대한 정보를 일반화하면 선형 함수 f는 변수가 x인 함수로 나타낼 수 있다.

$$f(x) = mx + b$$

숫자 b는 $x = 0$에서 시작하는 값을 나타내고, m은 x값이 한 단위 증가하면 출력이 m씩 증가하므로 함수가 단계마다 얼마씩 증가하는지를 나타낸다(왜 증가할까? 분배 법칙에 의해 $m(x+1)$이 mx보다 m 단위만큼 더 크다는 것을 알 수 있기 때문이다). 함수를 그래프로 나타낼 때 m이 크고 양수면 왼쪽에서 오른쪽으로 급격히 증가하므로 m을 *기울기*라고 한다. x가 0일 때 함숫값은 b이다. 그래프 $y = f(x)$는 점 $(0, b)$에서 y축과 만나므로, b를 y*절편*이라고 한다.

두 점이 직선을 결정한다는 것을 알고 있을 것이다. 즉 $(2, 5)$, $(10, 3)$과 같은 두 점이 있으면, 그래프가 두 점을 모두 통과하는 선형 함수가 단 하나 있다.[1] 이 경우 x값이 2에서 10으로 8만큼 변화하면, y값은 5에서 3으로 변화하며 변화량은 -2이다. 이때 $\Delta y = -2$, $\Delta x = 8$라고 쓴다. 변화하는 비율은 $-2/8 = -1/4$이고 이 비율이 기울기이다. 즉 $m = \frac{\Delta y}{\Delta x} = -\frac{1}{4}$이다. $x = 2$에서 *왼쪽*으로 2칸 움직이면 y절편을 찾을 수 있다. 그러면 y값은 5에서 기울기의 -2배만큼 변화하므로(왜?), 즉 $-2 \cdot (-1/4) = +\frac{1}{2}$ 이므로 y절편은 $5 + \frac{1}{2} = \frac{11}{2}$이다. 따라서 그래프의 방정식은 다음과 같다.

$$y = -\frac{1}{4}x + \frac{11}{2}$$

일반적으로 기울기가 m인 직선이 (x_0, y_0)을 지나가면, 변화율이 일정하니까 직선의 모든 점 (x, y)는 다음 방정식을 만족한다.

$$m = \frac{\Delta y}{\Delta x} = \frac{(y - y_0)}{(x - x_0)}$$

1　예외: (a, k), (a, l)처럼 x값은 같지만 y값이 다른 두 점이 있으면, 두 점을 통과하는 선은 수직이 되며 방정식 $x = c$(상수)로 표현하고 함수의 그래프가 아니다. 그러나 이 경우 이외에는 원하는 함수를 항상 찾을 수 있다.

m이 직선 방정식의 '점 기울기point slope'이다. 양변에 $(x - x_0)$를 곱하면 다음과 같다.

$$y - y_0 = m(x - x_0)$$

위 예에서, $(x_0, y_0) = (2, 5)$이고 $m = -\frac{1}{4}$이므로, 직선의 방정식은 $y - 5 = -\frac{1}{4}(x - 2)$이고, 다시 정리하면 $y = -\frac{1}{4}x + \frac{11}{4}$이 된다.

참고 A3   모든 함수는 선형이다? 글쎄, 아닌 것 같은데. 함수의 그래프는 대부분 그림 A3의 포물선 $y = x^2$과 같이 곡선이다. 그러나 현미경으로 확대하면 이 멋진 곡선이 직선으로 보이는 것도 사실이다. 점 $(-2, 4)$ 근처의 포물선을 확대해 보자. 그림 A5는 포물선이 이 점 근처에서는 직선 $y = -4x - 4$와 매우 유사하다는 것을 보여 준다.

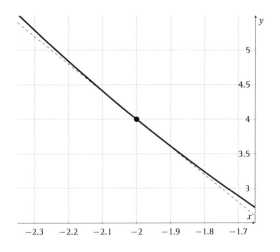

그림 A5 함수 $f(x) = x^2$ for $-2.3 \leq x \leq -1.7$에 가장 근사한 직선의 그래프. 두 좌표축에서 한 칸의 크기가 서로 달라서 덜 기울어진 것처럼 보이지만 점선으로 표시된 직선의 기울기는 -4이다

우리가 배운 것은 어떤 점 근처에서 생각한다면 선형 함수로 함수를 근사할 수 있다는 것이다. 물론 다른 점 근처에 초점을 맞추면 그때의 선형 함수는 달라진다. 예를 들어, 그림 A3 포물선을 점 $(1, 1)$ 근처에서 들여다보면, 포물선이 증가하고 있으므로, 근사 선형 함수는 양의 기울기를 보일 것이다.

▲

6.3 이차 함수

선형 함수는 x의 일차 항만 포함하고 있으나, 이차 함수는 이차 항인 x^2을 가지고 있다. 이를 시각화할 때 가장 중요한 것은 그림 A3에서처럼 x^2 그래프가 포물선이라는 것을 아는 것이다. $-x^2$의 그래프는 y값의 부호가 반대로 바뀌므로 아래쪽으로 오목한 그릇 모양이다. $2x^2$의 그래프는 모든 y값이 두 배이어서 더 깊은 그릇 모양이고, $\frac{1}{2}x^2$는 더 얕은 그릇이다. $\frac{1}{2}x^2 + 3$은 모든 y값이 $+3$만큼 더 크니까 얕은 그릇이 전체적으로 3만큼 위로 올라간다. $ax^2 + b$ 형태에서 a의 부호는 포물선이 가리키는 방향을 나타내며, a의 크기(절댓값)는 얼마나 가파른지를 결정하며, b는 그래프 전체가 위 또는 아래로 이동하는 값이다. 2차 함수의 모든 그래프는 포물선이다(2차 함수가 아니어도 그릇 모양의 그래프가 있을 수 있으나 포물선은 아니다). 핵심은 그릇을 놓을 위치와 가파른 정도를 파악하는 것이다.

$y = (x - 1)^2$의 그래프는 어떨까? 모든 x에 대해 $(x - 1)^2$은 x을 1씩 줄인 다음 제곱한 것이다. 따라서 $y = x^2$의 그래프를 오른쪽으로 한 칸 이동하면 $y = (x - 1)^2$의 그래프가 된다! 오른쪽으로 이동하는 것은 항상 약간 혼란스러우므로 실제로 그려 확인하기를 바란다. $x = 1$일 때 $(x - 1)^2$의 값은 0이다.

함수 $(x-3)^2 - 4$의 그래프를 그려 보자. x^2의 포물선 그래프를 가져와서(그림 A3 참고) 오른쪽으로 3칸 이동한 다음, 4만큼 아래로 이동하면 된다. 따라서 $x = 3$일 때, 최저/최솟값이 -4이다. 이 그래프가 두 점에서 x축과 만나는 것은 분명하다. y값이 0인 경우는 $(x-3)^2 = 4$일 때이다. 따라서 $(x-3) = \pm 2$이 되고, x는 1, 5이다.

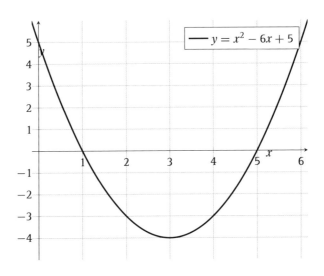

$(x-3)^2 - 4$의 첫 번째 항에 FOIL을 사용하여 전개하면, $x^2 - 6x + 9 - 4$ 또는 $x^2 - 6x + 5$이 다. 이는 $(x-3)^2 - 4$와 $x^2 - 6x + 5$의 그래프가 같다는 의미이다. 처음부터 $x^2 - 6x + 5$의 그래프를 직접 그리려고 하면 전체 모양이 잘 떠오르지 않지만, $(x-3)^2 - 4$의 형태로 고쳐 쓸 수 있으면 훨씬 수월하다.

이렇게 고치려면 몇 가지 대수적인 조작이 필요하다. 예를 들어, $x^2 + 10x - 7$의 그래프를 그리기로 하고 $(x + \triangle)^2 + \triangledown$의 형태로 바꾸어 보자. FOIL을 사용하여 전개하면, x^2항과 숫자가 있는 x항이 나타나는

데, x항의 계수는 $\triangle$의 2배이다. 따라서 $x^2 + 10x - 7$과 비교하면 $\triangle = 5$이고, 원래의 식은 $(x + 5)^2 +$ '무엇' 형태일 것이다. 이 식을 다시 전개하면 $x^2 + 10x + 25 +$ '무엇'이 된다. 그래서 $25 +$'무엇'$= -7$이고 '무엇'$= -32$임을 알 수 있다. 따라서 다음과 같다.

$$x^2 + 10x - 7 = (x + 5)^2 - 32$$

이 다항식 그래프는 표준 포물선(x^2의 그래프)을 왼쪽으로 5만큼, 아래로 32만큼 이동한 것이다.

일반적으로 $\triangle$를 찾기는 쉽다. $\triangle$는 x항 계수의 절반이다. $\triangle$를 정하고 나면, 나머지 상수항은 식을 전개하여 정리하면 된다. $x^2 - 14x + 50$으로 연습해 보자. 우선 x항 계수의 절반인 7을 사용하면 $(x - 7)^2 +$'무엇' 형태로 바꿀 수 있다. 이 식을 다시 전개하면, $x^2 - 14x + 49 +$'무엇'이므로 '무엇'$= 1$이다. 따라서 $x^2 - 14x + 50 = (x - 7)^2 + 1$이다. 그래프는 표준 포물선을 오른쪽으로 7, 위로 1만큼 이동한 것이다.

$3x^2 + 2x + 6$과 같은 형태는 상황이 더 까다롭다. 먼저 모든 항을 3으로 나눈 $x^2 + \frac{2}{3}x + 2$를 위와 같은 과정을 거쳐서 바꾼다. x항 계수의 절반이 $\frac{1}{3}$이므로 이 식은 $(x + \frac{1}{3})^2 + \frac{17}{9}$이 된다. 그런 다음 다시 3을 곱하면 $3(x + \frac{1}{3})^2 + \frac{17}{3}$이다. 그래프는 제곱 항의 계수가 3이므로 (표준 포물선보다) 더 가파르다. 그리고 *왼쪽으로* $\frac{1}{3}$만큼 이동한 다음, *위로* $\frac{17}{3}$만큼 이동한 것이다.

이 전체 과정을 *완전 제곱* 꼴로 만든다고 한다. 이 형태는 2차 함수를 그래프로 표시하고, 최소 또는 최대를 찾는 데 유용하다. $x^2 - 14x + 50 = (x - 7)^2 + 1$은 $x = 7$에서 최솟값을 갖는다. x^2항의 계수가 양수이면 그래프는 최솟값을 가지며, 음수이면 포물선이 거꾸로 뒤집혀 최댓값을 갖는다.

한편 $x^2 - 6x + 5 = (x - 3)^2 - 4$는 인수분해하여 $(x - 1)(x - 5)$로 만들 수도 있다(FOIL로 전개해서 확인해 보라). 이 식은 $x = 1$, $x = 5$에서 정확히 0이 된다. 그리고 이 값들은 모두 $(x - 3)^2 = 4$를 만족한다. 두 근의 평균이 3이므로 $x = 3$이 그래프의 대칭축이다. 일반적으로 이차식 그래프의 수직 대칭축은 근의 평균으로 결정된다는 특징을 갖는다.

일반적인 이차식 $ax^2 + bx + c$를 0으로 하는 x값(제로 또는 근이라고 한다)은 무엇일까(이때 $a \neq 0$이라고 가정한다. $a = 0$이면 일차식이 되며 근을 찾기는 쉽다)? 위에서 말했듯이 먼저 a로 나누고 $x^2 + \frac{b}{a}x + \frac{c}{a}$를 생각한다. $0/a$은 여전히 0이기 때문에 a로 나누는 것은 확실히 제로의 위치에 영향을 주지 않는다. 이제 다음과 같이 쓸 수 있다.

$$x^2 + \frac{b}{a}x + \frac{c}{a} = \left(x + \frac{b}{2a}\right)^2 + \text{무엇}$$

같은 항끼리 정리하면 '무엇'은 $\frac{c}{a} - \left(\frac{b}{2a}\right)^2$이고, $4a^2$으로 분모를 통일하면 다음과 같다.

$$x^2 + \frac{b}{a}x + \frac{c}{a} = \left(x + \frac{b}{2a}\right)^2 + \frac{4ac - b^2}{4a^2} = \left(x + \frac{b}{2a}\right)^2 - \frac{b^2 - 4ac}{4a^2}$$

이때 $x + \frac{b}{2a} = \pm\frac{\sqrt{b^2 - 4ac}}{2a}$ 이면 위 식은 0이 된다. 이 식을 x에 관하여 정리하면 이렇다.

$$x = \frac{-b \pm \sqrt{b^2 - 4ac}}{2a}$$

이 형태를 *이차 방정식의 근의 공식*이라고 한다. 두 근의 평균은 $-\frac{b}{2a}$ 이며, 포물선은 이 수직선을 중심으로 대칭이다(그래프를 그릴 때는 경사도가 a인 것을 잊지 말라). 예를 들어, $x^2 - 6x + 5$에서 $a = 1$, $b = 6$, $c = 5$이므로 $\frac{-(-6)\pm\sqrt{(-6)^2-4\cdot1\cdot5}}{2\cdot1} = \frac{6\pm\sqrt{16}}{2} = 3 \pm 2 = 1, 5$이다. 실제로 FOIL로 전개하면 $(x - 1)(x - 5) = x^2 - 6x + 5$이고, $x = 1$이나 $x = 5$가 근인 것을 알 수 있다.

6.4 지수 함수

수량 대부분은 일정한 시간 동안 일정한 *백분율*(또는 비율, 또는 인수)만큼 증가하거나 감소한다. 이런 변화는 지수 함수로 모델링된다.

이 간단한 문장은 매우 강력하고 많은 것을 포함하고 있으며, 그 가치를 알려면 약간의 시간과 노력이 필요하다. 만약 인구가 지수적**＋** 엄밀하게 하자면, 지수적 증가는 X라는 기간에 어떤 값의 거듭제곱 꼴(Aˣ 형태)로 증가한다는 의미이고, 기하급수적 증가는 지수적 증가의 합으로 1 + A + A² + ⋯ + Aˣ로 증가한다는 뜻으로 구분한다. 하지만 일반적으로 아주 빠르게 증가한다는 의미로 사용할 때는 둘 다 기하급수적 증가라고 한다. 으로 증가하고 10년 동안 두 배로 증가한다면, 다음 10년 동안 다시 두 배가 될 것이다. 이는 20년 만에 4배가 된다는 것을 의미한다. 30년 후에는 두 배의 두 배의 두 배가 되므로 (6배가 아니라!) 8배가 된다.

5년 후에는 어떨까? 어떤 비율을 가진 지수 함수 방식으로 증가한다. 그 비율이 얼마인지 모르기 때문에 확실하게 결정될 때까지 변수 x를 사용하기로 한다. 100명의 인구로 시작해 5년마다 x라는 비율로 증가하면 5년 후에는 $100x$가 되고 다시 5년이 더 지나면 $(100x)x = 100x^2$이 된다. 그런데 우리는 이미 그 10년 후 인구가 두 배로 증가한다는 것을 알고 있다. 그러면

$100x^2 = 100 \times 2$이고 100을 없애면 $x^2 = 2$이므로 $x = \sqrt{2} \approx 1.41$이다. 따라서 인구 증가율은 5년마다 1.41, 약 41%씩 증가한다. 이것은 다소 직관적이지 못하다. 인구가 5년 동안 41% 증가했는데, 10년 동안 2배(82%)로 증가하지 않고 100% 증가했다. 왜 그럴까? 이후 5년 동안은 새로 늘어난 인구를 기준으로 다시 41% 증가했기 때문이다. 이러한 관찰 결과는 또한 이자에 대한 이자에 대한 이자가 반영된 대출 잔액처럼 지수적인 움직임을 설명하는 수학적 토대가 된다.**부록 3 참조**

이제 100이라는 숫자가 분석에서 아무런 역할도 하지 않음을 살펴보겠다. 인구가 5년 동안 x라는 비율로 증가한다면, 10년 동안 x^2 비율로 증가하므로 $x^2 = 2$이다. 따라서 인구수와 *관계없이* 증가하는 비율은 *언제나* 같다.

이제 5년이나 10년이 아닌 임의의 시간 t를 생각한다면 어떨까? a라는 '인구수'에서 시작해 시간 단위마다 인구수가 2배가 되는 지수적 증가 과정을 생각하자(앞의 사례에서 시간 단위는 10년이었다). 시간 t에 따른 인구수 $P(t)$에 대한 함수식을 만들자. '시작'은 $t = 0$이라고 할 수 있다. 시간 0에서 인구수는 a부터 시작한다. 시간 1에서 $2 \times a$가 되고, 시간 2에서 $2 \times 2a$, 시간 3에서 $2 \times 2 \times 2a$, 시간 t에서는 $P(t) = a2^t$가 된다. 앞에서 사례로 들었던 10년마다 인구가 2배로 늘어나는 경우를 생각해 보자. $t = \frac{1}{2}$라고 하면, $P(\frac{1}{2}) = a2^{\frac{1}{2}} = a\sqrt{2}$이고, 인구가 2배가 되는 기간의 절반(5년)에는 인구 증가 비율이 $\sqrt{2} \approx 1.41$이다. 앞의 예에서 인구는 10년마다 2배가 되고 5년 동안은 1.41배 증가하였다.

2배를 10번 하면 $2^{10} = 1024$로 천 배가 넘는다! 초깃값이 비교적 작더라도 지수적으로 증가하는 함수는 그래프도 가파르게 증가하며, 결국 엄청나게 커진다!

인구 증가 비율이 2가 아닌 b이면 함수는 다음과 같다.

$$P(t) = ab^t$$

모든 지수 함수는 이 형식이지만 항상 그렇게 표시되는 것은 아니다. 지수
와 로그의 경우 사람들이 2나 b와 같은 밑(기준)을 사용하려 하지 않기 때문
이다. 실용적으로는 두 개의 특정한 밑이 보편적인 것으로 보이는데, 바로 e
와 10이다. 로그의 법칙을 사용하면 b^t 를, e를 사용하는 t에 관한 함수로 바
꿀 수 있다. 어떻게 하면 될까? b는 e의 적당한 거듭제곱이다. 따라서 $b = e^k$
인 적당한 수 k가 있으면, $b^t = (e^k)^t = e^{kt}$ 이다. 따라서 모든 지수 함수는
다음과 같은 형태이다.

$$P(t) = ae^{kt}$$

$b = e^k$ 에서 $k = \ln b$임을 알 수 있다. 마찬가지로 $c = \log b$라고 하면(이
유는?) 다음과 같다.

$$P(t) = a \cdot 10^{ct}$$

그러므로 다음과 같다.

$$k = \ln b = \frac{\ln b}{\log b} \log b = \frac{\ln b}{\log b} c = c \ln 10$$

여기서 $\frac{\ln b}{\log b} = \ln 10$이 맞는지 확인해 보자. 양쪽에 $\log b$를 곱하면 $\ln b = \ln 10 \cdot \log b$이다. 그리고 다시 이 값을 e의 거듭제곱에 사용하면, $e^{\ln b} = b = 10^{\log b} = e^{\ln 10 \cdot \log b}$ 이므로 확인할 수 있다.

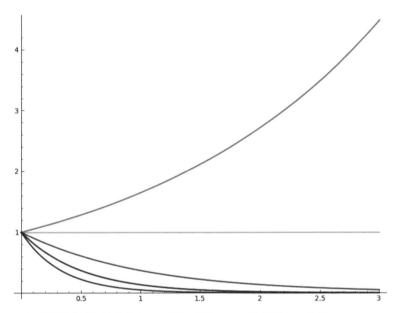

그림 A6 다양한 값에 따른 지수 함수 $f(x) = e^{ax}$의 그래프. $a = 1/2$(위, 증가), $a = 0$(수평), $a = -1, a = -2$, $a = -3$(아래, 가장 빠르게 감소). $a = -3$인 경우 맨 아래 그래프의 폭은 대략 $1/3$ 또는 $1/|a|$이다. a가 음수이면 $1/|a|$이 신뢰할 수 있는 폭의 척도이고 감쇠율(decay rate) $|a|$는 그래프가 얼마나 빨리 감소하는지를 나타낸다.

*지수적 감쇠*는 성장 인자growth factor b가 1보다 작을 때이다. 이 경우 인구는 사실상 줄어들고 있다. 1보다 작은 숫자의 로그값이 음수이므로 계수 k와 c도 음수이다. 예를 들면, 물질 가운데 방사능을 가진 방사성 동위 원소가 있다. 동위 원소는 붕괴하면서 방사선을 방출하고 그 과정에서 물질의 방사능이 감소한다. 어느 정도 시간이 지나면 방사성 동위 원소의 수가 예전의 절반이 된다. 이 시간을 *반감기*라고 한다. 예를 들어 체르노빌과 같은 원자력 발전

소 사고에서 방사성 세슘-137이 방출됐고, 이 물질의 반감기는 30년이다. 문제를 하나 풀어 보자. 위험 인자risk factor로 세슘이 유일하고 붕괴율이 예상대로라고 *가정하면*[2] 한 세기가 지난 후 원전 재해 현장이 얼마나 안전할까?

답을 알려면 먼저 세슘-137의 잔량을 시간 함수로 나타내야 한다. 세슘-137의 양을 절대적으로 측정한 것이 아니라 상대적으로 비교만 하고 있으므로 초깃값은 임의로 정한다. 초깃값을 C라고 하자. 그러면 $P(t)$가 시간 t에서 세슘-137의 양이면, 시간 0에서 $P(0) = C$이다. 시간을 1년 단위로 하여 측정하면[3] $P(30) = \frac{1}{2} \times C$이다(반감기 30년). 마찬가지로 $P(2 \times 30) = \frac{1}{2} \times \frac{1}{2} \times C$이다.

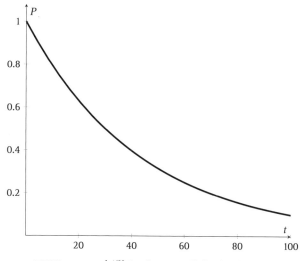

그림 A7 $P(t) = 1 \cdot (\frac{1}{2})^{t/30}$의 그래프. $t = 100$일 때 P 값은 약 0.1이다.

---

2 다른 환경 인자가 관련되어 있으므로 이 가정이 항상 유효한 것은 아니다.

3 먼저 시간을 30년 단위로 측정한 다음 $P(T) = C \cdot (\frac{1}{2})^T$으로 생각하는 것도 도움이 될 수 있다. 그러면 이 책의 시간 t는 $t = 30T$ 또는 $T = t/30$가 된다.

계속해서 $P(30N) = C(\frac{1}{2})^N$임을 알 수 있다. 이제 $t = 30N$ 또는 $N = t/30$을 대입하면, $P(t) = C(\frac{1}{2})^{t/30}$이다. 그런데 $\frac{1}{2} = 2^{-1}$이므로 $P(t) = C \cdot 2^{-t/30}$로도 쓸 수 있다. 이 식을 e를 사용하여 나타내고 싶으면, $2 = e^{\ln 2}$이므로 다음과 같다.

$$P(t) = Ce^{-t \ln(2)/30} \approx Ce^{-0.0231t}$$

질문으로 돌아가자. $t = 100$이면 얼마나 안전한 상황이 될까? $P(0) = C$와 $P(100) \approx Ce^{-2.31}$을 비교해 보자. $P(0)/P(100) \approx e^{2.31} \approx 10.1$이다. 따라서 100년 후 방사능 수준은 초기 수준의 약 10분의 1이 된다. 즉 한 세기가 지나면 약 10배 더 안전하다. $P(t)$를 그래프로 나타내면 같은 질문에 시각적으로 접근할 수 있다. 그림 A7에서 C의 정확한 값은 중요하지 않기 때문에 $C = 1$을 사용한다.

t가 점점 커질수록 $P(t)$값은 0에 가까워진다. (지수적 감쇠가 아닌) 지수적 증가는 시간이 지남에 따라 무한대를 향하는 경향이 있다. 이는 실제 프로세스를 지수적 증가로 모델링하는 경우, 어느 시점에서는 이 모델을 적용할 수 없게 된다는 의미이다. 예를 들어, 초파리의 개체 수는 지수 함수로 증가하는데, 그들이 정말로 너무 많아지면 전 지구를 덮을 것이고 결국 먹을 것이 남지 않아 모두 죽을 것이다.

6.5 그래프에 대한 역함수, 로그 등

어떤 양수를 제곱하면 9가 될까? 답인 3을 알아내려면 제곱 과정을 역으로 실행해야 한다. 제곱*square-it* 함수에서 출력값 (9)로부터 거꾸로 원하는 입력값 (3)을 찾아낸다. 수학의 *제퍼디*Jeopardy! 게임과 같이 아주 유용하다. 함수의 출력값으로부터 입력값을 찾아내는 프로세스를 *역함*수라고 한다(경고하는데 역함수는 함수의 역수가 아니다).

예를 들어, 은행에서 2% 이자를 받은 후 계좌에 459달러가 있다면, 이자를 받기 전에 가지고 있던 잔액이 얼마인지 어떻게 알 수 있을까? 부록의 시작 부분에서 이자가 2%씩 늘어나는 모델의 함수가 '곱하기 1.02'라는 것을 알았다. 이 과정을 거꾸로 실행하는 것은 1.02로 나누는 것을 의미한다. 계산기를 돌려 보자! $\$459/1.02 = \$450$.

인구수는 $P(t) = 50 \times 2^t$ 라는 공식으로 설명된다. 언제 1,000에 도달할까? 이는 공식 P를 거꾸로 실행해 어떤 t 값이 1,000을 만드는지 알아내는 것이기 때문에 역함수 문제이다. 즉 t에 대해 $P(t) = 1000$이므로, $50 \times 2^t = 1000$ 또는 $2^t = 20$이다. 그러면 t는 얼마일까? 2를 밑으로 하는 지수의 역함수가 필요하다. 즉 밑이 2인 로그 함수이다. 양쪽에 $\log_2$를 취하면 $t = \log_2(20) = \log(20)/\log(2) = 4.32$가 된다.

입력과 출력은 함수와 그 역함수에 따라 값이 서로 뒤바뀐다. 따라서 역함수의 그래프는 같은 그래프에서 x축과 y축이 바뀐다. 정말 쉽다는 것을 이미 알고 있었는가?

밑을 10으로 하는 지수 함수의 역함수는 상용로그 함수이다. 이는 지수화하면 y를 만들어 내는 숫자가 $\log y$라는 의미이다. 즉 $10^{\log y} = y$이다. 일반적으로 f로 함수를 표시하면 역함수는 f^{-1}으로 표시한다. 경고하는데 이것은 $1/f$과 같지 않다![4] 지수와 로그처럼 $f(f^{-1}(y)) = y$이고

---

4 모든 수학자를 대신해 오해의 소지가 있는 표기법에 대해 사과한다. 보통은 이보다 더 낫다!

$f^{-1}(f(x)) = x$인 관계이다. 프로세스를 앞에서 뒤로 또는 뒤에서 앞으로 실행하면 같은 위치로 돌아오기 때문이다.

지수 함수로 돌아가서, 10^x는 x가 커짐에 따라 매우 빠르게 증가하므로 역함수 $\log(y)$는 y가 커짐에 따른 증가가 아주 느리다. 실제로 $\log(1,000) = 3$이지만 $\log(1,000,000)$은 겨우 6이다. 따라서 로그 함수는 아주 큰 입력값을 설명하는 데 유용하다. 지진 강도(리히터 척도), 소리 세기(데시벨), 진화적 변화(시간에 따른), 동물 종의 질량(킬로그램) 등은 로그 척도로 표시한다. 입력값의 변화에 비해 출력값의 변화가 너무 작으면, 로그 함수의 그래프를 '로그 스케일(눈금)'로 표시한다. 로그 스케일은 함숫값(y축)이 일정한 값이 아니라 일정한 *비*율로 증가하도록 x축의 눈금을 $\log(x)$로 바꾸어 표시한 것이다. $\log(x) = -2, -1, 0, 1, 2, \cdots$이므로 실제 x축의 눈금은 $0.01, .1, 1, 10, 100,$ $\cdots$이다. 이 트릭을 사용하면 로그 함수의 그래프가 실제로 직선처럼 보인다. $y = 2 + 3\log(x)$에서, $\log(x) = 0$일 때 $y = 2$이고, $\log(x)$가 1씩 증가하면, y는 3씩 증가한다.

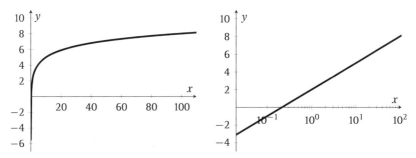

그림 A8 양쪽 모두 $y = 2 + 3\log(x)$의 그래프인데, 왼쪽은 x좌표에 원래 값을 사용했고, 오른쪽은 로그 스케일로 조정한 것이다. 오른쪽 그래프에서 y축은 $x = 0$이 아닌 $x = 0.02$ 근처에 그려져 있음을 주의하라. 이 로그 스케일 그래프에서 $x = 0$을 표시하려면 왼쪽으로 무한히 떨어져 있어야 한다.

연습 문제

1. $\log_5(25)$의 값은 얼마인가?

   a. $\frac{1}{2}$

   b. 2

   c. 5

   d. 9,765,625

2. $x = 3$일 때 $x^2 - 3x + 4$의 값은 얼마인가?

   a. -4

   b. 4

   c. 7

   d. 21

3. 다음 함수의 경우, x가 ∞와 $-\infty$에 가까워질 때 함수 $y = f(x)$의 값에 어떤 일이 발생하는지 설명하라. 패턴이 보이는가?

   a. $y = x + 4$

   b. $y = x^2 + 5x - 3$

   c. $y = x^3 - 6x^2 + 4x + 3$

   d. $y = x^4 + 6x^3 - 3x^2 + 4x - 2$

4. 내 은행 계좌는 $8,860에서 시작해 하루에 $105씩 일정하게 (지속해서) 감소한다. 시간 함수로 잔액(달러)에 대한 공식을 만들어라. 딸의 돼지 저

금통은 $4부터 시작하여 매주 $3씩 꾸준한 비율로 증가한다. 여러분이 좋아하는 시간 단위를 선택해 시간 함수로 딸의 잔고$에 대한 공식을 작성하라. 언제 내 딸과 나의 잔액이 같아질까?

5. 점 (4, 5)와 (10, 7)을 연결하는 선분의 기울기는 얼마인가?

6. 2019년 1월 1일부터 날짜 수를 나타내는 변수를 하나 정하고, 각 날짜에 대해 2019년 시카고의 누적 강설량을 함숫값으로 가지는 함수를 정의하라. 이 함수를 사용해 2019년 3월 시카고의 평균 일일 강설량을 나타내는 새로운 함수식을 만들라.

7. 여러분은 혼합 분유를 온라인으로 판매하는 회사를 운영하고 있다. 각 제품은 인치 단위로 6" × 6" × 6" 상자에 포장된 용기에 담겨 있다. 이 제품의 부피는 몇 세제곱피트인가?

온라인 소매업체와의 계약에 따라 제품을 창고로 배송해야 한다. 1,000세제곱피트의 상품을 운반할 수 있는 트럭은 $200, 5,000세제곱피트인 트럭은 $600를 청구하는 운송 회사에 배송을 의뢰해야 한다(연료, 급여 등 모든 것이 포함된 가격). 작은 트럭에 상자 몇 개가 들어갈 수 있는가? 큰 트럭은?

이 연습 문제에서는 배송하는 제품 수에 따라 사용할 배송 방법을 파악해야 한다. 상자당 배송비도 결정해야 한다. 예를 들어, 상자 100개를 운송하는 경우 $200인 소형 트럭을 이용하면 상자당 $200/100 = $2이다.

배송해야 하는 상자 수 N을 기준으로 사용할 운송 수단의 수를 결정하는 방법을 찾아라. 다음으로 배송할 상자가 50,000개 있을 때 임대할 트럭 수를 결정하고 상자당 배송비를 계산하라. 100,000상자는 어떠한가?

8. a. '입력값의 평균을 출력하면 각 출력값의 평균과 같다'라는 문장을 함수 $f(x)$ 형태로 변환하라.

   b. $f(x)$가 선형 함수라고 하자. $f(x)$가 이 방정식을 만족함을 증명하라.

9. C_{11} 표본에서 방사성 동위 원소의 수 N은 $N(t) = 10^{30} e^{-0.0341t}$으로 정해지며, 여기서 t는 분 단위의 시간이다. 표본의 반감기는 얼마인가? 즉 몇 분 후에 표본의 방사성 동위 원소 수가 절반으로 감소하는가?

10. 뉴턴의 냉각 법칙은 시간의 함수로서, 물체의 온도는 일종의 지수적 감쇠를 따를 것으로 예측한다. 더 정확하게는 실내 온도보다 높은 온도, 즉 실내 온도와 물체 온도의 차이만 생각한다. 상식적으로 물체 온도는 결국 실내 온도에 가까워지므로, 물체 온도와 실내 온도의 차이도 결국 0에 가까워질 것이다. 이 온도 차이가 지수적 감쇠를 따른다. 이제 실내 온도가 70°F인 방에서 340°F인 구운 감자를 오븐에서 꺼내 놓는다고 가정하자(실내 온도와의 차이는 270°F이다). 10분 후 감자의 온도는 250°F로 측정되었다. 다시 10분이 더 지난 다음 감자의 온도는 몇 도일까?

    힌트 실내 온도보다 높은 온도는 일정한 시간 동안 일정한 비율로 냉각된다.

11. 이동 통신사의 데이터 로밍 요금제에 가입했다. 요금은 처음 200MB까지 $30, 추가 10MB에 대해 $5이다. 사용한 데이터양과 요금을 함수로

만들고, 요금이 0~300MB 사이인 그래프를 그려라. 초과 요금을 계속 내는 요금제를 지속하는 것보다 적절한 시점에서 다시 요금제를 가입하는 것이 더 저렴할 수 있다. 어느 시점에서 재가입하는 것이 유리할까?

12. 현재 2인치 길이인 머리카락이 2주에 1/4인치의 속도로 자란다. 머리 길이를 1주일 단위로 기록하는 함수를 만들어라. 이제 1개월(4주)마다 1인치를 자른다고 가정한다. 0~20주 사이의 머리카락 길이 함수의 그래프를 그려라. 간단한 설명도!

13. 풋볼 경기에서 공을 찼을 때 (지면에서), 풋볼의 높이는 $h(x) = -\frac{1}{50}x^2 + 2x - 32$이다. 여기서 x는 필드에서의 위치(야드)이다. 풋볼 경기장은 $x = 0$야드에서 $x = 100$야드까지 뻗어 있으며, $x = 100$에 있는 상대방 엔드존을 향해 공을 찼다. (높이 식이 성립하려면) 어디에서부터 킥할 수 있을까? 거기에서 공을 차면 상대방 엔드존까지 갈 수 있을까? 풋볼은 어느 높이까지 올라갈 수 있나?

7 확률

동전을 던지면 앞면이 나올 확률이 50%라고 생각할 것이다. 이때 P를 '확률', H를 '앞면'이라고 할 때 앞면이 나올 확률은 $P(H) = 1/2$라고 표시할 수 있다. 공정한 동전이라면 앞면이 나올 확률이 맞겠지만, 10번 던지고 앞면이 나온 횟수를 세어 보라. 지금 바로!

…

실험을 진행한 후에 결과를 기록하라!

…

나는 여러분이 앞면 다섯 개라는 결과를 얻지 *못했다*고 확신한다. 틀렸을 수도 있지만, 내가 옳을 가능성이 더 크다! 왜 그럴까?

먼저 앞면 확률이 1/2이나 0.5 또는 50%라고 생각한 이유를 살펴보겠다. 가능한 결과는 두 가지가 있으며, 그 가운데 하나가 앞면이다. 둘 중 하나는 1/2이다. 물론 길을 건널 때도 두 가지 결과가 있을 수 있다. 차에 치이거나 그러지 않는 것. 그러나 확률은 1/2이 아니다. 그렇지 않았으면 지금까지 살아 있을 리가 없다. 요점은 동전 던지기에서 두 결과가 똑같이 가능하다는 것이다.

주사위를 굴려서 '3이 나올 가능성은 얼마인가?'라고 묻는다면, 가능성이 똑같은 여섯 가지 결과 가운데 하나이므로 가능성은 6분의 1 또는 1/6이고, $P(3) = 1/6$이다. 제곱인 수가 나올 가능성은 똑같이 가능한 여섯 개 결과 가운데 정확히 두 개($1^2 = 1$, $2^2 = 4$)이므로, 가능성은 6분의 2 또는 1/3이다. 제곱수가 나오느냐 아니냐는 둘 중 하나가 아니다.

요약하면 모든 결과가 똑같이 가능성이 있을 때 어떤 사건의 확률은 사건이 발생하는 결과 수(제곱수 나오기처럼)를 총결과 수로 나눈 값이다.

하지만 앞면이 나올 확률이 2분의 1이라면, 왜 저자가 던지기 열 번 가운데 앞면이 다섯 번 *나오지 않는* 것에 내기를 걸었을까? 규칙에 따라 던지기 열 번에서 일어날 모든 가능성을 기록해야 한다. 어렵게 들리니 두 번 던지기로 시작하겠다(한 번 던지기는 생각하지 않는다. 앞면이 절반일 수는 없기 때문이다). 두 번 던지면 HH, HT, TH 또는 TT가 가능하다. 이 네 가지 똑같이 가능한 결과 중 정확히 두 경우가 앞면이 하나이므로, 두 번 던지기에서 앞면이 한 번일 확률은 2/4 또는 1/2이다. 이것은 보장이 아니라 가능성이 50-50이라는 의미이다. 네 번 던지기의 모든 가능성은 다음과 같다.

HHHH, HHHT, HHTH, <u>HHTT</u>, HTHH, <u>HTHT</u>, <u>HTTH</u>, HTTT

THHH, <u>THHT</u>, <u>THTH</u>, THTT, <u>TTHH</u>, TTHT, TTTH, TTTT

열여섯 가지 가능성 가운데 여섯 경우(밑줄)가 (즉 3/8이) 정확히 두 번 앞면이 나오므로, 네 번 던지기에서 절반이 앞면일 가능성은 1/2이 아니다. 모든 가능성 가운데 절반이 앞면일 가능성은 가장 크지만 1/2 미만이다. 열 번 연속 던지기에서는 2^{10} = 1,024가지 결과가 있다. 그중 252가지는 앞면이 정확히 다섯 개이고, 총 던지기의 24.6%에 해당한다.

그렇다면 확률이 50%라는 것은 무엇을 의미하는가? 아마 '동전을 10억 번 던진다면, 그 가운데 절반은…'이라는 말을 들어봤을지도 모르지만, 이미 네 번 던지기에서 절반이 앞면일 가능성은 1/2이 아니라는 것을 보았다! 더 잘 이해하려면, 동전 던지기에서 앞면이 나올 수 있는 횟수의 모든 가능성을 고려해야 한다. 이러한 가능성은 0과 1 사이의 분수이다. 그렇게 해야 동전을 무수히 던질 때 어떤 일이 일어나는지 볼 수 있다. 절반의 확률이란, 1/2을 제외한 다른 모든 분수의 가능성이 0으로 향한다는 것을 의미한다.[1]

---

1   이 주제에 대한 자세한 내용은 부록 8.5의 그림 A9를 참조하라.

7.1 기댓값

$20를 획득할 가능성이 1/100인 게임에 $10를 베팅하겠는가? 대부분 사람은 그러지 않는다. 여러분이 100번 베팅했다고 가정해 보자. 그 가운데 한 번 이겨서 $10($20의 상금에서 $10의 지출을 뺀 금액)를 벌고, 99번은 $10를 잃어서 순 적자에 빠질 것이다. 실제로 여러분의 기대 상금은 손실금을 뺀 금액인 10 - 990 = -980달러로 계산할 수 있다. 이것은 100번 베팅을 기준으로 한 것이다. 따라서 한 번 베팅에 대해 $9.80의 손실을 '기대'한다고 말할 수 있다. 계산을 살펴보면 기대 이익은 다음과 같다.

$$\frac{1}{100} \times 10 + \frac{99}{100} \times (-10) = -9.80\text{달러}$$

음수는 돈을 잃었다는 의미이다. 승리 또는 패배 두 가지 가능성이 있는데, 각각의 확률과 해당 결과로 기대 이익(또는 손실)을 곱했다.

> 기댓값은 모든 결과의 확률과 값을 곱한 합계이다.

예제 A2　한 이웃이 기금 모금 복권을 판매하고 있다. 복권 1장에 $5씩 100장을 판매하였다. 1등은 $50, 2등 2명은 $25, 3등 세 명은 $10이다. 기대 이익 또는 손실은 얼마인가? 답을 얻으려면, 각 결과에 관한 이익과 확률이 필요하다. 1/100의 확률로 $45, 2/100의 확률로 $20, 3/100의 확률로 $5를 얻는다. 하지만 94/100의 확률로 $5를 잃는다. 평균 이익을 계산하면 다음과 같다.

$$\frac{1}{100} \times \$45 + \frac{2}{100} \times \$20 + \frac{3}{100} \times \$5 + \frac{94}{100} \times (-\$5)$$

$$= \frac{\$45 + \$40 + \$15 - \$470}{100}$$

$$= -\$3.70$$

따라서 복권을 사는 것은 $3.70를 기부하는 것에 가깝다. ▲

7.2 조건부 확률: 베이즈 정리

질문: 제니아가 주사위를 굴렸다. 5가 나올 가능성은 얼마나 될까? 답: 1/6

질문: 줄리아가 주사위를 굴려서 어떤 숫자가 나왔는데 3보다 크다. 그 숫자가 5일 확률은 얼마인가? 답: 1/3

첫 번째 질문과 두 번째 질문의 차이는 줄리아의 결과를 알고 있다는 점이다. 3보다 큰 수라고 했으므로 숫자의 범위가 한정됐다. 줄리아가 주사위를 던져서 나올 5라는 숫자는 실제로 여섯 가지 가운데 하나가 아닌 세 가지 가능성(4, 5, 6) 중 하나였다. 이 현상을 조건부 확률이라고 한다. 이 확률은 B가 발생한 상황에서 A가 발생할 확률이며, $P(A|B)$로 표시한다.

3보다 큰 짝수가 나올 확률은 얼마일까? 이러한 숫자는 4와 6, 두 개이므로 확률은 2/6 = 1/3이다. 이것을 다른 방식으로 생각할 수 있다. 3보다 큰 수가 나왔다는 전제가 있고, 그 상태에서 짝수가 나왔다. 이제 이 두 가지 이벤트를 차례로 살펴보겠다. 3을 넘을 확률은 3/6 = 1/2이다. 3을 넘었을 때 짝수가 나올 확률은 얼마일까? 답은 2/3이다. 두 가지가 모두 일어날 확률은 (1/2)(2/3) = 1/3이다. 어째서 그런지 보자. 3을 넘는 던지기 이벤트를 '> 3'라고 쓰고, '그리고'를 ∧로 쓰면 이 확률은 다음과 같다.

$$P(> 3 \land \text{짝수}) = \frac{\#\{> 3 \land \text{짝수}\}}{\text{전체} \#} = \frac{\#\{> 3\}}{\text{전체} \#} \cdot \frac{\#\{> 3 \land \text{짝수}\}}{\#\{> 3\}}$$

일반적으로 조건부 확률은 다음과 같이 구할 수 있다.

$$P(A \land B) = P(B) \cdot P(A|B)$$

그러므로 $P(A|B) = P(A \land B)/P(B)$이다.

이 공식을 유용하게 바꾸어 쓸 수도 있다. 'A와 B'는 'B와 A'와 같은 의미이므로, $P(A \land B) = P(B \land A)$이다. 이 간단한 사실을 앞의 공식에 적용하고 A와 B의 역할을 바꾸면 다음과 같다.

$$P(A|B)P(B) = P(B|A)P(A)$$

양변을 $P(B)$로 나누면 베이즈Bayes의 정리가 된다.

$$P(A|B) = \frac{P(B|A)P(A)}{P(B)}$$

$P(A|B)$를 찾는 것은 어렵지만 $P(B|A)$를 찾는 것이 쉬울 때 유용한 공식이다. 연습 문제 11을 참조하라.

연습 문제

1. 서른 명이 파티에 왔다. 두 명은 일등 복권에 당첨되고, 한 명은 파티의 왕 혹은 여왕으로 선정되었다. 일등 복권에 당첨될 확률은 얼마인가?

   a. $\frac{1}{30}$

   b. $\frac{2}{30}$

   c. $\frac{3}{30}$

   d. $\frac{4}{30}$

2. 3이 나올 확률은 각각 얼마인가?

   a. 정사면체 주사위 던지기

   b. 정육면체 주사위 던지기

   c. 정십이면체 주사위 던지기

3. 공정한 정사면체 주사위 두 개를 한꺼번에 던진다. 주사위 각 면에는 숫자 1, 2, 3, 4가 표시되어 있고, 모두 같은 확률로 나타난다. 합계가 5보다 높을 확률은 얼마인가?

4. 공정한 동전 두 개를 두 번 던진다. 두 번 모두 같은 결과를 얻을 수 있는 확률은 얼마인가?

   힌트 동전 두 개는 서로 구별할 수 없으며 동시에 던진다.

5. 공정한 주사위 두 개를 두 번 굴린다. 두 번 모두 같은 판정을 받을 가능성

은 얼마나 되는가?

힌트 주사위 두 개는 서로 구별할 수 없으며 동시에 던진다.

6. 사무실에 학생이 세 명 있다. 윤일인 2월 29일이 생일인 사람은 없다. 두 사람이 생일이 같지 않을 가능성은 얼마나 될까? 두 명 이상이 생일이 같을 가능성은 얼마나 될까? 학생이 네 명일 때 이 문제를 적용해 보라. *N*명 일 경우는?

7. 몬티 홀 문제[2]는 오래된 딜레마 게임이다. 이렇게 진행한다. 도전자는 꼬마 보 핍✛ 영화 <토이 스토리> 캐릭터 옷을 입고 TV에 출연한다. 세 개의 문 중 하나를 선택할 수 있는데, 하나의 문 뒤에는 큰 상품(새 차)이 있고, 두 개 의 문 뒤에는 부비(바보) 상품이 있다(보통은 염소를 준다. 그러나 염소를 좋아 하지 않는 사람이 누가 있을까). 아무튼 도전자는 자동차를 원한다. 문 하나를 선택한 다음, 몬티(진행자)는 도전자가 선택하지 *않은* 문 하나를 골라 뒤에 있는 염소를 보여 주고 나머지 공개하지 않은 문으로 바꿀 기회를 제공한 다. 바꿔야 할까? 바꾸는 것이 중요할까?

힌트 의상이 TV쇼에 중요할 수 있으나 이 질문에는 중요하지 않다!

8. 당신은 여분의 $100짜리 오페라 티켓을 갖고 있다. 그것이 필요 없어서 팔려고 하며, 거리에서 불법으로 판매하는 것이 도덕적으로 문제가 되지

---

2 몬티 홀(Monty Hall)은 <거래합시다(Let's Make a Deal)?>라는 TV 게임쇼에서 오랫동안 사회를 보았다. 2019년 현재 즉흥 코미디 전문가인 웨인 브랜디가 사회자이다.

않는다고(논쟁을 위해) 하자. 판매하다가 적발되면 $500의 벌금이 부과되고 티켓은 압수된다. 적발될 확률은 약 10%로 추정된다. 티켓을 판매하는 데 약 10분 정도 걸릴 것으로 예상하는데, 시간과 노력을 들여 $30 이상 기대 수익(티켓 가격은 $100 이상)을 얻고자 한다. 다른 사람들도 길거리에서 티켓을 팔고 있으므로 기대 수익이 정확히 $30인 판매 가격을 책정해야 한다. 얼마로 정해서 팔아야 할까?

9. 시니어 센터에서 주최하는 '게임의 밤'에 가서 6면 주사위 하나로 게임을 하는 테이블에 앉았다. 참가 금액은 50센트이다. 주사위를 던져서 1이나 2가 나오면 게임은 그대로 끝난다(상금이 없다). 3, 4 또는 5가 나오면 참가 금만 돌려받는다. 6이 나오면 1달러를 받는다.

   a. 이 게임을 여러 번 되풀이했을 때 예상되는 게임당 이득과 손실은 얼마인가?

   b. 참가 금액이 얼마이면 손익분기점에 해당할까?

   c. 게임 규칙이 변경되어 참가 금액(달러)을 선택할 수 있다고 가정한다. 3, 4 또는 5가 나오면 x를 받고, 6이 나오면 $2x$를 받는다. 따라서 $x = \frac{1}{2}$을 선택하면 원래 게임과 같다. 예상되는 게임당 이득과 손실을 x의 함수로 표현하라. $x = \frac{1}{2}$일 때 결과가 (a)와 일치하는지 확인하라.

   d. 이제 참가금을 다시 선택할 수 있는 또 다른 버전을 생각해 보자. n은 주사위를 던져서 나온 눈금이다. $n = 1$ 또는 2이면 (참가금을 잃게 되고) 추가로 n^2달러를 내야 한다. 3이 나오면 추가로 1달러를 내야 한다. $n = 4, 5$ 또는 6이면, 참가금의 $(n-2)$배를 돌려받는다. 참가금이 얼마면 여러분이 돈을 벌 수 있을까?

10. 130피트 전방에서 방금 노란색으로 변한 녹색 신호등에 접근하고 있다. 2초 후에 신호가 빨간색으로 바뀐다. 당신은 30mph 속도 제한 구간을 운전하고 있다. 이 질문의 목적을 위해, 몇 마일 동안 주변에 아무도 없고 법 위반에 대한 죄책감이 없다고 가정한다. 그러나 교차로에는 교통 카메라가 있다. 당신의 경험에 따르면 카메라가 *과속* 통지서를 발행할 확률은 $(s - 30)/20$이고, s는 30에서 50 사이의 시간당 마일 단위인 속도이다. 30mph 미만은 통지서를 받지 않고, 50mph 이상이면 확실히 통지서가 발부된다. 이번에는 질문의 목적을 위해 디지털 속도계가 있는데, 속도가 정숫값으로만 표시된다고 하자. 또 다른 조건도 있다. 빨간색에 달리면 위반 통지서를 받을 확률이다. 경험을 바탕으로 하면, 빨간색에 달리면 통지서를 받을 확률은 $t/2$이고, t는 통과할 때 신호등이 빨간색으로 바뀌는 0과 2 사이의 시간(초)이다($t - 2$ 이상이면 통지서를 받을 확률이 100%이다). 간단히 말해서 더 빨리 갈수록, 빨간색으로 바뀐 지 오래될수록 걸릴 가능성이 커진다.

a. 시속 43마일로 달리면 과속 위반 통지서를 받을 가능성이 얼마나 될까?

b. 신호등이 빨간색으로 바뀌고 1.2초 후에 교차로를 통과하면 신호 위반으로 적발될 확률은 얼마인가?

c. 어떤 속도 이하이면 교차로에 진입하기도 전에 빨간색으로 바뀌는가?
   힌트 1마일은 5,280피트이고 1시간은 3,600초이다.

d. 36mph로 주행하기로 했다.

   (i) 이 속도로 과속 위반 통지서를 받지 않을 확률은 얼마인가?

   (ii) 이 속도로 빨간색에 주행했을 때 통지서를 받지 않을 가능성은 얼

마나 될까?

(iii) 위의 두 경우가 서로 독립*적*이라고 가정하자. 즉 하나가 다른 사건에 영향을 주지 않는다. 이 속도로 통지서를 받지 않고 주행을 마칠 확률은 얼마인가?

11. 남학생 20명과 여학생 30명으로 구성된 학급이 견학 활동 모금을 위해 쿠키를 방문 판매하고 있다. 학생들은 각자 초콜릿 칩 쿠기나 오트밀 건포도 쿠키 가운데 *하나만* 판매한다. 남학생 8명과 여학생 24명이 초콜릿 칩 쿠키를 판매한다.

a. 이 학급의 여학생이 문을 두드렸다면, 오트밀 건포도 쿠키를 판매할 가능성은 얼마나 될까?

b. 이 학급 학생이 초콜릿 칩 쿠키를 판매하려고 방문했다면, 여학생일 가능성은 얼마일까?

c. 학생 40%가 남학생이고 판매자의 64%가 초콜릿 칩을 판매하며, 위의 질문들에 대한 답만 알고 있다고 가정한다. 베이즈 정리를 사용해 남학생이 문을 두드렸을 때 초콜릿 칩 쿠키를 팔고 있을 가능성을 알아내라. 이제 계산한 모든 결과를 사용해서 제대로 맞혔는지 검산해 보라.

8 통계

8.1 평균값, 기준 또는 평균

연평균 수입이 100만 달러인 마을이 있다고 들었다. 거기로 이사하면 어떨까? 자세히 알아보니 일하는 사람이 1,001명이며, 연간 소득이 $25,000인 사람 1,000명과 $976,000,000 소득이 있는 부자 거물이 한 명이 있었다. 전체 소득의 합계를 근로자 수로 나누면 이 마을의 근로 소득 평균average, mean, norm이 된다. $25,000에 1,000을 곱하고 $976,000,000를 더하면 마을 전체 소득이고, 인구수 1,001로 나누면 ($25,000,000 + $976,000,000)/1,001 = $1,000,000(100만 달러)이다.

평균 소득이 100만 달러라는 것은 엄밀히 말하면 사실이지만, 일반적으로 '평균average'은 '통상적으로 그렇다'라는 의미가 강하다. 따라서 이 소득을 평균이라고 하기에는 오해의 소지가 있다. 통상적인 경험으로 보면 분명히 사람들의 소득이 평균과 같지 않으며, 실제로 대부분은 어려움을 겪고 있을 것이다. 이 정도의 소득은 2017년 4인 가족을 기준으로 하면 빈곤 상태에 놓여 있다는 뜻이다.

여기서 교훈은 평균이 숫자 분포에 관한 여러 척도 가운데 *하나*에 불과하다는 것이다.

> x로 표시된 값들의 분포가 있으면, $\bar{x}$ 또는 $\langle x \rangle$로 표시되는 평균값은 글자 그대로 평균, 즉 모든 x값의 합계를 전체로 나눈 값이다.

8.2 중앙값

평균이 가지고 있는 문제를 피할 수 있는 한 가지 방법은 데이터 집합의 중앙값을 사용하는 것이다. 중앙값은 데이터 집합의 '가운데'에 있는 숫자이다. 다시 말해, 분포의 절반은 중앙값보다 높고 절반은 낮다.

예를 들어 데이터 집합 {1, 7, 3, 6, 2}를 1, 2, 3, 6, 7 순서로 정렬하면 3이

중앙값이다. 데이터가 {5, 8, 6, 0}이면 중앙값을 한 숫자로 정할 수 없는데, 이때는 중간에 있는 두 숫자(5와 6)의 평균인 5.5로 중앙값을 정의한다(현실적인 데이터 집합에서는 중앙값에 근접한 숫자가 많으므로 '중간'을 계산하는 방법은 그다지 중요하지 않다). 데이터 집합 {8, 5, 7, 9, 7, 7, 1}에서 중앙값은 7이다.

적은 급여를 받으며 빈곤한 생활을 하는 사람이 대부분인 마을에서, 한 명의 거액 자산가 때문에 평균 급여가 높을 수 있지만 중앙값은 더 낮을 것이고 '통상적인' 소득을 더 정확하게 보여 줄 것이다.

8.3 분산, 표준 편차

학급에 학생이 두 명뿐이라고 하자. 첫 번째 시험에서 둘 다 80점, 두 번째 시험에서 한 명이 60점, 다른 한 명은 100점을 받았다. 두 경우 모두 평균값mean은 80점이지만 두 번째 시험에서는 성적 분포가 평균값 또는 기준norm으로부터 상당히 벗어나 있다. 분포의 '흩어진 정도'를 정량적으로 나타낸 값을 *표준 편차*라고 한다.✚ average는 통상적인 평균이고, mean은 산술적인 평균값, norm은 기준값이라는 의미가 강하다.

표준 편차는 평균으로부터 떨어져 있는 정도를 사용해 계산해야 하는데, 평균을 기준으로 놓고 모든 수량에서 평균을 뺀 값으로 계산하면 편리하다. 위의 시험 사례에서 두 분포의 모든 값에서 80을 뺀(평균 80을 기준으로 측정한) 값의 분포는 하나는 0과 0이고, 다른 하나는 −20과 20이다. 첫 번째 경우에는 흩어진 정도가 0이고 두 번째 경우에는 20이라고 말할 수 있다. 따라서 표준 편차가 합리적으로 정의되려면 흩어진 정도를 잘 나타내야 한다.

숫자 x가 0으로부터 떨어진 거리는 $|x|$이다. 즉 x가 +3 또는 −3이면, 두 경우 모두 $|x| = 3$이다. 여기서 $|x| = \sqrt{x^2}$인 것에 유의하자. x라고 부르는 평균에서 벗어난 정도인 표준 편차를 $|x|$의 평균값으로 취하는 것이 자

연스러워 보인다. 그러나 실제로는 표준 편차를 x^2의 평균값을 계산한 *다음*
제곱근을 취한 것으로 한다. 이렇게 하면 계산하기가 더 편리하며 분산된 정
도를 잘 나타낸다. 첫 번째 사례에서, 0^2과 0^2의 평균은 0이고 다시 제곱근
을 취하면 0이다. 두 번째는 20^2과 $(-20)^2$의 평균은 400이고 표준 편차는
$\sqrt{400}=20$이다. 한편 x^2의 평균을 *분산*이라고 부른다. 따라서 표준 편차는
분산의 제곱근이다.

> x로 표시된 어떤 값들의 분포가 있으면 분산은 $(x-\bar{x})^2$의 평균
> 이다. 표준 편차는 분산의 제곱근이고 분포의 흩어진 정도를 나타
> 낸다. 표준 편차는 σ로 표시하며, $\sigma = \sqrt{\langle (x-\bar{x})^2 \rangle}$이다.

데이터 집합 $\{5, 2, 4, 6, 4, 4, 3\}$에서 평균이 $x = 4$이다. 따라서 평
균과의 차이는 각각 $\{1, -2, 0, 2, 0, 0, -1\}$이다. 이 값들의 제곱은
$\{1^2, (-2)^2, 0^2, 2^2, 0^2, 0^2, (-1)^2\}$이고, 이 들의 평균인 분산은 10/7이며, 표
준 편차는 $\sqrt{10/7} \approx 1.195$이다.

8.4 확률 분포와 통계 분포

우리는 앞에서 시험 점수나 당첨금과 같이 서로 다른 값을 가질 수 있는 두
가지 상황을 보았다.[+] 각각의 데이터에 확률이 있는 집합을 확률 분포라고 하며, 확률이 없는 단순한 데이터 분
포를 통계 분포라고 한다. 확률 분포에서 그 값들은 서로 다른 확률로 발생하며 확률에
따라 가중 평균을 취하여 기댓값을 계산할 수 있다. 통계 분포에서는 단순 평
균을 생각하지만, 특정 값이 다른 값보다 더 많이 발생해 비슷한 효과가 나타
날 수 있다. 실제로 확률 분포나 통계 분포에서 같은 종류의 수량(평균값mean

or norm, 분산, 표준 편차)을 계산할 수 있다.

주사위 굴리기를 생각하자. 나올 수 있는 값은 {1, 2, 3, 4, 5, 6}이며, 6개 값의 확률은 모두 1/6이다. 이 확률 분포의 기댓값(또는 평균값)은 $\frac{1}{6}(1 + 2 + 3 + 4 + 5 + 6) = 3.5$이다.

하지만 실제로 주사위를 여섯 번 던져서(잠깐 실제로 던져 보라) {1, 2, 3, 3, 4, 5}와 같은 데이터 집합data set을 얻었다면, 평균값은 $\frac{1}{6}(1 + 2 + 3 + 4 + 5)$ 이다.

마찬가지로 확률 분포의 분산은 (평균에서 빼서 계산)

$$\frac{1}{6}((1 - 3.5)^2 + (2 - 3.5)^2 + (3 - 3.5)^2 + (4 - 3.5)^2 + (5 - 3.5)^2 +$$
$$(6 - 3.5)^2) = \frac{35}{12} \approx 2.9$$

이고, 표준 편차는 $\sqrt{35/12} \approx 1.7$이다.

우리가 실제로 주사위를 던져서 얻은 데이터 집합의 분산은 $\frac{1}{6}((1 - 3)^2 + (2 - 3)^2 + (3 - 3)^2 + (3 - 3)^2 + (4 - 3)^2 + (5 - 3)^2) = \frac{10}{6} \approx 1.7$이고, 표준 편차는 $\sqrt{10/6} \approx 1.3$이다. 이 값들을 살펴보면, 데이터값이 확률 평균값 3.5보다 통계 평균 3 근처에 더 모여 있으므로, 표준 편차가 더 작은 것이 타당하다.

실제로 여러분이 450명을 대상으로 급여에 관해 설문 조사를 하고, 그 결과를 막대그래프로 표시했다고 하자. 이것도 데이터 집합의 일종이고 여러분은 평균 급여와 표준 편차를 도출할 수 있다. 이 두 가지 척도는 그래프가 어떻게 생겼는지에 대한 느낌을 줄 수 있지만, 실제 데이터를 정확하게 대신하지는 않는다.

8.5 정규 분포: 중심 극한 정리

모노폴리 게임은 주사위 두 *개*를 굴려서 두 눈금의 합으로 겨룬다. 합의 범위는 2에서 12 사이이며(명확히 하기 위해 여기에 밑줄로 표시) 다음과 같은 확률[1]로 발생한다.

$$\left\{ 2 : \frac{1}{36}, \ 3 : \frac{2}{36}, \ 4 : \frac{3}{36}, \ 5 : \frac{4}{36}, \ 6 : \frac{5}{36}, \ 7 : \frac{6}{36}, \ 8 : \frac{5}{36}, \right.$$

$$\left. 9 : \frac{4}{36}, \ 10 : \frac{3}{36}, \ 11 : \frac{2}{36}, \ 12 : \frac{1}{36} \right\}$$

이 확률 분포의 평균값norm은 두 눈금의 합에 확률을 곱한 값을 모두 더한 것이다.

$$\frac{2 \cdot 1}{36} + \frac{3 \cdot 2}{36} + \frac{4 \cdot 3}{36} + \frac{5 \cdot 4}{36} + \frac{6 \cdot 5}{36} + \frac{7 \cdot 6}{36}$$

$$+ \frac{8 \cdot 5}{36} + \frac{9 \cdot 4}{36} + \frac{10 \cdot 3}{36} + \frac{11 \cdot 2}{36} + \frac{12 \cdot 1}{36} = 7$$

여기에서 일반적인 특징을 찾아낼 수 있는데, 합(여기서는 두 개 굴리기의 합)의 평균값은 평균값의 합이다. 즉 3.5 + 3.5 = 7이다.

분산을 계산해 보자. 먼저 각 값에서 7(평균값)을 뺀 다음 결과를 제곱한다. 여기에 확률을 곱하면 첫 번째 항은 $(2-7)^2 \times \frac{1}{36}$이고 다음 항은 $(3-7)^2 \times \frac{2}{36}$, …이다. 분산은 이 모든 값의 합으로 $\frac{1}{36}(25 + 32 + 27 +$

---

1 주사위 하나는 빨간색이고 하나는 파란색이라고 하자. 여섯 개의 빨간색 주사위 눈금은 여섯 개의 파란색 주사위와 같은 확률로 나타나므로, 모두 36 = 6 × 6개의 가능한 값을 얻을 수 있다. (빨간색 3, 파란색 1), (빨간색 2, 파란색 2) 또는 (빨간색 1, 파란색 3)에서 4의 합이 나올 수 있으므로 4가 나올 확률은 3/36이다. 다른 값도 비슷하게 계산된다.

$16 + 5 + 0 + 5 + 16 + 27 + 32 + 25) = \frac{210}{36} = \frac{70}{12}$이다. 따라서 두 개 굴리기의 합$(x_1 + x_2)$의 분산이 주사위 한 개 굴리기 x의 분산의 2배임을 알 수 있다. 이는 평균만큼 명확하지는 않지만 (두 측정값이 서로 독립적일 때) 분산에 관한 또 다른 일반적인 특징이다.

한 개 굴리기를 두 개 굴리기의 합과 비교하기는 어렵지만, 한 개 굴리기를 두 개 굴리기의 *평균average* of two rolls과 비교할 수 있다. 이 경우에 한 개 굴리기와 두 개 굴리기의 평균은 *같다*. 모든 값을 2로 나누면 $7/2 = 3.5$가 된다. 분산과 표준 편차를 비교하면 어떨까? 한 개 굴리기의 분산은 35/12였다. 두 개 굴리기 평균의 분산은 두 개 굴리기 합의 분산과 비슷하지만, 모든 값을 2로 나눈 다음 제곱하므로 실제로 1/4을 곱하게 되어 35/24가 된다. 즉 한 개 굴리기의 절반이다. 따라서 표준 편차(분산의 제곱근)는 $1/\sqrt{2}$배로 감소했음을 의미한다.

주사위 세 개를 굴려서 평균을 낸다면, 분산은 1/3배로 줄고(35/36이 된다), 표준 편차는 $1/\sqrt{3}$배로 감소할 것이다. 마찬가지로 N번 굴리기를 하면 표준 편차가 훨씬 더 작아진다.

이는 주사위를 더 많이 굴릴수록 더 높은 확률로 평균값들이 3.5 주위에 집중된다는 의미이다. 부록 8.4의 6번 굴리기 예에서는 특별하게 평균값이 3이었지만. 주사위 1천 개를 굴리고 평균값을 취하면 3이 아닐 것이다.

이렇게 평균값으로 집중하는 현상을 더 잘 설명하기 위해, 양면 주사위 '굴리기'라고 생각할 수 있는 동전 던지기에 초점을 맞추어 보자. 뒷면은 $\underline{0}$이고 앞면은 $\underline{1}$이라고 하자. 확률은 $\{\underline{0} : \frac{1}{2}, \underline{1} : \frac{1}{2}\}$이다. $\frac{1}{2} \cdot 0 + \frac{1}{2} \cdot 1 = \frac{1}{2}$이므로 평균값은 $\frac{1}{2}$이다. 따라서 분산은 $\frac{1}{2}\left(0 - \frac{1}{2}\right)^2 + \frac{1}{2}\left(1 - \frac{1}{2}\right)^2 = \frac{1}{4}$이고, 표준 편차는 $\sqrt{\frac{1}{4}} = \frac{1}{2}$이다.

2개 '굴리기'를 해서 합계를 구할 수 있지만, 앞에서 살펴본 것처럼 평균을 취해서 한 번 굴리기와 비교하는 것이 더 효과적이다. 만일 뒷면이 0이고 앞면이 1인 동전을 무더기로 던진다면, 굴리기 평균은 앞면이 나오는 동전의 비율과 같다는 것을 직관적으로 알 수 있다. 우리는 그 값들이 평균값 1/2을 중심으로 분포할 것으로 예상한다. 동전을 무더기로 던지고 그 평균을 기록하는 것을 반복하자. 이 과정을 여러 번 반복해 묶음 평균의 분포를 찾는다고 상상해 보자. 머릿속이 복잡해질 것이다. 어쩌면 기말고사 평균 점수가 각각 다른 여러 강좌를 생각하는 편이 더 쉬울지도 모른다. 그 평균이 어떻게 분포되어 있을지 궁금할 것이다.

동전 두 개 던지기로 돌아가서, 두 개 굴리기의 *평균*을 생각하면, 각각의 확률은 $\underline{0} : \frac{1}{4}$(뒷면, 뒷면), $\frac{1}{2} : \frac{1}{2}$(앞면, 뒷면), $\underline{1} : \frac{1}{4}$(앞면, 앞면)이다. 평균값은 다시 $\frac{1}{2}$이고 분산은 $\frac{1}{4} \cdot (0 - \frac{1}{2})^2 + \frac{1}{2} \cdot 0^2 + \frac{1}{4} \cdot (1 - \frac{1}{2})^2 = 1/8$이다. 예상한 대로 분산이 1/4에서 1/8로, 절반이 감소했다. 표준 편차는 $1/\sqrt{2}$배로 감소했다. 다음 그림 A9는 여러 개의 동전을 한꺼번에 던졌을 때 한 번에 던진 동전 개수별로 나올 수 있는 확률 분포를 보여 준다.

여러분은 이 그래프를 통해서 100개의 동전을 던졌을 때(검은 점) 평균값이 1/2 부근에 더 밀집되는 것을 알 수 있다. 검은 점들의 표준 편차가 $1/\sqrt{100}$ =1/10배로 줄어들어 1/2에서 1/20로 되었기 때문이다.

(A4) 여러분이 평균값이 $\bar{x}$이고 표준 편차가 σ인 분포에서 N개의 표본을 독립적으로 선택한다면, 이 N개 표본의 묶음 평균들은 평균값이 $\bar{x}$이고 표준 편차는 $\sigma/\sqrt{N}$인 분포를 이룬다.

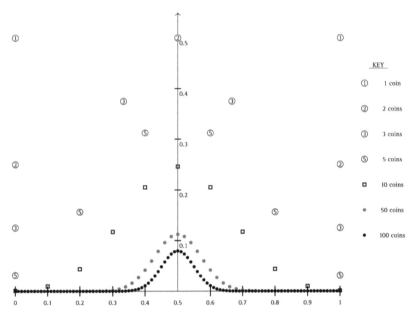

그림 A9 1, 2, 3, 5, 10, 50, 100개 동전 던지기에서 동전 개수별로 나올 수 있는 확률들. 뒷면은 0이고 앞면은 1이므로, x축은 앞면이 나오는 동전의 비율이다.

참고 A4　그래프에서 높이는 동전 개수별로 나올 수 있는 확률을 나타내므로, 개수별 확률을 모두 합하면 1이어야 한다. 더 많은 동전을 던지면 경우의 수도 더 많아진다는 점을 생각하면, 동전 수가 많을수록 그래프의 전체 높이가 낮아지는 이유를 알 수 있다. 100개 동전 던지기의 볼록한 꼭대기 근처를 보면, 검은 점 하나하나는 낮은 값(높이)을 가지고 있지만, 더 많은 점이 분포한다. 그래서 일정한 범위 안에서 어떤 결과를 찾을 확률은 범위를 어떻게 정하는가에 따라 감소할 수도 있고, 감소하지 않을 수도 있다. 동전 100만 개를 던졌다고 하면, 그래프는 거의 x축에 붙어 있는데(실제로 보이지 않음), 이는 정확하게 앞면이 절반이고 뒷면이 절반일 확률이 실제로는 극히 희박하다는 것을 의미한다. 그런데도 봉우리가 점점 선명해지는 것은, 동전의 앞면이 나오는 비율이 1/2에 매우 가깝다는 의미이다. 이것이 '확률 1/2'의 진정한 의미이다. ▲

평균값이 0이고 표준 편차가 1일 때 정규 분포라고 하고, 이는 함수 $\frac{1}{\sqrt{2\pi}}e^{-\frac{x^2}{2}}$으로 표현된다. 이 함수의 그래프는 그림 A9의 검은 점들이 나타내는 형태와 같이 '종 모양 곡선'이다. 일반적으로 평균이 μ이고($\bar{x}$로 표시하기도 함) 표준 편차가 σ인 경우, 모양은 같지만 $\bar{x}$을 중심으로 하고 σ를 단위로 하는 그래프가 그려진다. 그림 A10의 곡선 식은 $\frac{1}{\sqrt{2\pi\sigma^2}}e^{-\frac{(x-\mu)^2}{2\sigma^2}}$이다.

이 확률 분포에서 어떤 사건이 0보다 크고 보다 작게 발생할 확률은 '누적 분포 함수' $\Phi(x)$로 나타낸다. 동전 던지기에서 단일 사건의 확률은 0으로 감소할 수 있더라도 0보다 크고, x보다 작은 범위에서 사건이 발생할 확률은 0이 아닌 $\Phi(x)$이다. 그림 A10을 보면 종 모양 곡선에서 어떤 사건이 평균값에서 2-표준 편차 이하에서 일어날 확률은 0.14% 더하기 2.14%이다. 즉 $\Phi(-2) = 0.0014 + 0.0214 = 0.0228$이다. 그림에서 다른 값들도 알아낼 수 있다.

다시 동전 던지기로 돌아가서 A10의 함수 그래프는 (실제로는 무수히 많은 작은 점들로 그려져 있지만) 연속적인 곡선이다. 우리는 이미 점이 더 많아지면 하나의 특정 값을 측정할 가능성이 점점 줄어들고 그에 따라 확률의 전체 높이가 낮아진다는 것을 보았다. (동전을 수백만 개 던졌을 때 앞면이 정확하게 133,792개 나올까? 그럴 것 같지 않다!) 그러나 정규 분포에서 특정한 값보다 작은 범위에 속할 확률은 말할 수 있는데, 미적분 방법[2]으로 계산할 수 있다. 답은 $\Phi(x)$이다.

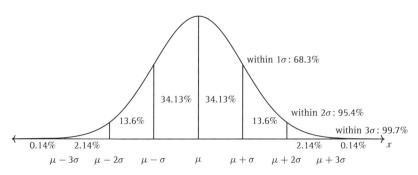

그림 A10 정규 분포는 평균값 μ를 중심으로 표준 편차의 폭이 σ가 되는 익숙한 '종 모양 곡선'이다. x값이 특정한 범위에서 발생할 확률은 그 범위의 곡선이 만드는 넓이와 같다. 예를 들어, 평균에서 큰 쪽으로 1-표준 편차와 2-표준 편차 사이에서 곡선이 만드는 넓이는 0.136이다. 또 다른 예로, 평균에서 1-표준 편차 이내($\mu - \sigma$와 $\mu + \sigma$ 사이)에 들어갈 확률은 0.683이다.

x가 크고 음수이면 $\Phi(x)$는 얼마일까? 크고 양수이면 어떨까?

답을 생각하고 적어 보자.

x가 음수이면서 절댓값이 아주 크면 x보다 작을 확률은 무시할 수 있는 정도이므로 $\Phi(x)$는 0에 가깝다. x가 양수이면서 아주 크면 모든 값이 x보다 작을 것이 거의 확실하므로 $\Phi(x)$는 1에 가깝다.

앞의 예에서 회색과 검은색 점들의 분포가 매끄러운 종 모양을 향하고 있는 것처럼 보인다. 던지기 횟수가 증가함에 따라 그림 A10과 같은 모양의 *정규 분포*가 된다. 놀랍게도 이것은 더 일반적인 현상의 한 부분이다. 동전 던지기나 주사위 굴리기의 값과 같은 어떠한 변수라도, 많은 횟수의 시행을 거쳐서 평균화하면 분포는 정규(분포)라고 하는 연속적인 종 모양의 곡선에서 평

---

2   미적분 언어로 표현하면 $\Phi(x) = \frac{1}{\sqrt{2\pi}} \int_{-\infty}^{x} e^{-u^2/2}$이다. 표준 정규 분포의 누적 분포 함수라고 한다. $\Phi(x)$는 어떤 변수 z가 $-\infty$부터 x 사이에 있을 확률을 나타낸다.

균값 주위에 집중된다. 이 분포는 전적으로 평균값과 표준 편차에 의해 결정된다. 이것을 뒷받침하는 정리를 *중심 극한 정리*central limit theorem라고 한다. 단일 사건에 대한 평균값 μ와 표준 편차 σ를 알고 있을 경우, N개의 사건을 평균화하면 놀랍게도 평균은 여전히 μ이고 표준 편차는 $\sigma/\sqrt{N}$가 된다.

(평균값이 0인) 정규 분포의 $\Phi(0)$은 얼마일까?

답을 생각하고 적어 보자.

정답은 1/2이다.

예제 A3　　고향 마을 광장에 매일 정오에 종소리가 울리는 종탑이 있는데, 실제로는 정확히 정오에 울리지는 않는다. 정오 이후(또는 이전) 시간을 분 단위로 측정하기로 하자. 종소리가 울리는 시각의 평균은 정오(정오 이후 0분)이지만, 분포는 표준 편차가 75초(또는 1.25분)인 정규 분포를 따른다. 시계탑이 오후 12시 5분까지 울리지 않을 확률은 얼마일까?

이 질문에 답하려면 5분이 4-표준 편차에 해당함을 알아야 한다. 5분/(1.25분/1-표준 편차) = 4-표준 편차이다. 그러므로 평균보다 4-표준 편차 이상으로 사건이 발생할 확률을 알아내면 된다. 이는 1에서 4-표준 편차 미만으로 사건이 발생할 확률을 뺀 값이다. 따라서 답은 $1 - \Phi(4)$이다. 계산기를 사용하라. $1 - 0.99997 = 0.00003$ 또는 1십만분의 3이다.▲

정규 분포에서 $\Phi(x)$ 값을 계산하려면 적분 문제를 손으로 풀어야 한다. 하지만 누적 분포 함수 $\Phi(x)$는 온라인이나 normalcdf( ) 함수 기능이 있는 일부 계산기로 계산할 수 있다.

8.6 p-값과 귀무가설

공정한 주사위를 여섯 번 굴렸는데, 3이 두 번 나오고, 6은 한 번도 안 나오고, 나머지 숫자는 한 번씩 나왔다고 하자. 이 주사위가 공정한지 아닌지 어떻게 하면 알 수 있을까? 어쩌면 제조 과정에 오류가 있어서 3으로 혹은 6의 반대쪽으로 무게가 쏠려 있을지도 모른다. 그래서 6이 나와야 할 때 실제로 3이 나왔을 수 있다. 하지만 단지 여섯 번 굴려 보고 주사위가 불공정하다고 결론을 내릴 수 있을까?

이 질문에서 의미 있는 대답을 얻기에는 굴린 횟수가 너무 적다고 바로 느꼈을 것이다. 그러나 더 많이 굴린 후에도 이러한 (평균값이 3.5가 아니고 3인) 어긋남이 지속된다면, 주사위가 공정할 가능성이 매우 낮다. 실제로 많이 굴릴수록 표준 편차가 줄어들며, 3은 종 모양 정규 분포 곡선의 왼쪽에 나타난다. 주사위를 100번 굴렸는데 평균이 3이라고 가정해 보자. 이 평균값 3이 정규 분포 곡선의 중앙에서 몇 표준 편차만큼 치우쳐져 있는지 안다면, 불공정한 주사위일 가능성을 결정할 수 있다. 동전 1개 던지기에서 표준 편차가 약 1.7임은 (8.4에서) 이미 확인했다. 따라서 동전 100개 던지기의 묶음 평균에서 표준 편차는 $1.7/\sqrt{100} = 0.17$이다. 100개 던지기에서 관측된 묶음 평균 (3)과 평균값 (3.5)는 (0.5/0.17)-표준 편차, 즉 약 2.9-표준 편차(2.9σ라고 함)만큼 차이가 난다. 통계학에서 3σ 이상인 사건은 아주 드문 것으로 간주한다.

참고 A5   정규 분포에 대한 몇 가지 법칙은 알아두면 유용하다. 측정값의 68%는 평균의 1-표준 편차 내에, 95%는 2-표준 편차 내에, 99.7%는

3-표준 편차 내에 속한다. ▲

우리가 알고 싶은 것은, '*이 주사위가 불공정하다고 확실하게 결론을 내릴 수 있는가?*'이다.

통계학자들이 답을 계산하는 방식은 주사위가 공정하다는 *귀무가설*[3]을 설정하는 것이다. 이 가설을 설정하고, 한쪽으로 치우친 결과가 나타날 확률이 아주 낮음에도 불구하고 실험 결과가 치우쳐 있으면 주사위가 불공정하다고 결론을 내릴 것이다.

그러면 어떻게 그 확률을 찾을 수 있을까? 사실 바로 조금 전에 계산했다! 관찰한 값이 평균값에서 몇 σ만큼 벗어나 있는지 측정하고, 함수 Φ를 사용해 그만큼 *벗어나* 있을 확률을 계산한다. 지금의 경우는 $\Phi(-2.9) \approx 0.00187$로, 이 수치는 관찰값이 평균값보다 2.9-표준 편차 이하 아래에 속해 있을 확률을 말해 준다. 평균값보다 2.9-σ 이상 *위에* 속해 있을 가능성도 마찬가지이다(주사위 눈금이 더 낮은 쪽으로 쏠리는 경우만 생각하려면 이 단계는 생략해도 된다). 따라서 이 정도로 벗어날 확률은 (위아래 합해서) $0.00374(=0.374\%)$이다. 즉 주사위가 공정하지 않다는 결론을 99.6% 확신을 두고 내릴 수 있다.

때로는 반대로 신뢰 수준을 먼저 설정하는 때도 있다(예 99%). 99%의 신뢰도를 가지는 x값이 얼마인지 알려면 $\Phi(x) = 0.005$를 계산하면 된다. $x \approx -2.58$이며, 이는 평균에서 2.58-표준 편차 이상 위아래로 벗어나는 범위에 속하는 값이 나타날 확률이 0.01임을 의미한다. 2.58-표준 편차는

---

3 귀무가설(null hypothesis, 영 가설)은 의미 있는 차이가 없다고 전제하고 이를 증명하려는 가설을 말한다. 예를 들어 범죄 용의자가 있을 때 무죄라고 전제하고 이를 증명하려는 가설이다.

2.58 × 0.17 ≈ 0.44이므로, 주사위를 100번 던졌는데 평균값이 3.06에서 3.94 사이(3.5±0.44)를 벗어나 있다면, 불공정한 주사위라고 99% 확실하게 결론을 내릴 수 있다.

어느 정도로 분명하게 결론 내릴지를 결정하는 것은 우리가 선택할 문제이다.

하지만 정확한 확률이나 결과의 예상 분포를 알 수 없다면 상황이 까다로 워진다. 통계 이론 대부분은 표본과 모집단 사이의 잠재적 어긋남뿐만 아니라 우리가 측정한 계량에 관한 불완전한 지식을 다루는 것에 초점을 두고 있다. 그럼에도 우리는 통계의 정량적 방법에 어느 정도 익숙해질 수 있도록, 일부 완전한 정보가 있다고 가정한 사례를 사용할 것이다.

참고 A6   표본이 중요하다.

모든 뉴스에서 언론인은 수집한 데이터를 기반으로 주장을 펼친다. 주장이 근거가 있는지를 결정하는 데 통계가 도움이 된다. 이런 경우를 생각해 보자. (1) 가족 모두를 확인했는데 그 가운데 0%가 대머리이다. 그러니 세상에 대머리가 없다고 할 수 있나? (2) 모두(100%) 페이스북을 사용하고 있는 친구 762명에게 설문 조사를 했다. 페이스북 포스트로 조사를 해도 괜찮을까?

이 어리석은 사례는 데이터 분석의 주요 함정을 잘 보여 준다. 표본이 너무 작거나(주사위를 네 번 던져서 모두 뒷면이 나오는 경우처럼, 우연히 가족 모두 대머리가 아닐 수도 있다) 표본이 대표성을 가지지 못할 수도 있다(페이스북으로 설문을 수행하면, 응답자를 페이스북 사용자로 선별한 셈이다).

교훈은 분명하다. 하지만 위험이 훨씬 더 교활하게 숨어 있을 수도 있다.

예를 들어, 인터넷 투표는 대상이 인터넷 사용자로 한정되며 미국인 대부분이 포함된다고 하더라도 인터넷을 아예 사용하지 않거나, 설문 조사에 참여할 시간이 없거나, 의향이 없는 경우도 많다. 따라서 설문 조사 참여자만의 데이터를 수집하는 셈이다. 오프라인으로 전환하여 쇼핑몰에서 데이터를 수집하면 쇼핑객을 표본으로 할 뿐이다.

그 밖의 사례도 많다. 여론 조사 기관과 통계학자에게 모집단을 *대표하는* 표본을 확보하는 것은 엄청나게 도전적인 일이다.

대표성이 있는 표본을 찾았더라도, 표본의 크기 n이 충분히 커야 의미 있는 추론을 할 수 있다. $n < 30$이면 '작은 표본'으로 간주하며 통계적인 결론을 내리기에는 위험한 크기이다.   ▲

8.7 산점도와 상관관계

'덩치가 클수록 더 세게 넘어진다.'

사실일까? 알아내려면 데이터를 수집해야 한다. 각각에 대해(사실은 그 대상이 무엇인지는 나도 모른다) 얼마나 큰지와 얼마나 세게 넘어졌는지 밝혀야 한다. 결과는 산점도scatterplot로 그릴 수 있다. 조사 데이터가 100개이면 점을 100개 표시한다. 그림 A11이나 그림 A12와 같은 모습일 것이다.

때로는 그림 A12와 같이, 언뜻 보아도 서로 어떤 관계가 있다고 할 수 있는 경우도 있다. 그러나 보는 시각에 따라 해석이 달라질 수도 있다. 따라서 한 축과 다른 축 값 사이의 관계를 객관적이고 양적으로 측정하는 것이 좋다. 두 축의 값이 서로 관련이 없으면 *상관관계*가 0이고, 그 값들이 양의 기울기를 가진 선형 함수로 관련되어 있으면 상관관계가 1이라고 말한다. 음의 기울기를 가진 선형 함수로 관련되어 있으면 상관관계가 −1이라고 한다. 따라서 그림 A11은 0에 매우 가까운 상관관계를 보인다. 반면에 그림 A12는 0과 1 사이의 양의 상관관계를 보여 준다.

상관관계에 관한 전문적인 정의를 이해하기 위해, x-값과 y-값을 평균값 0과 표준 편차 1을 갖는 정규 분포에서 선택한다고 가정한다. 따라서 표본이 매우 클 때 이들을 좌표로 그린다면 종 모양의 곡선으로 보일 것이다.

부록 8.3 시작 부분의 시험 점수처럼 평균값이 0이 아니면 적절하게 조정해 0으로 변환할 수 있다. 표준 편차 σ가 1이 아닌 경우 모든 값을 σ로 나누면 정규 분포로 바꿀 수 있다. y값이 x의 선형 함수가 되려면 $y = mx + b$이어야 하지만, x값의 평균값과 y값의 평균값이 모두 0이므로 $b = 0$이다. 즉 $y = mx$이다. 이제 x값의 표준 편차가 1이고 y값이 x값의 m배이므로 y값은 표준 편차 $|m|$을 가져야 한다. 따라서 y값의 표준 편차가 1이면 $m = \pm 1$

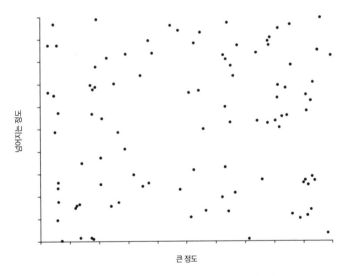

그림 A11 데이터 집합 1. 덩치가 클수록 더 세게 넘어지는가?

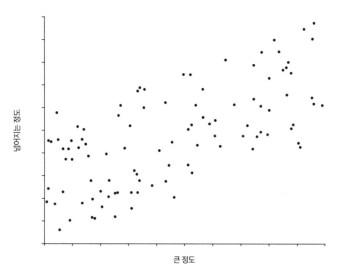

그림 A12 데이터 집합 2. 덩치가 클수록 더 세게 넘어지는가?

이다. 요약하면 x와 y값 모두 평균값이 0이고 표준 편차가 1이라고 가정할 수 있다. 완벽한 상관관계가 있다면 $y = \pm x$이다.

그리고 표준 편차가 1이면 분산도 1이고, 이는 평균값이 0인 경우, x^2의 평균이 1 또는 $\langle x^2 \rangle = 1$임을 의미한다. 이제 $y = x$이면 이는 $\langle xy \rangle = 1$이고, $y = -x$이면 $\langle xy \rangle = \langle x(-x) \rangle = -1$이라는 뜻이다. 만일 두 변수가 서로 관련이 없거나 독립적이면, 곱하기의 평균은 평균의 곱과 같다는 것이 알려져 있으므로, $\langle xy \rangle = 0$이다. 실제로 상관관계는 간단히 $\langle xy \rangle$로 정의한다. 미리 변수를 적절하게 조정하지 않으면, 상관관계의 정의는 $\frac{\langle (x-\bar{x})(y-\bar{y}) \rangle}{\sigma_x \sigma_y}$와 같이 보기 싫은 형태가 된다.

예제 A4 사람들에게 연인을 못 만난 지 얼마나 되었고, 얼마나 서로 좋아하고 그리움이 쌓였는지를 질문해서 '못 보면 더 애틋해진다'라는 가설을 설정하고, 간단하고 어리석은 테스트를 하기로 했다. 그리고 각 데이터를 (못 보았다, 애틋하다) 점으로 표시하고 상관관계가 있는지 확인하려 한다. 조사 결과 다음과 같은 자료를 얻었다.

$$\{(2,3),(5,3),(3,6),(4,7),(1,2),(6,5),(10,8),(9,5),(7,7),(2,5),(5,3),(6,6)\}$$

'못 보았다'는 일day로 측정하고 '애틋하다'는 심금heartstrings으로 측정했다. 이 표본이 너무 작아 신뢰할 수 있는 데이터를 제공할 수 없다는 사실은 잠시 제쳐두겠다. x값의 평균은 5이고 y값의 평균도 5이다. 따라서 더 복잡한 공식을 사용할 수도 있지만, 간단하게 모든 값을 -5만큼 이동하면 다음과 같다.

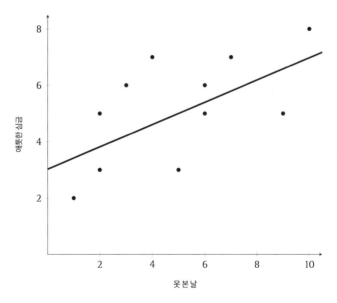

그림 A13 상관관계는 약 0.58. 선은 최소 제곱 직선이다.

$$\{(-3, -2), (0, -2), (-2,1), (-1,2), (-4, -3), (1,0),$$
$$(5,3), (4,0), (2,2), (-3,0), (0, -2), (1,1)\}$$

두 방법 모두 같은 것이다. 표준 편차는 분산의 제곱근이고, x값 제곱의 평균을 구하면 $43/6$, y값 제곱의 평균은 $10/3$이므로, $\sigma_x = \sqrt{43/6}$, $\sigma_y = \sqrt{10/3}$이다. 두 값의 곱은 $\sigma_x \sigma_y = \sqrt{430/18} \approx 4.89$이다. 공식에 의해 (이동한) x와 y값을 곱해 평균을 구한 다음 4.89로 나누면 상관관계를 얻을 수 있다. 따라서 못 본 날과 애틋한 심금의 곱은 $\{6,0, -2, -2,12,0,15,0,4,0,0,1\}$이고, 평균은 $34/12 = 17/6 \approx 2.83$이며, 이 값을 4.89로 나눈 상관관계는 0.58이다.

이 연습 문제의 목적은 상관관계를 계산하는 데 필요한 대수적 단계를 검토하는 것이었다. 그래프를 볼 때 직관적인 느낌과 상관관계를 비교해야 한다.

상관관계가 0.8과 1사이(음의 상관관계는 -0.8과 -1 사이)에 있으면 강한 것으로 간주한다. 따라서 수치 0.58은 그리 강한 상관관계를 나타내지 않는다. 데이터 집합이 더 크면 못 만난 기간과 애틋함 사이에 약간의 관계가 있다는 결론을 내릴 수도 있을지도 모른다. ▲

상관관계 vs 인과관계

100명의 프로 테니스 선수에게 가지를 먹느냐고 물어보고, 둘 사이에 강한 상관관계를 발견했다고 가정해 보자. 가지를 먹으면 테니스가 향상된다는 결론을 내릴 수 있을까?

통계 초보자의 전형적인 실수이자 뉴스 보도의 빈번한 실수는 상관관계와 인과관계를 혼동하는 것이다.

이 사례에서 어쩌면 인과관계가 반대로 작용해 테니스를 많이 치면 가지에 대한 갈망이 생길 수도 있다.

사실 여러분은 인과관계에 관한 어떤 결론도 내릴 수는 없다. 어쩌면 가지 재배자 협회가 프로 테니스 선수 협회와 계약을 맺고 선수들이 가지를 많이 먹으면 특별 연말 보너스를 주기로 했고, 이 때문에 선수들에게 가지 먹기를 강요해서 행동이 변했을지도 모른다. 아니면 괴짜 기술 억만장자가 전국 모든 테니스 클럽에서 가지를 먹는 사람들에게 무료 회원권을 제공하고 평생 라켓과 공을 공급하는 전국 프로그램에 자금을 지원했을 수도 있다.

이 간단한 사례는 인과관계와 상관관계를 혼동하는 오류를 극명하게 그리고 있지만, 현실에서는 그렇게 분명하지 않을 수 있다. 뉴스 매체가 작은 마을에 사는 사람들과 잘 알려지지 않은 질병, 휴대전화 사용과 뇌암, 초콜릿과 이것저것, 커피 마시기와 모든 것 사이의 상관관계를 보여 주며, 결론을 내리거나 그렇게 믿도록 완전히 유혹하기도 한다.

상관관계는 인과관계가 아니다!

8.8 회귀: 직선은 어떤 의미일까?

'못 본 기간'과 '애틋함' 같은 두 변수 사이에 선형 관계가 있다고 하면, 여러분은 그에 해당하는 직선의 방정식을 알고 싶을 것이다. 두 변수 사이의 관계를 직선으로 표현하는 것을 *선형 회귀linear regression*라고 한다. 데이터 집합에 직선을 맞추는 가장 일반적인 방법은 *최소 제곱 맞춤least square fitting*을 시행하는 것이다. 즉 선에서 점까지 높이 차이 제곱의 *평균*이 최솟값을 갖는 직선을 결정하는 것이다. 예를 들어, 직선 $y = 5 + \frac{1}{2}x$는 점 $(2, 6)$을 통과하므로 예 A4의 데이터 점 (2, 3)은 높이 차이(y값의 양의 차이)[+ 점부터 직선까지의 거리(점에서 직선에 수직으로 내린 거리)를 생각하는 것이 원칙이지만, 그러면 거리는 $d = \frac{(1/2)2 + (-1)3 + 5}{\sqrt{(1/2)^2 + (-1)^2}}$ 로 복잡하게 계산해야 한다. 높이 차이의 제곱으로 대신하면 간편하다.]가 3이고 제곱은 9이다.

모든 데이터로, 점과 직선의 높이 차이를 제곱해 평균을 계산하면 어떤 수가 나온다. 직선을 $y = mx + b$라고 하고, m과 b를 적절하게 선택해 그 수를 최소화하면 된다.

그 수는 m과 b의 이차식으로 표현되므로, 최솟값을 찾는 것이 포물선에서 가장 낮은 점을 찾는 것과 같다는 것만 강조하고 공식은 다루지 않겠다.

그래프로! 앤스컴 콰르텟

조심하라. 평균, 표준 편차, 상관관계 그리고 최소 제곱 맞춤 직선이 전체를 말해 주지는 않는다. 앤스컴 콰르텟Anscombe's Quartet은 각각 열한 개의 점 (x, y)로 구성된 네 종류의 데이터 집합을 말한다. 각 데이터 집합에서 x의 평균값, x의 분산, y의 평균값, y의 분산, x와 y 사이의 상관관계, 회귀직선은 모두 같다. 그러나 그래프는 아주 다르다. 앤스컴은 그래프 데이터의 중요성을 보여 주기 위해 이 사례를 소개했다.[4]

x_1	y_1	x_2	y_2	x_3	y_3	x_4	y_4
10.0	8.04	10.0	9.14	10.0	7.46	8.0	6.58
8.0	6.95	8.0	8.14	8.0	6.77	8.0	5.76

---

4 E. J. Anscombe, 통계 분석에서의 그래프, 미국의 통계학자 27 (1973) 17-21. 그림 출처 위키피디아 https://en.wikipedia.org/wiki/Anscombe's_quartet

x_1	y_1	x_2	y_2	x_3	y_3	x_4	y_4
13.0	7.58	13.0	8.74	13.0	12.74	8.0	7.71
9.0	8.81	9.0	8.77	9.0	7.11	8.0	8.84
11.0	8.33	11.0	9.26	11.0	7.81	8.0	8.47
14.0	9.96	14.0	8.10	14.0	8.84	8.0	7.04
6.0	7.24	6.0	6.13	6.0	6.08	8.0	5.25
4.0	4.26	4.0	3.10	4.0	5.39	8.0	12.50
12.0	10.84	12.0	9.13	12.0	8.15	8.0	5.56
7.0	4.82	7.0	7.26	7.0	6.42	8.0	7.91
5.0	5.68	5.0	4.74	5.0	5.73	8.0	6.89

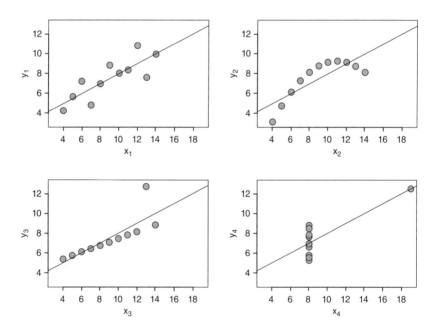

세 번째 데이터 집합은 거의 완전하게 선형인 것처럼 보이지만, 특잇값 outlier이 있다. 어떤 데이터 분석은, 일반적으로 특잇값이 무엇인지 객관적으로 정의한 다음 특잇값을 제외하도록 설계하기도 한다.[5]

연습 문제

1. 아래 분포도 가운데 평균값이 5이고 표준 편차가 2인 분포는 무엇인가?

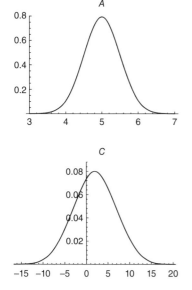

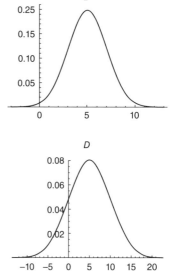

---

5 하위 사분위수 F와 상위 사분위수 T를 계산한 다음 '사분위수 범위(IQN, inter quartile number)'를 $\Delta = T - F$로 정의하고, 1.5Δ 범위를 벗어나는 점을 특잇값으로 보아 제외하도록 설계한 정의도 있다. 즉 $F - 1.5\Delta \le y \le T + 1.5\Delta$를 벗어나는 점 (x, y)를 특잇값으로 본다.

2. 다음은 적당히 운동한 다음 분당 비트 수로 측정한 맥박수 데이터 집합이
   다. 평균값, 중앙값, 분산, 표준 편차를 계산하라.

   {101, 93, 111, 120, 107, 98, 113, 121, 111, 93, 131, 127, 109, 117, 96, 100}

3. 연습 문제 2번의 가상 연구에서 참가자들은 심장 박동을 측정하기 전에
   계단을 오르도록 요청받았다. 전체 데이터 집합은 순서쌍(심장 박동, 오른
   단계 수)으로 표시하면 다음과 같다.

   {(101,30), (93,24), (111,46), (120,49), (107,30), (98,30), (113,35), (121,40),

   (111,33), (93,25), (131,50), (127,32), (109,40), (117,43), (96,20), (100,25)}

   심장 박동과 오른 계단 수 사이의 상관관계는 얼마인가? 데이터 집합에
   더 많은 표본이 있다고 하면(예를 들어 각 데이터 포인트가 5번 반복될 수 있음),
   계단을 오르는 것과 심장 박동 사이에 의미 있는 관계가 있다는 결론을
   내리겠는가?

4. 평균값이 6이고 표준 편차가 1.5인 정규 분포가 있다고 하자. 다음 값들
   은 평균값으로부터 몇 표준 편차만큼 떨어져 있는가?

   a. 9

   b. 4.5

   c. 8.25

   d. 6.84

5. 동전을 1만 번 던졌는데 앞면이 5,120번 나왔다. 동전이 앞면 쪽으로 무
   게가 쏠려 있다고 95% 확신할 수 있을까? 99% 확신으로는?

6. 교사는 매년 같은 문제의 시험을 시행한다. 과거에는 평균값이 80점, 표준 편차가 12점이었다. 그러나 올해는 평균값이 84점, 표준 편차가 10점이었다. 수업 인원은 36명이다. $\alpha = 0.01$을 허용하고 귀무가설 검정을 수행하여 올해의 시험 점수 편차가 우연인지 아니면 외부 요인으로 인한 것인지 결론을 내려라.

9 추정

지구의 질량은 얼마일까?

많은 사람이 이런 질문에 압도당하는 느낌이 든다. 질량을 어떻게 알 수 있을까? 어디부터 시작할까? 때로는 반드시 응답해야 한다는 압박을 받으면 당황하고 스트레스를 받는다.

엠파이어 스테이트 빌딩에 벽돌이 몇 개나 있을까? 달팽이가 미국을 횡단하는 데 얼마나 걸릴까? 위대한 물리학자의 이름을 따서 '페르미 질문'이라고도 하는 이런 문제들은, 가정과 근사치를 사용하는 우리의 능력을 테스트하기 위해 고안된 문제이다. 천천히, 침착하게 지구의 질량을 파헤쳐 나가자.

지구의 질량을 계산하려면 무엇을 알아야 할까? 크기와 밀도를 알면 충분할 것이다. 즉 부피를 알고 단위 부피당 질량을 알고 있으면 두 숫자를 곱해 총 질량을 계산할 수 있다. 시작해 보자.

크기. 지구는 얼마나 클까? (인터넷 검색 금지!) 아마 여러분은 미 대륙을 가로지르면 3천 마일이라는 것을 알고 있을 것이다. 그러면 지구 둘레에 미국이 얼마나 많이 있는 셈일까? 일곱? 다섯에서 열 사이? 그래서 지구 둘레가

1만 5천에서 3만 마일 사이일까? 더 생각해 보자. 미국은 3개의 시간대에 걸쳐 있음을 알고 있을 것이다. 그리고 시간대가 약 1천 마일마다 달라지며, 시간대를 24개 건너가면 지구를 한 바퀴 돌게 된다. 그러면 지구 둘레를 약 2만 4천 마일로 추정할 수 있고, 이 값은 1만 5천에서 3만 마일 사이에 있다. 즉 여러분의 추정치에서 크게 벗어나지 않는다.

원의 둘레는 파이(π) 곱하기 지름이다. 파이를 약 3이라고 생각하면, 지름이 5천에서 1만 마일 사이로 추정되고, 반지름은 2,500에서 5천 마일 사이이니 4천이 적당해 보인다.

이때 반지름은 최댓값이나 최솟값, 또는 4천 마일 가운데 하나를 사용하면 된다. 어쨌든 어림짐작일 뿐이다. 이제 반지름을 안다면 구의 부피는 얼마일까? 어쩌면 공식을 잊어버렸을 수도 있으니, 지구를 상자 모양이라고 생각하면 어떨까? 그러면 한 변의 길이는 5천에서 1만 마일 사이인 지름이며, $5,000^3 = 125,000,000,000$에서 $10,000^3 = 1,000,000,000,000$세제곱마일 사이가 지구의 부피이다. 흠……. 구체(공 모양)는 사실 상자 안에 들어가므로 이 추정은 아마도 과대 평가되었을 것이다. 500,000,000,000세제곱마일을 추정값으로 결정하기로 한다. 세부 사항은 중요하지 않다. 우리는 대략적인 값을 찾고 있다.

밀도. 지구는 일정한 밀도를 가지고 있지 않다. 어떤 곳은 물, 어떤 곳은 암석, 어떤 곳은 철이다. 표면에는 물이 있지만 내부에는 물이 없으며, 내부가 지구 대부분을 차지한다. 어쨌든 평균 밀도가 얼마인지는 암석과 철 사이의 무언가로 추정해야 한다. 검색하지 말고(재미없을 것이다!) 무엇을 해야 할까? 어쨌든 누가 밀도를 알겠는가? *어떤 것이라도* 밀도를 알려면 질량과 부피를 모두 알아야 한다. 어떤 것을 하나 생각하자. 책? 음료수 캔? 노트북? 버터?

각자 서로 다른 생각을 할 것이다. 나는 참고로 버터 한 덩어리를 선택했다. 버터 스틱 4개(1파운드)를 샀는데 전체 크기가 3인치 × 3인치 × 5인치로 추정된다. 따라서 버터 1파운드가 약 45세제곱인치라고 대략 추측할 수 있다. 1킬로그램은 2파운드보다 약간 무거우므로 버터 1킬로그램은 약 100세제곱인치라고 가정해 보겠다. 그렇게 하면 계산이 충분히 쉬워질 것이다. 불행히도 지구는 버터로 만들어지지 않았다. 지구는 평균적으로 버터보다 얼마나 더 무거울까? 돌덩이는 얼음덩어리(물의 밀도에 가깝다)보다 몇 배 더 무겁고, 주철 프라이팬은 여전히 그보다 다소 무겁다는 느낌을 가질 수 있다. 그래서 지구의 평균 밀도가 버터 밀도의 5배에서 10배 사이일 가능성이 있다고 *추측해* 보자. 어떻게 될까? 버터는 100세제곱인치당 $1\,kg$ 또는 $0.01\,kg$/세제곱인치이므로 지구는 $0.05 \sim 0.1\,kg$/세제곱인치로 추측된다.

거의 다했는데 단위 문제가 있다. 인치와 마일. 1피트는 12인치, 3피트는 1야드이다. 나는 달리기 트랙을 4번 돌면 400미터 또는 400야드라는 것을 알고 있다. 그러면 어떻게 될까? 1마일mi은 $12 × 3 × 4 × (400 + a)$인치 또는 $144 × (400 + a)$인치이며 대략 60,000인치in 정도? 그러면 세제곱마일로 하면 얼마일까?

$$(1\ mi)^3 = (1\ mi × 60000\ in/mi)^3 = 216 × 10^{12}\ in^3$$

또는 216은 약 $200 = 2 × 10^2$이므로 $2 × 10^{14}\ in^3$으로 쓸 수 있다. 이는 너무 큰 수이므로, 더 기본적인 곳에서 시작하지 않으면 짐작하기 어렵다.

위에서 지구의 부피는 약 $5 × 10^{11}\ mi^3$이고 이것은 $5 × 10^{11} × 2 × 10^{14} = 10 × 10^{25} = 10^{26}\ in^3$이다. 밀도가 $0.1\ kg/in^3$이라고 하면 질량은 $10^{25}\ kg$

이다. 밀도를 0.05로 낮게 잡으면 질량은 절반인 5×10^{24} kg이 된다. 평균을 택하면 약 7.5×10^{24} kg이다. '실제' 질량을 조회해 보면, 과학자들이 계산한 지구의 질량은 6×10^{24} kg이다. 어림짐작이 목적이었으므로[1] 우리 짐작이 나쁘지 않았다!

이런 종류의 추정에 필요한 능력을 콕 짚어서 말하기는 어렵지만, 단위 다루기, 과학적 표기법과 함께 도량형, 기하학에 관한 기본적인 능력을 갖춰야 함은 분명하다.

연습 문제

자료를 사용하거나 결과를 검색하지 *말고* 다음 연습 문제를 풀어라!

1. 지구에 사는 사람의 수와 물 1g에 들어 있는 물 분자의 수 중 어느 것이 더 많을까?

   힌트 물 분자 1개의 질량은 약 3×10^{-12} g이다.

   a. 세계 인구수

   b. 물의 분자

   c. 거의 같다

2. 전 세계 해변에 있는 모래 알갱이는 몇 개나 될까?

---

1 결과를 조작하지는 않았지만, 솔직히 처음에는 5,000을 틀리게 세제곱했다(처음에는 6개의 0을 생략했다).

3. 지구와 달 사이의 거리와 같은 두께의 책을 갖고 있다면, 그 책은 몇 페이지일까?

4. 지금 이 순간 (키보드 자판에 대문자) Q를 입력하고 있는 사람은 몇 명일까?

5. 여러분 머리에 머리카락이 몇 개나 있을까? 마이애미에 모낭의 개수가 같은 사람이 두 명 있어야 하는 이유를 입증할 수 있을까? 이것은 여러분과 머리카락 개수가 같은 사람이 있어야만 한다고 주장하는 것과 같은가?

기량 평가

여기에서는 수학적 기량에 대한 사전 평가와 사후 평가를 다룬다. 사전 평가는 진단이 목적이고, 사후 평가는 이 강좌를 수강하면서 얼마나 기량이 향상했는지 측정하는 것이 목적이다. 평가 문제는 부록에 있는 수학적 기량만을 다루며, 각 장에서 다룬 깊이 있는 추론과 프로젝트는 제외했다.

사전 평가

시작하기 전에

이 평가는 여러분이 수학적 기량에서 강점을 보이는 부분과 더 공부해야 할 부분을 구별하는 데 도움을 주는 것이 목적이다. 사전 평가는 '성적에 반영'되지 않고, 오로지 여러분의 기량을 향상시키려는 것이다. 그러므로 단순히 답을 추측하거나 계산기 사용은 자제하기를 강력하게 권고한다.

문제를 푸는 데 각각 몇 분밖에 걸리지 않을 것이다. 만약 어떤 문제에 5분 이상 걸린다면, 그 부분을 더 높은 수준으로 공부할 필요가 있다. 따라서 별도의 지시가 없는 한 90분 이내에 평가를 마쳐야 한다.

마친 후

문제들은 대부분 주제가 부록과 밀접한 관련이 있다. 문제와 부록의 연관성은 다음 표와 같다. 평가를 완료한 다음, 어렵지 않았던 부분과 새로 익히고 복습해야 할 부분을 따로 메모해 두어라.

문제	부록
1	1
2	1, 2
3	2
4	2.4
5	3.4
6, 7, 8	3.5
9, 10	5
11	5.1, 5.2
12	6
13, 14	6.2

문제	부록
15	6, 7
16	6.1
17, 18	6.2
19	8.1
20, 21	6
22	6.5
23, 24, 25	3.5
26	7
27	8

1. 이 질문에는 대략적인 대답만 하면 되므로 정확히 계산하지 않아도 된다. 다음 각 항목의 정답에 동그라미로 표시하라.

   a. 22 × 0.3에 가장 가까운 숫자는?

   　　　A) 1/100　　B) 1/10　　C) 1　　D) 10　　E) 100

   b. 597 ÷ 2.7에 가장 가까운 숫자는?

   　　　A) 1/100　　B) 1/10　　C) 1　　D) 10　　E) 100

   c. 5280 ÷ 3600에 가장 가까운 숫자는?

   　　　A) 1/100　　B) 1/10　　C) 1　　D) 10　　E) 100

d. $0.3141592653589 \times 31.41592653589$ 에 가장 가까운 숫자는?

      A) $1/100$ B) $1/10$ C) 1 D) 10 E) 100

e. $(34 + 56) \div 7890$ 에 가장 가까운 숫자는?

      A) $1/100$ B) $1/10$ C) 1 D) 10 E) 100

2. 두 개의 수치 가운데 더 큰 값에 동그라미로 표시하라. 정확한 비교는 필요하지 않을 수도 있다.

a. 10^5	10^{-17}
b. 6.023×10^{23}	602300000000
c. 123.456	123456×10^{-2}
d. $(525 - 52.5) \times (0.525 + 0.552)$	5×10^3
e. $(5^3)^4$	5^7
f. $(10^3)^5$	10^{3^5}
g. 2^3	3^2
h. $\log(10^6)$	10^5
i. $\log(20)$	$\ln(20)$
j. $\log(10^6 \cdot 10^5)$	$\log(10^6) \cdot \log(10^5)$
k. $\ln(4^{5^6})$	$\ln((4^5)^6)$

3. 계산기를 사용하지 말고 다음 수량을 계산하라.

   a. $2^3 \cdot (4 + 5^2)$

   b. $\frac{3}{7} + \frac{4}{3}$

   c. 1.2×0.34

   d. $(2 - 3)(4 - 5)$

   e. $(1^2 + 3 \times 4^{5-6})(7 - 8)$

   f. $\frac{(6^3 \cdot 5^4)^2}{(3^3 \cdot 5^3)^3}$

4. 계산기를 사용하여(또는 사용하지 않고) 다음 백분율(%)을 계산하라.

   a. 300의 20%

   b. 65의 18%

   c. 136의 0.12%

   d. 2%의 3%

   e. 50%의 10%의 2%

   f. 17.39의 375%

5. 다음 방정식에서 x 값을 계산하라.

   a. $3x - 4 = 7x + 16$

   b. $(x + 2)(x - 3) = x^2 - 2x + 17$

   c. $\frac{x+2}{3x-2} = \frac{x+3}{3x+6}$

   d. $x^2 - 13x - 40 = 0$

6. a. 메리가 달려간 거리의 세 배가 자바리가 달려간 거리의 두 배보다 110km 더 크다. 메리가 달린 거리(M)와 자바리가 달린 거리(J)에 관한 방정식을 써라.

   b. 메리가 자바리보다 네 배나 더 멀리 달렸다고 가정하자. M과 J에 관한 두 번째 방정식을 쓰고, 두 식을 계산해 메리와 자바리가 달린 거리를 km 단위로 구하라. 두 사람의 거리를 명확하게 구분해서 써야 한다.

7. 낸시의 시급은 바니의 두 배지만, 바니는 낸시보다 50% 더 많은 시간을 일한다. 바니의 소득에 대한 낸시의 소득 비율은 얼마인가?

8. 몰리는 헨리보다 두 살 어리다. 6년 전, 몰리는 헨리 나이의 3분의 2였다. 헨리의 나이(현재)를 H로 하고 몰리의 나이를 M으로 하자. 이 정보를 이용해 H와 M에 관한 두 개의 방정식을 작성하라. 방정식을 풀어서 헨리와 몰리가 몇 살인지 결정하라.

9. 큰 달걀은 약 335kJ의 에너지를 가지고 있다. 1Cal는 약 4.2kJ이다. 달걀 한 개는 약 몇 Cal인가?

10. 초속 88피트의 속도는 시속 60마일과 정확히 같다. 이것과 한 시간이 3,600초라는 사실을 이용해 1마일이 몇 피트인지 정확히 계산하라.

11. 다음 중 나머지와 다른 것을 찾아라.

    a. 3억 킬로미터

    b. 3×10^{11} 미터

    c. 300조 센티미터

    d. 300,000,000킬로미터

12. 다음 방정식은 어떤 동물의 시간에 따른 개체 수 변화를 나타낸다. 방정식에서 P는 개체 수를 나타내고 t는 년 단위인 시간을 나타낸다.

$$a. \ P = 1000 - 50t$$
$$b. \ P = 8000(0.95)^t$$
$$c. \ P = 1000 + 70t$$
$$d. \ P = 5000 + 2000\sin(2\pi t)$$

이제 다음 각 문장에 해당하는 방정식을 찾아라.

a. 이 동물의 개체 수는 매년 같은 수로 증가한다.

b. 이 동물의 개체 수는 매년 5%씩 감소한다.

c. 이 동물의 개체 수는 일 년 내내 오르락내리락한다.

d. $t = 0$일 때, 이 집단들은 개체 수가 같다.

13. 점 $(0, 32)$와 점 $(100, 212)$를 통과하는 직선의 방정식을 써라. 이 식은 섭씨를 화씨로 변환하는 방정식이다. 이 직선의 기울기가 얼마인지 설명하고, 섭씨 1도가 의미하는 것은 무엇인지 설명하라.

14. 점 (3. 7)과 점 (6, -1)을 통과하는 선의 기울기는 얼마인가? 어느 점에서 y축과 만나는가? 이 직선의 방정식은 무엇인가? 어느 점에서 x축과 만나는가? 이 방정식이 직선 $y = x + 1$과 만나는지를 어떻게 하면 빨리 알 수 있을까? 이 두 직선이 만나는 점을 찾거나, 만나는 점이 없으면 그 이유를 설명하라.

15. 지금부터 한 시간 이내에 집을 나설 생각이지만, 신문을 배달받은 다음 출발하고 싶다. 만약 내가 T시간($0 \leq T \leq 1$)만큼 늦게 출발하면, 정시에 출근할 확률은 1-T이다. 출발하기 전에 신문을 받을 확률은 T이고, 신문을 가지고 정시에 출근할 확률은 두 값의 곱이다.

    a. 만약 내가 S분을 더 기다린다면, 신문을 얻을 확률은 얼마인가? $0 \leq S \leq 60$이다.

    b. 신문을 가지고 정시에 출근할 확률을 T의 함수로 적어라.

    c. 이 함수를 그래프로 그리면 어떤 모양이 될까?

    d. 이 함수 그래프의 대칭축은 무엇인가?

    e. 이 함수의 최댓값은 얼마인가?

    f. 만약 신문을 가지고 시간에 맞추어 출근할 확률을 최대화하고 싶다면 언제 출발해야 하는가?

    g. 만약 내가 그 시간에 떠난다면 이 확률은 얼마인가?

    h. 만약 늦는다면 나는 분명히 해고될 것이다. 어떻게 해야 할까?

16. 다음 그림은 어떤 회사의 올해 월(t)별 주가를 나타내는 함수 그래프이다. 1월 1일은 $t = 0$이고, 2월 1일은 $t = 1$이다.

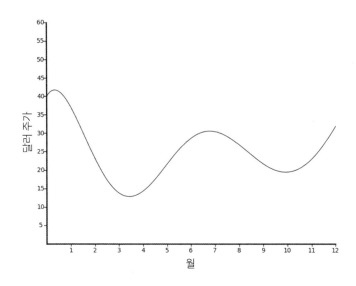

a. 주식이 최고가에 도달한 날짜는 대략 언제인가?

b. 주가가 가장 낮았을 때는 얼마인가?

c. 6월 1일($t = 5$)은 주가가 증가 추세인가?

d. 주가가 변동하지 않았거나 조금만 변동한 시기는 언제인가?

e. 언제 주가가 폭락했는가?

17. $y = 7 - 3x$의 그래프를 아래 좌표계에 그리고, 좌표축에 눈금 값과 레이블을 지정한 후 중요한 점들을 표시하고 값을 나타내라.

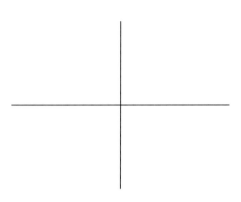

18. 조지는 멋있는 정장 모자를 사려고 저축하고 있다. 매트리스 아래 30달러를 숨겨 놓은 상태에서, 여름에 해충 방제 일을 해서 매주 45달러를 저축했다. 저축액을 나타내는 방정식을 쓰고 그래프로 그려라.

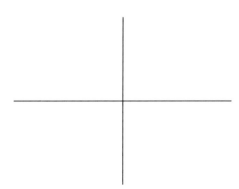

19. 0부터 20까지 정수의 평균은 얼마인가?

20. 지난 몇 년 동안 스마트폰 디스플레이의 픽셀 수가 꾸준히 증가하고 있다. N은 2000년 이후의 햇수이다. $H(N) = 2000 + 100\,N$이 특정 통신 회사 브랜드의 수평 방향 픽셀 수를 나타내고, $V(N) = 1000 + 200\,N$이 수직 방향 픽셀 수를 나타낸다고 하자. 2005년부터 2006년 사이에 디스플레이 해상도는 모두 몇 픽셀 증가했는가?

21. 부엌에 있는 개미의 수는 일곱 마리에서 시작해 사흘마다 두 배로 늘어났다. 다음 중 시간 t(단위는 일)의 함수로서 개미의 개체 수 N을 나타내는 것은 무엇인가? (정답에 동그라미로 표시하라)

　　　　a) $N(t) = 2 \cdot 7^{3t}$　　　　b) $N(t) = 7 + 2 \cdot 3t$

　　　　c) $N(t) = 7 + 2^{3t}$　　　　d) $N(t) = 7 \cdot 2^{t/3}$

22. 다음 식을 풀어서 T 값을 구하라.

$$e^{-0.07T} = \frac{1}{2}$$

23. 한 항공사가 200명 규모인 항공기에 탑승할 수 있는 항공권 210장을 판매한다. 표 소지자의 10%가 예고 없이 탑승하지 않는다면, 대기하는 승객 몇 명이 탑승할 수 있을까?

24. 한 공기업의 매출액은 110억 달러이다. 이 중 30%가 이익이다. 이익 가운데 3억 달러는 배당금으로 주주에게 지급하며 나머지 이익은 연구 개발(R&D)에 투자한다. R&D에 얼마나 들어갈까?

25. $12' \times 16'$인 양탄자를 $2' \times 2'$인 정사각형으로 잘랐는데 자투리가 남지 않았다. 정사각형이 몇 개 만들어졌는가? ($'$는 길이 단위)

26. 주사위 두 개를 던져서 합이 5일 확률은 얼마인가?

27. 어떤 학급의 쪽지 시험 점수가 8, 10, 6, 9, 9이다.
    a. 평균값은 얼마인가?
    b. 중앙값은 얼마인가?
    c. 분산은 얼마인가?
    d. 표준 편차는 얼마인가?

사후 평가

사후 평가 문제들은 사전 평가와 비교해 더 깊이가 있으며, 부록에 있는 수학적 내용을 포괄적으로 종합하여 이해하고 있어야 한다. 평가 시간은 한 시간이다.

1. $300를 분기별(연 4회) 복리가 4%인 APR로 은행에 넣었다. 6개월 후에 은행에 얼마나 많은 돈이 있을까? 5년 후에 얼마나 많은 돈이 저축되어 있을지를 수식으로 표현하라.

2. 설탕물 2리터(2.00 kg)가 있는데, 질량을 기준으로 설탕은 3%이다. 설탕은

$C_{12}H_{22}O_{11}$이고 몰 질량은 $342\,g/mol$이다. 용액에 있는 설탕의 분자 수는 얼마인가?

힌트 아보가드로 수 6.02×10^{23}는 몰당 분자 수이다.

3. 신문이 산발적으로 우리 집 현관에 배달된다. 하루를 기준으로 신문이 안 올 확률은 1/2이고, 신문이 한 개 올 확률은 1/3이며, 신문이 두 개 올 확률은 1/6이다. 두 달 동안(60일) 집을 떠나 있을 예정이다. 돌아오면 현관에 신문이 몇 개 쌓여 있을 거라고 예상할 수 있는가?

4. 데이터 집합 {1, 2, 3, 4, 5}의 평균값, 분산, 표준 편차를 계산하라. 1부터 5까지 숫자들이 공정한 오면체 주사위의 눈금이고, 확률적 의미에서 평균값, 분산, 표준 편차를 계산한다면 그 값들이 달라질까? 주사위 한 개를 굴리는 대신 열두 개를 굴려 평균을 기록하고 그 평균들의 분포를 생각하면, 한 개 굴리기와 비교해 표준 편차가 더 작아질까, 더 커질까, 아니면 같아질까?

힌트 분산은 평균값과의 차이의 제곱이다.

용어 설명

〰〰〰

***p*-값** 데이터가 우연히 수집된 것이라는 '귀무가설'을 얼마나 뒷받침하는지에 관한 확률. 예를 들어 전 세계 어장에서 측정한 물고기 개체 수가 감소했다는 데이터가 있다고 하자. 갑작스러운 폐사가 우연한 현상일 수도 있고(귀무가설), 아니면 물고기를 죽게 하는 무언가가 있을 수도 있다(대립가설). 통계 전문가는 1% 또는 5%와 같은 *유의 수준*을 설정한다. *p*-값이 유의 수준보다 작으면 귀무가설을 기각하고 대립가설을 채택한다.

Z-값 측정값 x가 평균값으로부터 떨어져 있는 정도를 표준 편차 단위로 나타낸 값으로 $Z = (x - \langle x \rangle)/\sigma$이다. 예를 들어 평균값이 12이고 표준 편차가 2이면 측정값 9의 Z점수는 $(9 - 12)/2 = -1.5$이다.

결합성, 결합 법칙 세 개 이상의 수를 계산할 때 어떤 수들을 먼저 묶어서 계산해도 상관없다는 개념을 표현하는 속성. 산술에서 세 개의 숫자 a, b, c를 더할 때, $(a+b)+c = a+(b+c)$라는 성질이다. 이렇게 하면 $a+b+c$의 의미가 분명하다. 곱셈에서는 $(ab)c = a(bc)$이다. 예를 들어 요리의 순서는 당연히 결합성이 없다! 빵을 만들 때, 물과 이스트와 밀가루를 섞을 필요가 있다. 만약 ((물 + 이스트) + 밀가루)로 요리하면 괜찮지만, ((물 + (이스트 + 밀가루))로 하면 효과가 없다. ✚ 숫자의 빼기, 나누기도 결합성이 없다.

계수 다항식의 각 항 앞에 있는 수. 예를 들어, $f(x) = 3x^7 + 6x^3 + 2$에서 x^3항의 계수는 6이다.

계승 $N! = N \cdot (N-1) \cdot (N-2) \cdots 2 \cdot 1$. 이를테면 $5! = 120$이 있다. $N!$은 사물 N개를 나열하는 방법의 수를 나타내기도 한다. 예를 들어, $3! = 6$은 문자 3개 A, B, C로 만들 수 있는 단어의 집합 {ABC, ACB, BCA, BAC, CAB, CBA}의 개수이다. 주의할 것은 $0! = 1$이다.

과학적 표기 숫자, 특히 매우 크거나 작은 숫자를 표현하는 방법으로, 크기 자릿수를 강조해 표시한다. 예를 들어, 0.00000465의 과학적 표기는 4.65×10^{-6}이다. 10의 거듭제곱에 곱하는 숫자는 최소 1이어야 하고 10보다 작아야 한다.

교란 요인 통계에서 검토하고 있는 변수와 (양 또는 음의) 상관관계를 갖는 변수. 예를 들어, 사람의 아름다움을 인지하는 데 선글라스가 어떤 영향을 주는지 조사한다고 하자. 그런데 애당초 아름다운 사람이 선글라스를 착용할 가능성이 더 크다면, 그 사람의 아름다움은 교란 요인이 된다.✚ 농약 살포와 폐암의 연관성을 연구하는데, 농약 살포자가 비살포자보다 커피를 더 많이 마신다면, 마치 커피가 폐암 발생과 관련이 있는 것으로 보일 수 있다. 이때 커피는 교란 요인이다.

교환성, 교환 법칙 두 수를 계산할 때 순서가 중요하지 않다는 개념을 나타내는 속성. 예를 들어 $a + b = b + a$이고 $a \times b = b \times a$이므로 덧셈과 곱셈은 교환성이 있지만, $a - b \neq b - a$이므로 뺄셈은 교환성이 없다.

귀무가설 실험적 조작이 결과에 아무런 영향을 주지 않을 것이라는 가설. 결과
의 분포가 알려져 있을 때, 결과가 우연히 발생할 확률(p-값)이 일정한
허용 범위보다 작으면, 그 실험 조작이 영향을 주었다고 판단한다. 이때
는 귀무가설을 기각하고 대립가설을 채택한다.

그래프 함수나 데이터 집합을 시각적으로 표현한 것. 함수 $f(x)$의 그래프는
$y = f(x)$를 만족하는 점 (x, y)들의 집합이다.

근 함수의 0, 즉 함수에서 0을 출력하는 입력값. 예를 들어 함수 $f(x) = x^3 - x$의
근은 $x = -1, 0, 1$이다. 이 근들은 함수의 다항식을 $x^3 - x = x(x^2 - 1)$
$= x(x + 1)(x - 1)$로 인수 분해하여 구할 수 있다.

기댓값 확률 $p_1, p_2, \cdots, p_N$으로 발생하는 값 $x_1, x_2, \cdots, x_N$이 있을 때, 기댓
값 $\langle x \rangle$는 가중합 $p_1 x_1 + p_2 x_2 + \cdots p_N x_N$이다. 모든 확률 p_i가 같으
면, 기댓값은 평균과 일치하므로 $\langle x \rangle$로 표기해도 된다.

기울기 선형 함수의 증가 속도, 직선이 기울어진 정도를 나타내는 척도. 단위
입력값에 대해 출력값이 m만큼 증가하면 함수의 기울기는 m이다. 예
를 들어, $m(x + 1) + b$가 $mx + b$보다 정확히 m만큼 크기 때문에, 직
선 $y = mx + b$의 기울기는 m이다. 따라서 직선의 기울기 또는 변화율
은 일정하다. x_0 값에서 함수 $f(x)$의 '순간 변화율'은 점 x_0에서 곡선
$y = f(x)$에 접하는 직선의 기울기를 나타낸다.

기회비용 시간과 돈을 어떤 일에 투입하기로 정했을 때, 선택하지 않은 일에서 얻을 수 있는 가치의 최댓값. 만약 여러분이 기회비용을 이해하기 위해 귀여운 고양이 비디오 보기를 포기해야 한다면, 기회비용을 이해하는 것의 가치가 고양이가 실뭉치를 가지고 씨름하는 것을 보는 즐거움의 가치보다 더 컸으면 한다.

누적 분포 함수 정규 분포를 따르는 랜덤 변수에서, 평균과 표준 편차를 사용해 x보다 작은 값을 측정할 확률을 설명하는 함수 $\Phi(x)$. 이 책에서는 평균이 0이고 표준 편차가 1인 경우만 생각하므로 '평균보다 큰 정도를 표준 편차로 나타낸 수', 즉 Z 점수로 측정한다.

다항식 일변수 함수에서 다항식은 $17x^7 + 4x^3 + 2x + 6$처럼 변수 x의 양의 거듭제곱에 숫자(계수)를 곱한 합의 형태이다. 이때 x의 가장 큰 거듭제곱 수를 '차수'라고 한다. 두 개 이상의 변수를 갖는 다항식에서는 '항의 거듭제곱'은 '변수들 거듭제곱 수의 합'으로 정의한다. 예를 들어, 다항식 $13xy^2z - 3yz^3 + xyz$은 삼변수 다항식이고 차수는 4이다.

독립 사건 확률이 이전 사건에 종속되지 않는 사건. 예를 들어 주사위 한 개를 계속 던질 때, 두 번째 던지기는 첫 번째 던지기와 독립적인 사건이다.

로그 지수 함수의 역함수. 즉 $\log 10^x = x$이고, 예를 들면 $\log 1{,}000 = 3$이다. 자연로그는 $\ln e^x = x$로 정의된다.

면적 2차원 모양의 '크기'를 측정한다. 직사각형의 면적은 높이에 밑변의 길이를 곱한 값이다. 따라서 면적의 단위는 길이의 제곱(예를 들어 ㎠)이다.

몰 그램분자 수(아보가드로 수). 약 6.022×10^{23}이며, 1그램의 수소 원자 수와 거의 같다. 정확하게는 12그램인 탄소-12 원자의 개수이다. 그램 단위로 측정한 분자 1몰의 질량은 분자를 구성하는 원자 질량의 합과 거의 같다. 예를 들어, 물$_{H_2O}$ 1몰의 질량은 약 $2 \times 1 + 8 = 10$ 그램이다.

몰 농도 용액 내 화합물의 농도. 몰라스molars 또는 리터당 몰 단위로 표시하며 M으로 나타낸다. 예를 들어, 물 $1\,\ell$에 녹인 식탁용 소금NaCl 56 g을 생각하자. Na의 원자 질량은 11이고 Cl의 원자 질량은 17이므로, 56 g은 2몰($2 \times 28 = 56$)이다. 이 용액의 몰 농도는 약 2몰/L$= 2M$이다. $[NaCl] = 2M$이라고 쓴다.

무리수 분수로 나타낼 수 없는 수, 즉 정수인 m, n을 사용해 m/n 형태로 쓸 수 없는 수. 무리수를 소수로 전개하면 반복적인 패턴 없이 영원히 계속된다.

반감기 시간 경과에 따른 방사선 측정과 같이, 지수적 감쇠 함수에 의해 값이 절반으로 줄어드는 데 걸리는 시간. 함수가 $f(t) = Ce^{-at}$이면, $f(t+T) = \frac{1}{2}f(t)$를 만족하는 T가 반감기이다. 이때 $e^{-aT} = \frac{1}{2}$ 또는 $T = \ln(2)/a$이고 붕괴율 a가 클수록 반감기는 짧아진다.

변수 문자나 기호로 표시된, 알 수 없거나 정해지지 않은 양. '아이오와에서 재배되는 옥수수의 재배 면적을 변수 x로 나타낸다'와 같은 방식이다. 변수는 함수의 입력값을 나타낼 수도 있다. 덧셈 연산은 두 변수 x, y의 함수 $S(x, y) = x + y$이다.

부피 3차원 물체 또는 영역의 '크기'를 나타내는 척도. 입방체의 부피는 가로, 세로, 높이의 곱이다. 부피의 단위는 길이의 세제곱(예를 들어 ㎤)이다.

분배성, 분배 법칙 숫자 a, b, c에 대해 $a(b + c) = ab + ac$인 산술 속성. 이 속성은 FOIL을 증명하는 데 사용할 수 있다. 분배성에 의해 $(p + q)(r + s) = (p + q)r + (p + q)s$이고, 한 번 더 분배 법칙을 사용하면 $pr + qr + ps + qs$이다. 다시 교환성을 적용하면 $(p + q)(r + s) = pr + qr + ps + qs = pr + ps + qr + qs$이다.

분산 N개의 숫자 데이터 집합 $x_1, \cdots, x_N$에서, 분산은 평균으로부터의 흩어져 있는 정도이다. 평균으로부터의 거리 제곱의 평균으로, $\mathrm{var}(x) = \langle (x - \bar{x})^2 \rangle$으로 정의한다. 예를 들어 데이터 집합 2, 4, 5, 6, 8의 평균은 5이므로 분산은 $\frac{9 + 1 + 0 + 1 + 9}{5} = 4$이다.

분자 화학 결합으로 연결된 원자 그룹. 예를 들어, 물 분자H_2O는 수소 원자 두 개와 산소 원자 한 개로 구성되어 있다.

비례성 수량 간의 선형 관계. 한 수량이 다른 수량의 상수 배인 관계이다. 예를 들어, 극장에서 매출은 관객 수에 비례한다. 티켓이 13달러이고 관객 수가 T라면, 매출 $S = 13T$이다. 여기서 13은 '비례 상수'이다.

비용-편익 의사 결정의 경제적 가치를 분석하기 위한 도식schema. 측정한 또는 예상한 편익은 모두 더하고 실행과 운영의 비용은 뺀다. 예를 들어, 회사가 영업 인력을 확장하고자 한다면, 비용-편익 분석은 판매 수익에서 신규 직원의 고용, 급여, 관리 비용을 제외한 기대 이득을 저울질한다.

산점도 데이터 순서쌍 $(x_1, y_1), \cdots, (x_N, y_N)$이 있을 때, 이 집합의 산점도는 이 순서쌍들을 평면에 모두 그려 놓은 점들의 집합이다. 상관관계의 유무를 나타내는 시각적 보조 자료로 사용한다.

상관관계 순서쌍 집합 $(x_1, y_1), \cdots, (x_N, y_N)$이 있을 때, 변수 y값이 x값에 의존하는 정도를 말하는 것으로 선형 관계(또는 그 반대)로 나타낸다. 상관관계는 $\rho_{x,y}$로 표시하며, $\rho_{x,y} = \frac{\langle (x-\bar{x})(y-\bar{y}) \rangle}{\sigma_x \sigma_y}$ 이다. $\bar{x}$는 x값들의 평균이고 σ_x는 x값들의 표준 편차이다.

선택 편향 표본을 대표성이 있도록 확보하지 못한 데이터 수집에서 발생하는 실패. 예를 들어, 온라인을 통한 전자 상거래에 관한 조사는 인터넷 사용자만 선택하는 편향성을 가진다.

선형 일부 프로세스의 입력과 출력 사이의 관계에서 출력이 입력의 일차 함수면 선형이라고 한다. 즉 입력값과 출력값을 평면 그래프로 나타내면 직선이 된다. 입력값을 일정한 양만큼 늘리면 출력값이 항상 그 양의 일정한 배수만큼 증가함을 의미한다. 예를 들어 타이어 수는 자전거 수의 선형 함수이다(즉 2배).

선형 함수 1보다 큰 거듭제곱을 포함하는 항이 없는 다항식 함수. 어떤 수 a와 b에 대해 $f(x) = ax + b$ 형식인 함수 $f(x)$.

순열 구별되는 개체 집합의 정렬. 예를 들어 ADCB는 문자 {A, B, C, D}의 순열 가운데 하나이다. 개체가 N개 있으면 순열의 개수는 $N!$(N계승)개이다. 때로는 순열이 N개 가운데 k개만 포함하는 순서 배열을 의미하기도 하는데, 이 경우는 순열이 $N!/(N-k)!$개다. 예를 들어, 문자 집합 N = {A, B, C, D}에서 $k = 2$이면, AB, AC, AD, BA, BC, BD, CA, CB, CD, DA, DB, DC와 같은 순열이 있으며, $4!/2! = 4 \times 3$개이다.

양적 중력에 관한 양적인 설명은 '두 무거운 물체 사이의 끌어당기는 힘은 질량의 곱에 비례하고 그들 사이 거리의 제곱에 반비례한다는 것이다'라고 한다. 양(수식)으로 이해하고 설명한다.

연수익률(APY) 복리에 의한 이자를 포함해 1년 동안 발생한 대출 이자의 백분율. 예를 들어, 연이자율이 8.0%인 경우 대출 원리금은 매월 $(1 + 0.08/12)$배 또는 연간 $(1 + 0.08/12)^{12} = 1.083$배씩 늘어난다. 대출 원리금이 1년 사이에 8.3% 증가하기 때문에 연수익률은 8.3%이다. 일반적으로 APR이 r(백분율이 아닌 분수)이고 이자를 1년에 N번 복리로 계산한다면, APY는 $(1 + r/N)^N - 1$이다.

연이자율(APR) 대출 이자 계산의 기초가 되는 연간 이자의 비율. 예를 들어 APR이 12%이면 월별 이자는 12%의 1/12, 즉 1%이다. 일별 이자는 0.12/365이다. 발생한 이자는 다음에 복리로 계산돼 이자가 추가로 발생하므로, 단리라는 전제가 없으면 APR은 1년 동안 단순하게 누적된 이자가 아니다. 연간 수익률APY 참조.

원둘레 원 주위 길이. 반지름이 R이면 원둘레는 $2\pi R$이다.

위험 보상 가능한 보상이나 편익, 이득에 내재한 잠재적인 위험과 비용을 계산해 가능성이 있는 의사 결정의 결과를 평가하는 것. 평가는 잠재적 결과에 관한 확률적 모델을 포함할 수 있다.

유효 자릿수, 유효 숫자 분석에 사용하는 값/양/측정에 관한 정밀도의 정도. 유효 숫자를 세는 것은 과학적인 표기법에서 가장 간단하다. 숫자 4.65×10^{-6}의 유효 숫자는 세 개이며, 4.65에 있는 숫자 4, 6, 5의 개수이다. 숫자 0.000032는 3.2×10^{-5}이므로 유효 숫자는 두 개이다. 같은 수에서 유효 숫자를 하나 더 추가하면 0.0000320 또는 3.20×10^{-5}이다.

이자 대출의 대가로 대출자(기관)에 지급하는 수수료. 일반적으로 대출 금액의 일정 비율이다(은행은 예금 계좌 소유자에게 이자를 지급한다).

이차 근의 공식 이차 다항 방정식의 근을 구하는 공식. $ax^2 + bx + c = 0$에서 근은 $x = \frac{1}{2a}\left(-b \pm \sqrt{b^2 - 4ac}\right)$이다. 예를 들어 $x^2 - 4x + 3 = 0$의 근은 $\frac{1}{2}\left(4 \pm \sqrt{16 - 12}\right)$ 또는 1, 3이다.

이차 함수 차수가 2인 일변수 다항식 함수. $ax^2 + bx + c$ 형태이다.

인수 항의 곱 중 하나. 즉 x는 xy의 인수이고 $a + b$는 $(a + b)(a - c)$의 인수 이다.

절댓값 x가 양수 또는 음수일 때 절댓값 $|x|$는 그 수의 '크기'이다. 따라서 항 상 0보다 크거나 같다. $x > 0$이면 $|x| = x$이고, $x < 0$이면 $|x| = -x$ 이다. x가 어떤 수이든 $|x| \geq 0$이다. 그리고 $|x| = 0 \Leftrightarrow x = 0$이다.

정규 분포 어떤 양을 측정할 확률을 설명하는 종 모양의 함수. 평균과 표준 편 차에 의해 모양이 결정된다. 중심 극한 정리에 의하면 수량이 큰 묶음 평 균은 정규 분포로 설명된다고 한다. 평균이 $\bar{x}$이고 표준 편차가 σ인 수 량(또는 '무작위 변수')의 정규 분포 수식은 $\frac{1}{\sqrt{2\pi\sigma^2}}e^{-\frac{((x-x)^2}{2\sigma^2}}$ 이다.

정수 0, 자연수, 자연수의 음을 나타내는 수. $\cdots, -2, -1, 0, 1, 2, \cdots$. 보통 실수 는 x, y 등으로 나타내고, 정수는 n, m으로 표시한다. 모든 정수 집합은 일반적으로 $\mathbb{Z}$로 표시한다.

중앙값 숫자 집합(데이터 집합)이 있을 때, 데이터의 절반은 그 수보다 크고 절반은 작으면 그 수를 중앙값이라고 한다. 데이터 집합 {1, 3, 5, 7, 8, 8}에서 5와 7 사이의 수는 모두 중앙값이 될 수 있다. 이 경우 중앙값은 가장 가까운 두 데이터 값의 평균이다. 즉 5와 7의 평균 6이 중앙값이다.

지수, 지수적 성장(증가), 지수적 붕괴(감쇠) 지수적 성장 또는 지수적 붕괴는 시간 경과에 따른 집단(암세포, 곰팡이 포자, 주가의 달러, 이민자, 초파리, 전하, 방사성 동위 원소)의 개체 수 변화를 의미한다. 지수 성장은 일정한 기간에 모집단이 1보다 큰 일정한 비율로 증가한다는 의미이다. 지수적 붕괴는 비율이 1보다 작을 때이다. 시간을 t, 집단의 개체 수를 P라고 하면, 함수 $P(t)$는 지수 함수이고 $P(t) = ab^t$이다. 지수적 성장은 $b > 1$, 붕괴는 $b < 1$를 의미한다. $P_0 = a$이고 $e^k = b$라고 하면, $P(t) = P_0b^t$이라고 쓸 수 있다. 이 경우 $k > 0$이면 성장, $k < 0$이면 붕괴가 일어난다.

질적 중력에 관한 질적인 설명은 '지구가 태양 주위를 공전하는 이유는 거대한 물체가 다른 물체들을 끌어당기기 때문이다'라고 한다. 양이 아닌 개념(관계성, 감정, 가치 등)을 포함한다.

차원 분석 해결하려는 문제에 있는 물리적 양에 각각 정확한 단위를 부여한 다음, 그 양의 관계에 따라 단위를 정리해 특정한 양의 크기를 추정하는 과정.

크기 자릿수 어떤 숫자와 가장 가까운 10의 거듭제곱. 890은 10^3에 가까우므로 크기 자릿수가 3이다. 46과 13처럼, 두 수의 비율이 대략 5보다 작으면 두 수의 크기 자릿수가 같다고 한다. 그렇지 않으면 두 수의 크기 자 릿수 차이는 비율의 크기 자릿수만큼이다. 1,623은 13보다 크기 자릿수 가 2만큼 차이가 나는데, 1,623/13은 약 125이며 이 125의 크기 자릿 수가 2이다.

특이점, 특잇값 다른 데이터의 전체적인 경향을 따르지 않는 특이한 점(예: 평균 또는 회귀직선으로부터 3-표준 편차 이상 떨어져 있는 점).

퍼센트(백분율) 문자 그대로 '100 가운데per cent'를 의미. 예를 들어, 12%는 '100 가운데 12', 즉 12/100 또는 0.12로 12%라고 쓴다. 250점 가운데 3%는 250 × 0.03 = 7.5이다. '오늘 다우존스 산업 평균 지수가 2% 하락' 또는 '젤리빈이 8,670개라는 당신의 추측은 2% 오차가 있다. 정확한 개수는 8,500개이다'와 같이 변화율이나 오차는 흔히 퍼센트로 측정한다.

평균 N개인 숫자 집합(데이터 집합)이 있을 때, 평균average은 모든 수의 합을 N으로 나눈 값으로, 평균값mean이라고도 한다. 숫자들을 $x_1, x_2, \cdots,$ x_N이라고 하면, 평균 $\bar{x}$(또는 $\langle x \rangle$)는 $\bar{x} = \frac{1}{N}(x_1 + \cdots + x_N)$이다.

평균값 평균, 기댓값 참조.

포물선 이차 함수 $ax^2 + bx + c$의 그래프처럼, 평행한 선들을 한 초점으 로 모으는 '오목한 모양'의 평면 곡선(이 곡선을 회전하면 포물면이 되며, 망 원경이나 헤드라이트의 반사경에 사용한다). 포물선은 한 점(초점)과 한 직선

(준선(directrix), 보통은 x축 또는 y축에 평행한 선)으로부터 같은 거리에 있는 점들의 집합으로 정의할 수 있다. 곡선 $y = ax^2 + bx + c$에서 판별식을 $\Delta = b^2 - 4ac$라고 하면, 초점은 $(-\frac{b}{2a}, \frac{1-\Delta}{4a})$에 있고 준선은 $y = -\frac{1+\Delta}{4a}$이다. 포물선은 원뿔 곡선을 경사면과 평행한 평면으로 자를 때 나타난다. 또는 일정한 중력의 영향을 받는 입자의 궤도와 같다.

표준 편차 N개의 숫자 데이터 집합 $x_1, \cdots, x_N$에서, 표준 편차 σ_x는 평균을 기준으로 데이터가 흩어져 있는 정도를 나타내는 측도이다. $\sigma_x = \sqrt{\langle (x - \bar{x})^2 \rangle}$, 즉 분산의 제곱근으로 정의한다. 예를 들어, 데이터 집합 2, 4, 5, 6, 8의 표준 편차는 2이다. 분산 참조.

피타고라스 정리 직각삼각형에서 세 변의 길이 사이의 관계를 나타내는 방정식. a와 b가 직각을 낀 변의 길이이고 빗변의 길이가 c이면, $c^2 = a^2 + b^2$이다. 예를 들어, 점 (x, y)과 원점 $(0, 0)$ 사이의 거리가 13이고 $y = 12$이면, $13^2 = x^2 + 12^2$ 이므로 $x = \sqrt{169 - 144} = 5$이다.

함수 입력 집합의 원소에 숫자를 할당하는 규칙. 일반적으로 입력도 숫자이다. x가 함수 f에 의해 할당되는 값을 $f(x)$로 나타낸다. 이 표기법은 함수를 정의할 때도 사용한다. 예를 들어, 숫자 입력을 받아 세제곱 값을 출력하는 함수는 $f(x) = x^3$로 정의할 수 있다. 이 경우, 예를 들어 $f(4) = 64$이다. 이 입력/아웃 프로세스는 $x \mapsto f(x)$ 또는 $4 \mapsto 64$로 표시하기도 한다.

환산 인수 측정값을 한 단위에서 다른 단위로 변환할 때 곱하는 숫자. 예를 들어, $1\,in = 2.54\,cm$이므로 양변을 '$1\,in$'로 나누면 $1 = 2.54\,cm/in$이고, 이 2.54가 in를 cm로 바꾸는 환산 인수이다. 예를 들어, $12\,in \times 1 = 12\,in \times 2.54\,cm/in = 30.48\,cm$이다. 인치 단위는 사라진다.

회귀 순서쌍 집합에서 변수들의 관계를 가장 적합한 형태의 곡선이나 직선으로 나타내는 것. 선형 회귀는 변수들의 관계를 적절한 직선으로 나타내는 것이며, 대개 '최소 제곱 맞춤법'으로 직선 식을 결정한다. 예를 들어, 데이터가 $(x_1, y_1), (x_2, y_2), \cdots, (x_n, y_n)$인 점들의 집합이면, $(y_1 - (mx_1 + b))^2 + \cdots + (y_n - (mx_n + b))^2$이 최솟값을 가지도록 m과 b를 계산하여, 최소 제곱 직선 $y = mx + b$를 결정한다.

찾아보기